U0210868

基本农田划定的理论与实践

钱凤魁　王秋兵 等　著

国家自然科学基金面上项目（41671329）资助

科学出版社

北　京

内 容 简 介

　　本书主要阐述作者研究团队在基本农田划定领域的研究进展及取得的阶段性成果，首先采用 CiteSpace 信息可视化方法分析了近 30 年（1986～2015）基本农田领域的研究态势，重点介绍了研究团队应用土地评价与立地分析方法在基本农田划定中的理论研究与实践应用，尤其是近年来开展了基于辽宁省西部丘陵区、中部平原区和东部山地区等不同地貌区及城乡结合部区域基本农田划定的研究工作，在一定程度上丰富和发展了基本农田划定的理论与技术体系。

　　本书可作为高等院校土地资源管理、资源环境与城乡规划、地理学等相关专业高年级本科生和研究生的教材，也可供科研工作人员参考。

图书在版编目(CIP)数据

基本农田划定的理论与实践/钱凤魁等著. —北京：科学出版社，2017.8
ISBN 978-7-03-052954-1

Ⅰ.①基…　Ⅱ.①钱…　Ⅲ.①农田基本建设—研究—中国　Ⅳ.①S28

中国版本图书馆 CIP 数据核字（2017）第 115951 号

责任编辑：张　震　孟莹莹 / 责任校对：郑金红
责任印制：吴兆东 / 封面设计：无极书装

科 学 出 版 社 出版
北京东黄城根北街 16 号
邮政编码：100717
http://www.sciencep.com

北京厚诚则铭印刷科技有限公司 印刷
科学出版社发行　　各地新华书店经销
*
2017 年 8 月第 一 版　　开本：720×1000　1/16
2017 年 8 月第一次印刷　　印张：15 1/2
字数：312 000

定价：95.00 元
（如有印装质量问题，我社负责调换）

作 者 名 单

钱凤魁

王秋兵　　边振兴　　刘洪彬　　董婷婷

张琳琳　　刘琳琳　　郑刘平　　安东娜

图 文 编 辑

王卫雯　　张靖野　　张雪锋　　初日林

熊　枫　　唐莹莹　　姜欣怡　　杨紫千

前　言

耕地资源是关系国计民生的重要资源，对国家粮食安全、经济社会持续健康发展具有重要的保障作用。习近平总书记多次强调，耕地红线要严防死守，保护耕地要像保护大熊猫那样来做。基本农田是耕地的精华，实施耕地保护的核心是对基本农田的划定和保护，特别是要把最优质的耕地划为永久基本农田，实行永久保护、永续利用。尽管我国基本农田划定和保护工作起步较晚，但是自 1988 年第一块基本农田在湖北省荆州市监利县周老嘴镇设立，1994 年第一部《基本农田保护条例》颁布实施，十七届三中全会提出开展划定永久基本农田的目标，到 2016 年 8 月，国土资源部、农业部联合发布《关于全面划定永久基本农田实行特殊保护的通知》，基本农田划定和保护还是取得了一定成效：一是基本农田保护观念逐渐深入人心；二是基本农田管理的法律政策日益严格规范；三是基本农田划定的理论研究与实践发展成熟。尤其是中国学者关于基本农田领域的研究成果在理论和技术层面为基本农田的评价、划定与保护提供了科学的理论指导与技术方法体系。沈阳农业大学土地资源管理专业团队近年来通过围绕耕地资源保护、基本农田划定领域的研究，取得了具有一定社会影响力的研究成果。本书是在收集研究团队有关基本农田划定的研究成果的基础上整理形成。

本书主要包括三方面内容体系：一是基本农田领域的研究态势分析，主要是对基本农田划定的社会背景、历史变迁及研究态势的分析，以 CiteSpace 信息可视化方法建立关键词共现关系聚类图谱与时区图谱，分析近 30 年（1986～2015 年）中国基本农田领域研究的发展态势。研究结果表明，基本农田领域的研究聚类集中在基本农田保护、评价、划定以及建设四个领域，研究内容与方法侧重点不同；基本农田研究内涵及内容体系丰富，具有明显的时代性特征；基本农田研究还具有明显地域差异性和时间变异性；基本农田研究还存在评价指标体系过于笼统，评价体系缺乏协调性等问题。二是基本农田划定的理论与方法，重点阐述了农地保护的土地评价与立地分析（land evaluation and site assessment，LESA）系统。LESA 系统是由土地评价（LE）和立地分析（SA）两部分组成，将独立的两大评估子系统结合起来，最终得到三个结果：LE 分值、SA 分值和 LESA 分值。该体系评价因素既包括影响农地质量的土壤因素，又包括农地稳定性的非土壤因素。通过系统评价分析，可以确定农用地重点保护区，防止该农用地向非农化利用转变，并且可以依据评价结果对农业生产潜力极低的土地的利用和开发方向进行指导。三是基本农田的研究实践探索，重点提出基本农田划定不仅需要良好的耕地自然质量条件，还需要协调耕地立地环境条件，并在开展耕地质量评价和耕地立地条件评价基础上，构建耕地质量与立地条件综合评价体系，进而建立基本农田划定的评价体系与标准。作者团队在辽西丘陵区、辽河平原区、辽东山地区及城乡结合部的实证研究表明，该方法体系所划定结果既能保障基本农田的永久稳定和粮食稳产，又能协调好与经济社会发展的用地需求矛盾关系，避免了长期存在的基本农田划定中的主要问题。本书汇集的研究成果有利于永久基本农田划定理论体系与技术方法的发展与成熟，为土地利用规划和土地综合整治规划修编中的耕地保护提供了理论和方法依据。

本书得到国家自然科学基金面上项目（41671329）、辽宁省自然科学基金面上项目（201602469）以及辽宁省教育厅高等学校优秀人才支持计划"高校杰出青年学者成长计划"（LJQ2015102）的大力支持，表示感谢！作者在本书写作过程中引用和参阅了国内外学者的相关著作和论文，在此一并表示诚挚的谢意！研究团队将继续在此领域开展深入研究，力争为中国的耕地保护贡献更多的理论思想与技术方法。

由于作者水平有限，书中难免有疏漏和不妥之处，敬请广大读者批评指正。

钱凤魁

2017 年 3 月于辽宁沈阳

目　　录

第二部分　研究理论与方法

第三部分　研究实践探索

第一部分　研究态势分析

第1章 永久基本农田划定背景

1.1 基本农田划定的发展历程

1.1.1 基本农田保护与建设初始阶段

"基本农田"一词的最初提出是在 1963 年 11 月举行的黄河中下游水土保持工作会议上，"通过水土保持，逐步建立旱涝保收、产量较高的基本农田"。1963 年12 月，邓小平在关于制定农业长期规划的指示中，提出分两步建设 10 亿亩①稳产高产农田的设想；1988 年 3 月，湖北省荆州市监利县周老嘴镇设立我国第一块基本农田；1988 年 12 月，国家土地管理局、农业部联合下发了《关于转发湖北省天门市人民政府〈保护基本农田，稳定农业基础〉的通知》；1989 年 5 月 25 日国家土地管理局和农业部在湖北荆州联合召开全国基本农田保护工作现场会议，监利县介绍了"保护"的经验；会后，湖北省发出了《关于开展划定基本农田保护区工作的通知》，"监利经验"首先走向全省，并很快在湖北普遍开花。以此为标志，基本农田保护制度开始建立。

1991 年 11 月党的十三届八中全会通过的《中共中央关于进一步加强农业和农村工作的决定》指出："我国人口多耕地少，要十分珍惜耕地，依法加强土地管理，建立基本农田保护区"；1992 年 2 月 10 日，国务院批准国家土地管理局、农业部《关于在全国开展基本农田保护工作的请示》，标志着"基本农田"这一概念正式确立，基本农田保护工作在全国大面积展开；1993 年 7 月，全国人大常委会通过的《中华人民共和国农业法》规定："县级以上各级地方人民政府应当划定基本农田保护区，对基本农田保护区的耕地实行特殊保护"；1994 年国务院颁布《基本农田保护条例》，以法律形式确定了我国基本农田保护制度，把基本农田保护工作纳入了法制化管理的轨道。

该时期基本农田建设，以工程方式保护农田，在我国一些重点水土流失区，如黄土高原、江南丘陵地区，实际上延续到了现在，并演进为高效农田生态系统建设（聂庆华和包浩生，1999）。该时期划定基本农田主要依据《中华人民共和国土地管理法》，以法规政策为准绳。许多学者主要围绕着基本农田建设，提高农田质量等方面开展研究（黄秉维，1964；赵松乔，1984；石玉林，1985；汪维恭，

---

① 1 亩≈666.7m²

1988），如黄秉维（1964）等对高产稳产农田建设对象的自然条件、基本农田类型的形成条件、划分指标，基本农田建设规划以及高产稳产农田地图编制等问题进行了探讨；石玉林等（1985）针对农田资源利用与生产力提高、宜农荒地资源等方面进行研究。

1.1.2　基本农田保护与管理进程阶段

随着 1996 年国家颁布《划定基本农田保护区技术规程（试行）》以及 1999 年重新修订《基本农田保护条例》，以划定基本农田保护区为主要形式，我国全面展开基本农田保护工作。它以保护农田面积为目标，并开始重视农田质量保护。1996 年制定的《全国土地利用总体规划纲要（1997～2010 年）》明确提出划定基本农田保护区，各省、自治区、直辖市划定的基本农田面积不得低于规划确定的控制指标，从规划管制层面加强了基本农田保护。

1998 年新修订的《土地管理法》将基本农田保护确定为法定规划内容，并规定用"严格的基本农田转用审批制度"保护基本农田。2004 年中央一号文件对基本农田建设作出明确指示，严格基本农田保护制度"五不准"，规定基本农田是任何单位和个人都不可逾越的"红线"。国务院于 2004 年 10 月 21 日下发了《国务院关于深化改革严格土地管理的决定》，从政策层面上再一次重申了《中华人民共和国土地管理法》中的基本农田保护和耕地占补平衡制度。

2005 年 9 月，国土资源部等国务院七部门联合下发了《关于进一步做好基本农田保护有关工作的意见》，共同捍卫基本农田这条不可逾越的"红线"。标志着我国基本农田保护已经赢得更加广泛的共识，相关政策措施进一步明确。2005 年 10 月，国务院办公厅发布《省级政府耕地保护责任目标考核办法》的通知，首次将政府领导作为确定的本行政区域内的耕地保有量和基本农田保护面积考核指标的第一责任人。基本农田保护工作正昂首步入一个崭新的法制管理阶段。

1.1.3　永久基本农田建设发展阶段

党的十七届三中全会《中共中央关于推进农村改革发展若干重大问题的决定》明确提出，要划定永久基本农田，建立保护补偿机制，确保基本农田总量不减少、用途不改变、质量有提高，为科学划定基本农田并实行永久保护，落实严格的耕地保护制度提供依据。

2009 年，国土资源部、农业部联合发布的《关于划定基本农田实行永久保护的通知》明确指出，要按照"依法依规、确保数量、提升质量、落地到户"的要求，根据新一轮土地利用总体规划确定的基本农田保护目标，科学划定永久基本农田，全面提升基本农田保护水平，努力实现基本农田保护与建设并重、数量与质量并重、生产功能与生态功能并重。划定永久基本农田是现行基本农田保护制度的健全和完善，也是落实最严格耕地保护制度的重要手段。2014 年，国土资源部、农业部联合发布《关于进一步做好永久基本农田划定工作的通知》，要求在已有划定永久基本农田工作的基础上，将城镇周边、交通沿线现有易被占用的优质耕地优先划为永久基本农田。2015 年，国土资源部、农业部联合发布《关于切实做好 106 个重点城市周边永久基本农田划定工作有关事项的通知》，要求在已有划定永久基本农田工作的基础上，将城镇周边、交通沿线现有易被占用的优质耕地优先划为永久基本农田。2016 年，我国正式启动了永久基本农田全面划定工作。2016 年，国土资源部、农业部联合发布《关于全面划定永久基本农田实行特殊保护的通知》，明确全面划定的目标任务，将《全国土地利用总体规划纲要（2006～2020 年）调整方案》确定的全国 14.46 亿亩永久基本农田保护任务落实到用途管制分区，落实到图斑地块，与土地承包经营权确权登记颁证工作相结合，实现上图入库、落地到户，确保划足、划优、划实，实现定量、定质、定位、定责保护，划准、管住、建好、守牢永久基本农田。

2017 年，国务院出台《中共中央国务院关于加强耕地保护和改进占补平衡的意见》，是近 20 年来由中共中央、国务院印发的首个关于土地管理的文件，该文件中突出对永久基本农田的特殊保护，明确永久基本农田划定是土地利用总体规划的规定内容，要在规划批准前先行核定并上图入库、落地到户，严格永久基本农田划定和保护，永久基本农田一经划定，任何单位和个人不得擅自占用或改变用途，城乡建设、基础设施、生态建设等规划原则上不得突破永久基本农田边界。这标志着我国基本农田保护与管理进入定型与成熟的发展时期。

1.2 基本农田内涵的发展演替

基本农田是一个独具中国特色的概念，其内涵具有时代性，不同时期其概念侧重点不同。最早的基本农田提出可以追溯到 1963 年黄河中下游水土保持工作会议，当时对基本农田的理解为旱涝保收、产量较高的耕地。1988 年 3 月，在湖北省荆州市监利县周老嘴镇设立我国第一块基本农田；1992 年 2 月国务院批准国家土地管理局、农业部《关于在全国开展基本农田保护工作请示的通知》；1994 年国务院颁布的《基本农田保护条例》正式在法律层面界定了基本农田的内涵，其是指根据一定时期人口和国民经济对农产品的需求以及对建设用地的预测而确定的长期不得占用和基本农田保护区规划期内不得占用的耕地，其中主要包括粮、棉、油生产基地内的耕地以及有良好的水利和水土保持设施的耕地，正在实施改造计划以及可以改造的中、低产田等优质耕地；1998 年修订的《基本农田保护条例》提出基本农田内涵，主要指按照一定时期人口和社会经济发展对农产品的需求，依据土地利用总体规划确定的不得占用的耕地，并提出基本农田保护区的概念，即为基本农田实行特殊保护而依据土地利用总体规划和依照法定程序确定的特定保护区域。

上述期间对基本农田内涵的理解主要包括三方面：一是基本农田是优质耕地；二是基本农田具有一定的数量指标；三是基本农田禁止占用。

基本农田保护制度确立近三十年来，基本农田保护工作一直受到党中央、国务院的高度重视。党的十七届三中全会《中共中央关于推进农村改革发展若干重大问题的决定》明确提出要划定永久基本农田，建立保护补偿机制，确保基本农田总量不减少、用途不改变、质量有提高。《国土资源部农业部关于划定基本农田实行永久保护的通知》明确指出要按照"依法依规、确保数量、提升质量、落地到户"的要求，根据新一轮土地利用总体规划确定的基本农田保护目标，科学划定永久基本农田，全面提升基本农田保护水平，努力实现基本农田保护与建设并重、数量与质量并重、生产功能与生态功能并重。划定永久基本农田是现行基本农田保护制度的健全和完善，也是落实最严格耕地保护制度的重要手段，标志着我国基本农田管理进入一个新时期。

本书对永久基本农田的理解包括三方面：一是基本农田是优质连片耕地；二是基本农田落地到户，位置将"永久"固定，基本农田一经划定，不得擅自调整，不得随意改变区位；三是基本农田划定应考虑其多样性功能，包括生产功能与生态功能。随着对基本农田认识的深化，基本农田的内涵也在不断发生改变。基本农田强调基本农田永久性，重点体现基本农田较优的质量条件和保护的稳定性，同时体现其兼具生产功能、社会保障及生态功能等功能价值。

基于上述分析，基本农田可以理解为优质、连片、永久、稳定的耕地，既具有良好的质量条件，又具有较优立地环境条件的耕地。良好的质量条件主要指耕地的自然因素条件较优，障碍因素较少；立地环境条件包括社会经济发展条件、地块连片条件、景观格局条件三方面，较优的立地条件指耕地利用与其立地环境条件的协调稳定，即协调的社会经济发展条件、较优的地块连片条件以及稳定的景观质量条件。

1.3　基本农田划定与保护中的问题

1. 耕地入选基本农田的条件模糊，无科学量化标准

基本农田的概念就是满足人口和社会发展对农产品需求的耕地，它所强调的是农田自身的肥力状况及所处地域条件。政府对于哪些耕地入选基本农田仅做了政策性规定，如粮食主产区耕地、土地整理后的耕地等，仅在基本农田的保护数

量上制定了一个 80%以上耕地比例的政策标准，造成基本农田概念模糊，入选基本农田的耕地条件界定不清，对基本农田自身功能特性认识不清，基本农田的划定没有科学量化标准。

2. 基本农田划定重在行政执行，而缺乏评价体系

基本农田的划定被认为是一项政策性操作工作，主要依据国家规程，基本农田划定以完成上级下达指标为目标，以乡镇为指标的具体落实单位。而基本农田的定位、边界的确定、指标分解等具体内容，没有明确科学标准，缺乏一个科学的评价体系，包括耕地质量的评价体系以及立地条件的评价体系。基本农田划定的指标通常是简单的面积指标，导致基本农田"划远不划近、划劣不划优"的问题产生，基本农田划定流于形式。

3. 不能预留经济建设所必需的耕地，划定的基本农田与社会发展冲突严重

基本农田划定原则要求是高产、优质耕地，由于没有解决好"铁路、公路等交通沿线，城市和村庄、集镇建设用地区周边的肥沃耕地"是作为建设用地被占用，还是作为基本农田保护起来的科学问题，缺乏科学的判别指标与判别标准，从而导致基本农田划定后往往与地方的经济发展目标相冲突，基本农田保护形势严峻，压力过大。

4. 对基本农田功能认识较为单一，基本农田其他功能被弱化

基本农田划定重在考虑其生产功能，忽略了基本农田的生态景观价值功能。城市周边没有了基本农田，也就失去了城市重要的"绿心"和"绿带"，城市之间没有了基本农田，意味着城市发展用地失去了束缚，城市之间距离越来越近，导致城市之间不断蔓延，"摊大饼式"无序扩张，"马路城市"效应形成。基本农田划定中还忽略了其对农民的生存就业等保障功能，农民失去基本农田，很容易产生"上班无岗、务农无地、社保无份"的三无农民，会对社会稳定产生重要影响（钱凤魁和王秋兵，2006）。

1.4　科学划定基本农田的意义

1. 科学划定基本农田有利于稳定粮食生产能力和保障国家粮食安全

中国是一个人口大国，粮食生产资源极其稀缺，中国的粮食安全问题曾受到世界各国的广泛关注。1994 年美国世界观察研究所所长莱斯特·布朗发表《二十一世纪谁来养活中国人》一书，使得中国的粮食问题一度成为国际关注的焦点

（Borwn，1995，1996，2000）。《中国的粮食问题》白皮书确定的实现国家粮食安全的基本方针是立足基本自给，并适度依靠国际市场，而粮食自给的基础是耕地资源的数量与质量。我国政府为了保障一定数量和质量的耕地资源，从可持续发展及保障粮食安全角度，提出了"十分珍惜、合理利用土地和切实保护耕地"的基本国策，并提出我国要实施世界上最严格的土地管理制度，稳定耕地综合生产能力。基本农田是耕地的精华，因此科学划定基本农田，加强基本农田的保护、管理和有效利用，成为稳定粮食生产能力和保障国家粮食安全的必然选择。

2. 科学划定基本农田有利于保障社会发展一定的用地需求和促进经济稳定发展

目前基本农田保护和经济发展用地需求的矛盾突出，根本原因是基本农田的划定没有考虑为所需要的建设项目预留用地，没有科学评价基本农田的立地条件，因此，建立耕地入选基本农田的量化标准以及评价方法体系，科学量化社会发展用地需求指标，评价基本农田被占用的潜在风险，为建设发展预留出保护压力大的耕地供其使用，一方面解决了经济发展的用地瓶颈，另一方面使基本农田的保护更具稳定性。

3. 科学划定基本农田有利于发挥其生态景观价值功能

随着城市化工业化的进程，城市规模的扩大，农村人口向城市的集聚，身居城市的人们面临着生活压力大、环境污染、交通拥挤、心理压力大等问题。为协调人与自然的平衡，城市管理者建立了很多景观大道和广场，并在草坪广场上设计花样翻新造型各异的几何图案。城市的"绿心"和"绿带"对缓解上述问题起到了很大的作用，但是仅靠城市少量的公园或绿地是远远不够的。城市周边保留一定数量的基本农田，不仅起到城市之间隔离带的作用，减缓城市无序扩张，还具有生态景观价值功能。基本农田景观具有很高的美感度，基本农田融入城市可大大降低城市景观成本，可以成为紧张繁忙的都市人休闲放松、消除疲劳、恢复身心的场所。

4. 科学划定基本农田有利于解决农民的就业和养老等社会保障问题

随着城市人口数量的增加，满足城市居民生活所需的基本的各种农副产品也会增加，而在城市周边划定一定数量的基本农田可以生产和提供部分农副产品。然而，据国土资源部统计，我国每年城市化进程需占用 13.33 万～20.00 万 hm^2 耕地，以农民人均 $0.07hm^2$ 耕地计算，每年有 200 万～300 万失地农民。由于失地农民普遍文化水平不高，再就业困难，而土地补偿款难以解决其长远生计问题，失地农民的就业和养老等社会保障问题成为社会稳定的大问题。因此，城市周边划定一定数量的基本农田，一方面可以减少失地农民数量；另一方面可以通过基本农田生产功能为城市提供农副产品，还可以通过发展农业观光业为城市创造收益。

5. 科学划定基本农田有利于土地整理项目实施

国家实施土地整理项目的目的就是增加有效的耕地面积，改良耕地基础设施条件，消除不利于机械耕作的田块形状，形成集中连片的耕地规模化生产布局。当前我国土地整理项目的重点在于基本农田整理，通过科学划定基本农田区，可以保障国家土地整理资金科学和有效使用，而不会由于耕地被占用，导致土地整理资金无效投资和浪费。同时，基本农田整理还可以提高耕地质量，提高粮食生产能力。

第2章　近30年（1986～2015年）基本农田研究态势分析

自1986年第一部《中华人民共和国土地管理法》颁布和国家土地管理局的成立，中国土地管理实践和研究工作已经经历了30年的发展历程。自1988年第一块基本农田在湖北省荆州市监利县周老嘴镇设立，1994年第一部《基本农田保护条例》颁布实施，十七届三中全会提出开展划定永久基本农田的目标，到2016年8月国土资源部、农业部联合发布《关于全面划定永久基本农田实行特殊保护的通知》，近30年的基本农田划定与建设的工作实践和研究在中国土地管理的实践改革中占据了重要的地位。中国学者关于基本农田领域的研究成果在理论和实践层面为基本农田的评价、建设与保护提供了科学的指导与依据。本章在对近30年（1986～2015年）基本农田研究的相关文献收集的基础上，利用CiteSpace分析软件，通过建立以"基本农田"为关键词的研究领域知识图谱，以可视化手段分析近30年中国基本农田领域的研究态势，研究结果可为基本农田领域的实践与理论深化研究提供可借鉴的目标方向。

2.1　数据来源和研究方法

2.1.1　数据来源

文献来源于中国学术期刊网络出版总库（中国知网），主要期刊源包括核心期刊、CSSCI来源期刊、EI来源期刊、SCI来源期刊，检索主题词为"基本农田"，同时加入限制条件检索篇名为"基本农田"，检索时间段为30年（1986～2015年），共检索文献1338篇。并以10年为间隔，分三个时间周期进行分析。由图2.1统计结果看，年载文量在1995年是一个新的增长点，以第一部《基本农田保护条例》颁布实施为标志开始，对基本农田的关注与研究集中在中低产田的改造以及基本农田概念界定等方面。年载文量在2005年是另一个新的增长点，对基本农田的关注与研究集中在基本农田的评价与划定等方面。年载文量在2012年是爆发式的增长点，对基本农田的关注与研究集中在永久基本农田划定、高标准基本农田建设等方面。2004～2015年，近12年发表文献1083篇，占总量的80.94%。由表2.1统计结果看，高被引前10位的文献主要发表在2004年后，主要研究的关键领域为基本农田的评价与划定以及高标准基本农田建设等。主要发表院校以设置土地资源管理专业的高等院校为主，高被引前 10 位的文献最高被引次数为 148，最低为 91。高被引频次相对较低，也进一步说明在基本农田的研究领域还属于起步阶段，还有较大的研究领域和空间需要支持和探索。

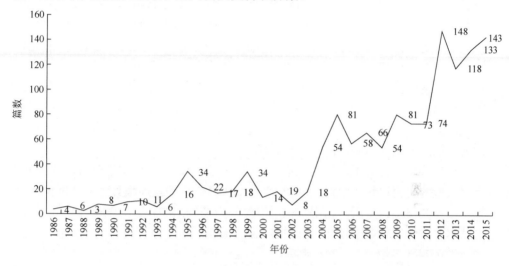

图 2.1　1986～2015 年基本农田主题研究文献载文量变化趋势图

表 2.1　1986～2015 年基本农田主题领域研究前 10 位高频被引文献

论文题目	第一作者研究机构	被引次数	发表期刊	发表时间
基于 GIS 的农用地连片性分析及其在基本农田保护规划中的应用	北京师范大学	148	《农业工程学报》	2008 年
基于农用地分等的基本农田保护空间规划方法研究	中国地质大学（北京）	146	《农业工程学报》	2007 年
划定基本农田指标体系的研究	浙江大学	133	《农机化研究》	2006 年
耕地与基本农田保护态势与对策	中国科学院地理科学与资源研究所	132	《中国农业资源与区划》	2004 年
基本农田信息系统的建立及其应用——耕地地力等级体系研究	扬州市土壤肥料站	125	《土壤学报》	1999 年
基于农用地利用等别的基本农田保护区划定	中国农业大学	122	《农业工程学报》	2008 年
基于土地评价的基本农田划定方法	沈阳农业大学	106	《农业工程学报》	2011 年
浙江省基本农田易地有偿代保制度个案分析	中国人民大学	99	《管理世界》	2004 年
中国基本农田保护的回顾与展望	南京大学	95	《中国人口·资源与环境》	1999 年
四川省中江县高标准基本农田建设时序与模式分区	中国地质大学（北京）	91	《农业工程学报》	2012 年

2.1.2   研究方法

本节采用陈超美博士研发的 CiteSpace 作为分析工具。CiteSpace 是一款引文分析 Java 程序，依靠数据库及分析软件的结合使用，CiteSpace 能够发现关键点，绘制知识图谱，从而实现信息可视化分析，并在图谱中能够显示出一个学科或知识域在一定时期发展的趋势与动向，形成若干研究前沿领域的演进历程（Chen，2010）。本章以"基本农田"为主题词，首先对近 30 年基本农田领域研究总体态势进行共现图谱分析和共引图谱分析（图 2.2 和图 2.3）；其次以 10 年为间隔划分三个时间段（1986～1995 年，1996～2005 年和 2006～2015 年）进行基本农田主题领域的研究聚类分析；进而找到基本农田领域的研究现状和热点，并对基本农田研究热点的发展趋势作出分析和解释。

（1）共现图谱分析：以"基本农田"为主题词进行共现图谱分析，找到基本农田领域的研究现状和热点，并对基本农田研究热点的发展趋势作出分析和解释。

（2）共引图谱分析：运用知识图谱对知识基础中的共引文献进行分析，识别出基本农田研究领域中被高频引用的关键文献。

图 2.2   1986～2015 年基本农田研究关键词共现关系聚类图谱

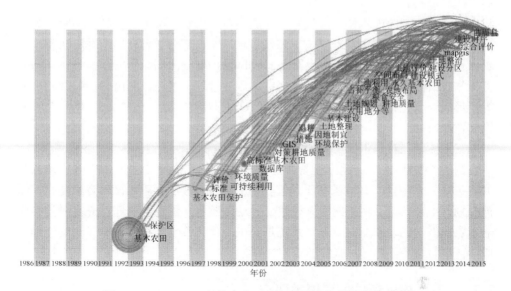

图 2.3　1986～2015 年基本农田研究关键词共引关系时区图谱

2.2　近30年基本农田研究总体态势分析

通过可视化手段分析，近 30 年中国基本农田领域的研究态势总体上有 4 个聚类关系图，聚类 1 是基本农田保护领域研究，聚类 2 是基本农田评价领域研究，聚类 3 是永久基本农田划定领域研究，聚类 4 是高标准基本农田建设领域研究。本章重点对 4 个基本农田研究的聚类领域进行研究内容与研究侧重点分析。

2.2.1　基本农田保护领域聚类研究

基本农田保护领域研究的聚类主要体现在以下三个方面。

一是体现在基本农田数量、质量与环境的保护研究，文献中的主要共现关键词为“数量”、“质量”、“农用地定级”、“土地调查”、“环境质量”等，主要体现在 1994 年《基本农田保护条例》的颁布实施后，以基本农田保护数量为目标，开展基本农田保护区的划定研究，在基本农田保护数量稳定基础上，逐渐开展基本农田质量保护的研究。部分学者就我国耕地资源数量、质量现状以及问题与对策进行分析，侧重点是对全国基本农田保护区规划及保护率进行综述和总结，尤其是第二次土地调查数据与农用地分等数据公布后，对基本农田保护的数量、质量及环境条件保护研究更为翔实（聂庆华和包浩生，1999；陈百明，2004；杨树佳等，2007）。

二是体现在基本农田保护政策研究，主要共现关键词为“规划管制”、“土地用途管制”、“政策体系”、“制度创新”等，部分学者认为应重点发挥好土地规划和土地用途管制的根本作用，从源头上加强对基本农田保护的管制（吴明发等，2011；钟太洋等，2012）。在基本农田制度创新上，部分学者开展了对浙江省基本农田易地有偿代保制度的研究以及基本农田保护机制的创新研究，提出建立和完善基本农田的规划、保护、分级、变更、后续管理、监测、利用和保护激励机制等，形成一套完整的保护政策和制度体系（王万茂和李边疆，2006；朱兰兰和蔡银莺，2015）。

三是体现在对基本农田保护的监测研究，主要共现关键词为"动态监测"、"环境监测"、"信息系统"、"预警"等，部分学者指出 3S 技术是基本农田保护动态监测的主要技术手段，开展了基于地理信息系统（GIS）的基本农田信息提取、保护规划、上图核查、保护网络系统建立、动态监测、预警等研究，提出科学集成基本农田保护的动态监测及预警系统是农田现代化管理的重要保障（张炳宁等，1999；周慧珍等，1999；张桂林等，2014）。

2.2.2 基本农田评价领域聚类研究

基本农田评价领域研究的聚类主要体现在以下两个方面。

一是基本农田适宜性评价研究，文献中的主要共现关键词为"土地评价"、"潜力分析"、"适宜性评价"等，部分学者针对当前耕地入选基本农田评价指标过于笼统、缺乏系统性和目标针对性等问题，提出基于耕地自然质量、利用条件、空间形态以及生态环境及地区经济发展等因素基础上，借鉴土地评价方法，构建耕地入选基本农田综合评价指标体系，并以粮食安全为导向，基于组合评价法及其组合评价结果进行基本农田适宜性评价（任艳敏等，2014；钱凤魁等，2016）。

二是基于基本农田质量评价研究，文献中的主要共现关键词为"农用地分等"、"土地质量"、"按等折算"等，部分学者对基本农田土壤环境质量和污染状况进行了系统研究，部分学者采用农用地分等技术标准对基本农田进行了质量评价研究，从基本农田自然等、利用等及经济等方面探讨了基本农田综合质量条件和特征（李晓秀等，2006；王红梅等，2008）。有的学者借助 GIS 技术，从耕地的自然条件和立地条件两方面特征，开展基本农田综合质量评价研究，使得基本农田的评价更为科学合理（钱凤魁和王秋兵，2011）。该部分研究重点突出基本农田评价指标的选取、评价体系构建以及评价方法探索，基本农田评价是基本农田划定与建设的重要依据与基础工作。基本农田划定是基本农田评价成果的转化应用与实践。

2.2.3 永久基本农田划定领域聚类研究

永久基本农田划定领域研究的聚类主要体现在以下两个方面。

一是永久基本农田划定的理论思想研究，主要共现关键词为"永久基本农田"、

"LESA"、"高标准"、"信息化"等，部分学者理论上提出通过科学分析和借鉴美国 LESA 体系思想，构建耕地质量与立地条件评价体系，建立了基本农田划定标准。部分学者提出从基本农田的功能特点出发，建立了划定基本农田的指标体系，减少人为主观因素的干扰，为保证耕地正确入选基本农田提供了理论依据。有的学者提出应从战略高度，将我国传统农区的大面积、集中连片、优质高产基本农田规划建设为永久基本农田集中区，同时重点做好市域永久基本农田的划定，并建立划定永久基本农田的激励机制（钱凤魁等，2013）。

二是永久基本农田划定的技术方法研究，主要共现关键词为"GIS"、"农用地分等"、"二调"、"土地整治"等，大多数学者通过利用 GIS 技术，基于土地评价方法或利用农用地分等成果及耕地地力评价成果，构建涵盖耕地自然条件、利用条件、生态条件等综合评价指标模型，开展基本农田划定研究，提高了基本农田划定与评价结果的科学性（郑新奇等，2007；孔祥斌等，2008）。部分学者基于粮食安全需求，为实现基本农田划定中实现数量与质量并重的目标，采用农用地产能核算成果及空间聚类或景观格局特征分析，开展基本农田的划定研究（潘洪义等，2012；奉婷等，2014）；有的学者通过构建一套数量、质量兼顾的评价指标体系，对基本农田调整划定方案合理性进行有效评价（许妍等，2011）。

2.2.4 高标准基本农田建设领域聚类研究

高标准基本农田建设领域研究的聚类主要体现在以下三个方面。

一是高标准基本农田建设分区研究，主要共现关键词为"区域划定"、"空间定位"、"分区"、"基本农田布局"等，大多数学者针对高标准基本农田建设基本条件，从耕地的自然禀赋、基础设施与工程施工条件、社会与经济可接受性等方面选取评价指标，运用理想解逼近法、逐步判别分析模型、局部空间自相关分析、基于农用地分等的限制因素分析等多种方法，开展高标准基本农田建设分区研究。有的学者以生态位理论为基础，构建高标准基本农田建设生态位适宜度模型，并借助 GIS 技术，对县域高标准基本农田建设进行潜力分区（方勤先等，2014；王晨等，2014）。

二是高标准基本农田建设时序研究，主要共现关键词为"优先级别"、"优劣排序"、"时序安排"、"综合评价"等，大多数学者针对高标准基本农田建设基本要求与现实条件，对高标准基本农田建设难度及可行性评价，采用四象限法、土地评价与立地分析（LESA）法、栅格数据分析法、理想点法、综合评价方法与限制因素组合法等方法，最终确定高标准基本农田建设时序（薛剑等，2014；张忠等，2014）。

三是高标准基本农田建设标准与模式，主要共现关键词为"建设标准"、"建设模式"、"土地整治"、"综合意愿"、"城乡结合部"等。2012 年 2 月农业部颁布《高标准农田建设标准》；同年 6 月国土资源部颁布《高标准基本农田建设标准》；2014 年国土资源部与农业部牵头联合制定《高标准农田建设通则》，首次将高标准农田建设与基本农田管制相结合，提出了高标准基本农田建设的一般性规定。多数学者将高标准农田建设标准与模式研究有机结合，开展耕地质量条件与利用条件建设标准研究，并针对区域性差异特点，因地制宜提出具体建设标准与模式，如辽北旱作区高标准基本农田建设标准与模式、西南丘陵区高标准基本农田建设标准与适宜模式、寒地黑土区基本农田建设标准与模式等（冯锐等，2012；郭贝贝等，2014）。

2.3　近30年基本农田研究阶段进展分析

2.3.1　1986～1995 年基本农田主题领域研究态势

1986～1995 年时间段，基本农田主题领域的研究属于初始阶段，研究内容与方法单一，主要是以行政和法律规定为准则的定性研究。该阶段基本农田主题领域研究可划分为两个聚类（图 2.4）：一是关于基本农田保护区划定的研究聚类；二是关于基本农田保护区建设的研究聚类。具体研究内容包括以下两方面。

（1）关于基本农田保护区划定研究聚类。该阶段全国各地广泛进行基本农田保护区的划定工作。但由于各省省情不同，对划定基本农田保护区的含义理解不一，划定基本农田保护区工作的重点、内容和方法也各有不同（何守成和华元春，1992；郭海旭和孙英，1992；刘燕，1994）。该阶段划定基本农田的重点是以满足人口增长对农产品的需求为首要任务和保障。保护对象首先为耕地或者优质耕地，尤其是大中城市郊区和铁路、公路干线两侧的优质耕地。划定基本农田保护区不仅要考虑近期的土地利用，还要考虑长远的经济发展与土地利用目标，正确处理和协调农用地的农业利用与非农业利用之间的关系。

（2）关于基本农田保护区建设研究聚类。该阶段的基本农田建设研究大多数集中在中低产田改造、农田基础设施建设以及粮食增产等领域。提出搞好基本农田规划，增加投入，提高基本农田产量是十分必要的。要加强农田水利基础设施建设，坡地梯田化，有效控制水土流失。重点建设山塘及引水蓄水工程，提高抗水旱灾害的能力，稳定农业生产。建立地力补偿制度，增肥改土，提高地力。采取生物措施和工程治理相结合的办法，实行山、水、田、路、林综合治理。要把基本农田保护区建设成为稳定农业基础的粮食和商品生产基地（宋祥彬等，1993；高荣乐，1995）。

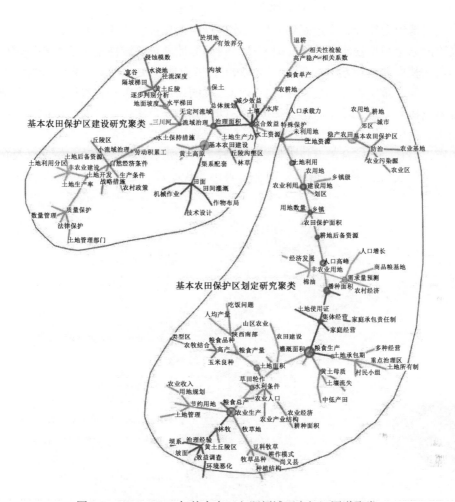

图 2.4 1986～1995 年基本农田主题领域研究知识图谱聚类

2.3.2 1996～2005 年基本农田主题领域研究态势

1996～2005 年时间段，基本农田主题领域的研究内容日益丰富，但研究主题较为分散，GIS 技术在基本农田保护、监测及管理中得到应用。该阶段基本农田主题领域研究可划分为两个聚类（图 2.5）：一是关于基本农田保护与划定的研究聚类；二是关于基本农田建设与经济发展协调的研究聚类。具体研究内容包括以下两方面。

（1）基本农田保护与划定的研究聚类。1994 年 8 月国务院颁布《基本农田保护条例》，明确基本农田概念、分等定级方法等内容。1996 年 5 月国家制定《划定基本农田保护区技术规程（试行）》，规范基本农田保护区划定操作。该聚类主要从耕地地力等级、土地规划、信息管理、质量保护、法律制度等角度开展基本农田的划定与保护研究工作，研究体系较为分散。该阶段提出了基本农田保护与划定的基本理论与方法（王栓全等，2001；陈百明，2004；张凤荣等，2005）。主要提出加强基本农田环境监测信息管理系统的设计，完善基本农田保护区耕地质量监测体系。建立基本农田保护规划辅助决策系统，实现基本农田保护规划的自动化。提出了以新修梯田耕作栽培技术和作物抗旱节水技术为中心的燕沟流域基本农田粮食高产综合配套技术体系。从政策、经济、法律、行政、生态以及技术等多个角度，多层次地提出完善基本农田保护制度，建立基本农田管理的长效机制。

图 2.5　1996～2005 年基本农田主题领域研究知识图谱聚类

（2）基本农田建设与经济发展协调的研究聚类。该聚类领域主要提出加强城市区域的基本农田保护，对于促进城市的生态建设和持续发展都将产生深远的影响（麻志周，2003；刘胜华，2004；谭峻等，2004；张凤荣等，2005）。根据城市空间总体布局，适当调整基本农田布局，将基本农田保护区与绿色隔离带和生态走廊规划相结合，基本农田可以部分纳入绿色空间系统。大都市区的土地利用总体规划应将基本农田作为绿色隔离带，以有效地阻止城市"摊大饼"；从代保范围、价格、期限等方面进一步规范基本农田易地代保行为；探讨了现阶段矿区生态重建技术的研发与示范，进一步保护矿区内现有的基本农田，重建因采矿破坏的基本农田。

2.3.3 2006～2015 年基本农田主题领域研究态势

2006～2015 年时间段，基本农田主题领域的研究内容丰富、全面，研究方法多样，更多体现在实践应用领域的研究，永久基本农田的提出以及高标准基本农田的建设。该阶段研究特色明显，研究主题领域集中，土地评价方法特征多元化，应用广泛。该阶段基本农田主题领域研究可划分为三个聚类（图 2.6）：一是关于基本农田保护的研究聚类；二是关于永久基本农田划定与评价的研究聚类；三是高标准基本农田建设的研究聚类。具体研究内容包括以下三方面。

（1）基本农田保护研究聚类。在基本农田保护数量稳定基础上，逐渐开展基本农田质量保护的研究。尤其是第二次土地调查数据与农用地分等数据公布后，对基本农田保护的数量、质量及环境条件保护研究方法更为丰富、内容更全面（郑新奇等，2007；孔祥斌等，2008）。重点发挥好土地规划和土地用途管制的根本作用，从源头上加强对基本农田保护的管制。建立和完善基本农田的规划、保护、分级、变更、后续管理、监测、利用和保护激励机制等，形成一套完整的保护政策和制度体系。加强 3S 技术在基本农田保护动态监测的应用，开展了 GIS 技术的基本农田信息提取、保护规划、上图核查、保护网络系统建立、动态监测、预警等研究。

（2）永久基本农田划定与评价研究聚类。针对当前耕地入选基本农田评价指标过于笼统，缺乏系统性和目标针对性等问题，提出基于耕地自然质量、利用条件、空间形态以及生态环境及地区经济发展等因素的基础上，借鉴土地评价方法，构建耕地入选基本农田综合评价指标体系，并以粮食安全为导向，基于组合评价法及其组合评价结果进行基本农田适宜性评价（王红梅等，2008；钱凤魁和王秋兵，2011；潘洪义等，2012；钱凤魁等，2013）。广泛开展农用地分等成果的转化应用研究，从耕地的自然条件和立地条件两方面特征，开展基本农田综合质量评价研究，为永久基本农田划定建立了标准。

（3）高标准基本农田建设研究聚类。针对高标准基本农田建设基本条件，从耕地的自然禀赋、基础设施与工程施工条件、社会与经济可接受性等方面选取评价指标，运用理想点逼近法、逐步判别分析模型、局部空间自相关分析、基于农用地分等的限制因素分析等多种方法，开展高标准基本农田建设分区研究、建设时序研究（薛剑等，2014；张忠等，2014；刘慧敏和朱江洪，2015）。根据高标准基本农田建设分区与时序评价结果，因地制宜提出高标准基本农田建设模式、如辽北旱作区高标准基本农田建设模式、西南丘陵区高标准基本农田建设的适宜模式、寒地黑土区基本农田建设模式、林网田—长城沿线地区的基本农田建设模式等。

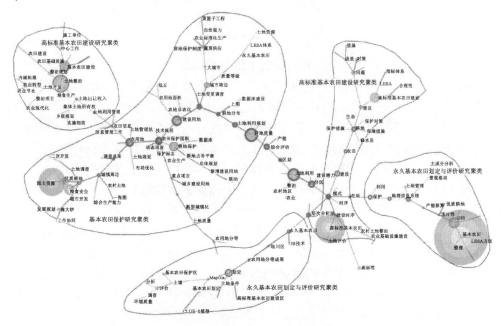

图 2.6　2006～2015 年基本农田主题领域研究知识图谱聚类

2.4　研究结果分析与结论

2.4.1　研究结果分析

1. 基本农田的内涵在不断扩展与延伸

从近 30 年的基本农田主题领域的研究聚类分析可以看出，随着对基本农田功能与作用的阶段性认识的不同，基本农田的内涵也在不断地扩展与延伸。最初在 1963 年黄河中下游水土保持工作会议上，首次提出了基本农田的内涵，其可理解为旱涝保收、产量较高的耕地。随着《基本农田保护条例》的实施与修订，基本农田是指按照一定时期人口和社会经济发展对农产品的需求，依据土地利用总体规划确定的不得占用的耕地。随着永久基本农田划定上升为耕地保护的国家战略，基本农田内涵不断扩展延伸，永久基本农田内涵可以理解为优质、连片、永久、稳定的耕地。其特性是既具有良好的耕地质量条件，又具有较优的立地环境条件。而高标准基本农田是基本农田内涵的升华，是指与现代农业生产和经营方式相适应的基本农田。

2. 基本农田保护始终是一个永恒的研究主题

从近 30 年的基本农田主题领域的研究聚类分析可以看出，基本农田保护在任何一个时间段都是关注的主题与研究的热点，但基本农田保护研究的内容日益丰富。1986～1995 年时间段，基本农田保护更多关注在基本农田保护区的划定，以保障基本农田的数量为目标，研究方法较为单一，多是依据国家的法律政策开展定性研究，强调加强土地利用总体规划对基本农田保护的管制作用。1996～2005 年，对基本农田的保护研究，提出了基本农田数量与质量并重保护，从耕地地力等级、土地规划、信息管理、质量保护、法律制度等多角度开展基本农田的保护工作，尽管研究主题较为分散，但该阶段初步建立了基本农田保护的基本理论与方法。2006～2015 年，基本农田保护的研究更为丰富和全面，尤其是以第二次土地调查数据与农用地分等成果为基础，数据翔实，方法具体且多样化，对基本农田保护研究从数量、质量保护扩展到了立地环境条件的保护。该阶段研究成果对基本农田保护更具有实践指导作用。

3. 基本农田主题研究体系丰富，研究内容全面

从近 30 年的基本农田主题领域的研究聚类分析可以看出，基本农田研究体系从单一体系逐渐向多元体系扩展，基本农田主题领域已经成为耕地保护领域的研究热点。1986～1995 年时间段，基本农田主题领域的研究应该属于法规政策框架下的基本农田保护区划定与建设问题，主要目的是保障基本农田保护政策的实施，没有具体的研究方法，不应该属于科学问题的研究范畴。1996 年后，基本农田成为耕地保护领域急需解决的科学问题，基本农田主题领域研究包括了基本农田评价研究、基本农田划定研究、基本农田建设研究，研究体系丰富，研究内容全面，研究方法多元化。从以满足粮食安全需求的数量保护研究到提升品质的质量保护研究再到生态环境的保护研究，我国对基本农田的研究与世界重要耕地保护研究的发展阶段相吻合。基本农田评价与划定研究方法更具有准确性与科学性。基本农田建设研究结果更具有地域的实践指导作用。

4. 基本农田主题研究地域特征与时间特征显著

基本农田主题研究的地域特征明显，主要以不同地区的自然、社会、经济等条件特征为依据，开展基本农田保护、划定与建设等研究，反映了不同区域的研究特色，既有对城乡结合部、大都市边缘区的研究，又有对生态景观功能区、粮

食主产区的研究。从研究区域尺度看，既有对省域尺度研究，又有对市、县、区尺度的研究，主要集中在基本农田布局、调整、分级及保护指标等领域研究。基本农田主题研究的时间变化特征明显，最初阶段的研究主题以划定基本农田保护区保护农田数量为主。土地利用规划以及对永久基本农田划定的国家需求，基本农田质量保护成为新的研究主题，农用地分等成果得到广泛的转化应用。随着土地整治规划战略的实施，高标准基本农田的建设又成为了一个新研究热点，基本农田主题研究具有明显的时代需求特征。

2.4.2　研究结论与建议

（1）本章在对近 30 年（1986~2015 年）基本农田研究相关文献收集基础上，利用 CiteSpace 分析软件，通过建立基本农田主题研究共现关系聚类图谱，以可视化手段分析了 30 年来中国基本农田主题领域研究态势，研究结果表明，30 年来基本农田研究的内涵及研究体系不断丰富，其内涵从基本农田不断延伸到永久基本农田，再发展到高标准基本农田，基本农田研究的时代性特征明显。基本农田保护研究是一个永恒的主题。基本农田研究内容体系丰富，包括基本农田的保护、评价、划定与建设研究。同时基本农田研究具有明显地域性和时间差异性特征。

（2）基本农田主题研究还存在一定的共性问题，主要是缺少基本农田评价与划定的标准，尽管国家层面出台了一系列的基本农田划定规程，规定了"划优不划劣，划近不划远"的要求，但是目前研究缺少系统的评价指标体系以及科学的评价方法，很难满足永久基本农田划定的需求以及高标准基本农田建设的需要，导致地方在执行基本农田划定与建设政策时"脱型、走样"。因此，今后研究中应注重基本农田评价体系与划定标准研究。

（3）基本农田研究应成为一个重要的科学问题，还有较大的研究领域和空间需要不断探索。在理论与实践领域，永久基本农田划定以及高标准基本农田建设成为国家土地管理的热点需求，需要有科学的评价理论和方法做指导。需要开展包括地理学科、管理学科、资源环境类学科等多学科多领域的研究合作，不断产出更多更丰富的研究成果，争取在国家自然基金等申请立项中成为重要检索关键词和重要的基金申请领域。

第二部分　研究理论与方法

第3章　永久基本农田划定的
理论基础与理论框架

3.1　永久基本农田划定的理论基础

3.1.1　区位理论

区位源于德文的"standort"，英文译作"location"。区位理论是关于人类活动占用场所的理论（郝晋民和段瑞娟，1999）。区位理论是关于人类活动的空间分布及其空间中的相互关系的学说。区位理论包括两层基本内涵：一层是人类活动在空间上的分布和选择，主要目的是择优选取最佳区位条件；另一层就是不同的空间内人类活动的相互关系和有机组合，目的是研究区位主体的最佳组合方式和空间形态。

由于基本农田的位置固定性和不可移动性，不同的区位条件下，基本农田所受的自然条件具有空间异质性，基本农田的立地环境条件也是千差万别，因此区位理论对基本农田划定中耕地自然质量的评价以及耕地立地条件的分析具有很强的指导意义。

3.1.2　可持续发展理论

可持续发展是一个内涵极为丰富的概念，1987年联合国"世界环境与发展委员会"（WCED）正式提出可持续发展（sustainable development）的定义：既满足当代人需求，又对后代人满足需求的能力不构成危害的发展（Koongfkan，2000）。可持续发展的核心是正确处理人与人、人与自然之间的关系，把资源保护和社会发展作为相辅相成、不可分割的两个方面（王礼刚，2005）。实现可持续发展的核心内容是实现人口、资源、环境（社会、经济、生态环境）协调发展。可持续发展是耕地资源持续利用的重要基础，是人地关系协调发展的重要保障，耕地资源可持续利用可以有效促进社会经济的全面发展。

基本农田是重要耕地资源，是子孙后代赖以生存的"饭碗田"，还是不可再生资源，具有用途改变的困难性，一旦用途发生实质性改变（非农化建设），就很难逆转，因此以可持续发展理论作为基本农田划定的理论基础，要求划定基本农田时，首先要保证一定数量和质量基本农田指标，能够保障满足子孙后代吃饭需求，实现基本农田资源的可持续利用。

3.1.3 景观生态学理论

景观生态学是 20 世纪 70 年代以后蓬勃发展起来的一门新兴的交叉学科，景观生态学是地理学与生态学交叉形成的学科，它以整个景观为对象，通过能量流、物质流、信息流在地球表层传输和交换，通过生物和非生物的相互转化，研究景观的空间构造、内部功能及各部分之间的相互关系。现在已广泛应用于自然资源保护、土地规划等各个领域，具有较广的应用范围（邬建国，2000；韩文权等，2005）。它的突出特点在于强调景观异质性和景观的尺度效应，可以用来揭示和反映各类景观的功能机制、特征、人为干扰情况、空间分布情况等。

对基本农田的景观格局特征研究可以揭示基本农田景观格局形态特征和异质性特征，进而反映出基本农田格局特征、景观质量稳定性以及利用特点和空间分布格局，以便我们更好地了解和掌握基本农田利用现状中存在的问题及人类活动对基本农田的干扰程度。因此，可以在确定基本农田的空间布局过程中，充分考虑基本农田与周围生态系统的协调度，优化基本农田景观格局，使基本农田的生态功能得以充分发挥，为基本农田的保护与可持续利用提供一定的科学依据。

3.1.4 外部性理论

外部性是指在实际经济活动中，生产者或消费者的活动对其他生产者或消费者带来的非市场性的影响（唐健，2006）。从土地资源配置的角度分析，外部性是不同用途的土地资源优化配置问题。对于基本农田而言，其农业用途的经济效益远低于工业用途和商业用途，而基本农田的粮食生产功能远远大于其他用途，但在比较利益前提下，势必导致对基本农田的资金和政策的投入减少，保护和重视程度降低，必然会对基本农田划定和保护带来影响。在基本农田保护过程中，存在着个人利益与社会利益和国家利益、经济利益与生态利益和社会利益等矛盾，这些矛盾的存在必然会形成基本农田保护的外部性问题（黄新颖，2006）。因此，对基本农田功能特性认识不同，会对基本农田划定产生的外部性认识也不同，基本农田不仅具有生产和经济产出的功能特性，同时还具有重要的农村社会保障功能特性和景观生态功能特性，越是在城市化、工业化程度较高的地区，基本农田外部性的功能价值体现的越是充分。例如，基本农田可以满足城市的农副产品需求，可以有效阻隔城市无序蔓延，可以做城市景观的"绿心"和"绿带"，可以作为农民的就业、养老等长远生计保障。因此，以外部性理论指导基本农田划定，可以更全面地认识和理解基本农田的功能特性和分析基本农田的立地环境条件特征。

3.1.5 人地关系协调理论

马克思主义人口经济理论认为人类自身再生产和物质资料的再生产是对立统一的关系，其发展过程可视为不平衡—平衡—不平衡的对立统一。人地关系，即人类与其赖以生存和发展的地球环境之间的关系，其实质也是对立统一的，客观存在的主体与客体之间的关系。当人口、资源与环境相适应时，人口有利于资源的合理利用与保护，促进社会和经济环境发展；当人口增长超过资源的承载能力时，人口会阻碍社会和经济发展，不利于自然环境保护。我国以占世界 7%左右的耕地面积养活了占世界 22%的人口，可见中国的耕地创造了当今世界的奇迹，为世界粮食安全做出了不可磨灭的贡献。但是，由于社会经济发展以及人口数量的增加，我国人均耕地面积不到世界平均水平的 1/2，30%的地区人均耕地低于联合国粮农组织确定的人均耕地面积 $0.053hm^2$ 的警戒线（梁艳，2003），人地关系之间的矛盾越来越尖锐。

作者认为紧张的人地关系是由于人口的增加、耕地资源减少造成的，根本原因是耕地与其他用途之间的土地利用冲突，因此科学评价分析基本农田立地环境特征，既保护了一定数量和质量的基本农田，使其具有稳定性，又可以把立地环境特征不稳定的耕地作为建设预留使用，有效地协调好人地关系，而协调的人地关系有利于促进基本农田的永久保护。

3.1.6 博弈论

博弈论（game theory），亦名"对策论"，是研究决策主体的行为在发生直接的相互作用时，人们如何进行决策以及这种决策的均衡问题。博弈论是研究理性的决策者之间冲突与合作的理论。博弈论为分析那些涉及两个或更多参与者且其决策会影响相互间福利的局势提供了一般的数学方法。

近代博弈论的研究始于策墨洛（Zermelo），波雷尔（Borel）及冯·诺伊曼（von Neumann）。1928 年冯·诺伊曼证明了博弈论的基本原理，从而宣告博弈论的正式诞生。1944 年冯·诺伊曼和奥斯卡·摩根斯特恩合著的时代著作《博弈论与经济行为》将二人博弈推广到 N 人博弈结构，并将博弈论系统应用于经济领域，从而奠定了这一学科的基础和理论体系。1950～1951 年，约翰·福布斯·纳什（John Forbes Nash Jr）利用不动点定理证明了均衡点的存在，为博弈论的一般化奠定了坚实的基础。纳什的开创性论文《N 人博弈中的均衡点》（1950）、《非合作博弈》（1951）等，给出了纳什均衡的概念和均衡存在定理。此外，塞尔顿、哈桑尼的研究也对博弈论发展起到推动作用。

在博弈论分析中，一定场合中的每个对弈者在决定采取何种行动时都策略地、有目的地行事，他考虑到他的决策行为对其他人的可能影响，以及其他人的行为对他的可能影响，通过选择最佳行动计划，来寻求收益或效用的最大化（张辉和张德峰，2005）。由于在现实生活中人们的利益冲突与一致具有普遍性，因此，几乎所有的决策问题都可以认为是博弈（史晨昱，2005）。土地利用冲突是现实生活中典型的利益不一致的博弈问题，因此博弈论为有关土地利用冲突的决策问题提供了分析方法和手段。掌握博弈论有利于分析了解土地利用冲突各方策略及其可能的影响，进而采取有效对策、优化配置土地资源，实现土地利用冲突的双赢或利益最大化和土地资源的可持续利用。

3.2 基本农田划定的理论框架

依据《中华人民共和国土地管理法》以及《基本农田保护条例》等法规政策要求，基本农田的政策管理权限主要集中在中央一级人民政府，基本农田保护指标宏观调控和配置权限在省市一级人民政府，而基本农田具体指标分配、落地等具体操作性工作都集中在县区一级人民政府，因此，不同区域的自然条件、社会发展程度乃至不同行政管理者对基本农田认知程度，都会导致基本农田的划定结果及保护目标有所差异。尤其是对基本农田的基本功能特性认知程度的差异，导致基本农田划定的数量、质量及空间分布等结果差异明显。因此，基本农田划定，一方面不能脱离地方实际，考虑区域耕地的土壤因素、地形条件等自然因素条件以及耕地的立地环境条件；另一方面还要充分认识基本农田功能特性，在此基础上构建基本农田划定理论体系。

总之，建立科学的基本农田划定理论体系是基础和关键，而对基本农田功能特性全面认识是建立理论体系的重要前提。

3.2.1 基本农田功能特性

1. 基本农田生产功能

民以食为天，粮以地为本。基本农田是人类生存必不可少的重要资源，生产功能是基本农田首要功能，有研究表明人类生命活动 80%以上热量、75%以上蛋白质以及 88%食物都来自于耕地，95%以上肉蛋奶产量也是由耕地的农副产品转化而来（郝芳华等，2003）。自 2004 年起，我国粮食总产实现"十二连增"，粮食生产能力稳定在 5000 亿 kg 以上。前几年国际粮价大幅飙升，引发一些国家社会动荡，我国粮食多年持续增产连年丰收，保持了经济社会持续稳定发展，基本农田是保障我国粮食基本自给的安全底线。

2. 农民的就业和生存保障功能

土地是人类赖以生存与发展的主要资源，对人类的生存与发展起着重要作用。有研究表明，尽管国家加快了农村社会保障制度建设步伐，但由于农村社会保障任务繁重，再加上地方财政困难，在短时期内建立农村社会保障体制难度较大，加之农民所面临的农业生产经营、外出务工等风险加大，耕地已经成为农民生活最后屏障（霍雅勤等，2004）。失去耕地后，失地农民可能会成为"务农无地、就业无岗、低保无份"的三无农民，失去耕地就失去了就业、养老、最低生活保障等最基本耕地保障功能。因此，一定数量的基本农田和耕地资源首先解决了农民就业问题，对于没有足够非农就业技术和非农收入的农民家庭，种地就成为重要就业岗位，锻炼和培养种地劳动技能，为家庭创造收入，解决生活和生计问题，而对于实施规模化经营的农户，在耕地上进行规模化产业化的经营模式，不仅解决了吃饭问题，还创造了大量财富，带来更多的农民就业机会。因此，基本农田对农村经济发展和农村社会稳定起到保障作用。

3. 社会安全保障功能

手中有粮，心里不慌。国不可一日无粮，家不可一日无米。耕地是粮食生产最基本且不可替代的生产资料，其耕地数量和质量变化必将影响到粮食生产，从而影响到粮食安全水平。据联合国粮农组织（FAO）测算，2010~2011 年度，世界谷物产量约为 22.16 亿 t，而消费量达 22.54 亿 t，产不足需。目前全球仍有 9 亿多人口处于饥饿之中。全球粮食贸易量每年 2500 亿 kg 左右，不到我国粮食总产量的一半，大米贸易总量为 250 亿~300 亿 kg，仅占我国大米消费量 15%左右，国际市场调节空间有限。2010 年，受自然灾害及俄罗斯等国发布小麦出口禁令等影响，国际粮价飙升。现阶段，全国每年净增人口 700 多万，每年新增大约 500 万农民工进城务工，城市人口每年增加 1000 多万，由此每年增加的粮食需求为 35 亿~40 亿 kg。因此，稳定一定面积的耕地资源，特别是基本农田，对社会安全具有重要保障作用。划定基本农田为满足市场需求、应对各种风险挑战、保持经济社会平稳较快发展奠定了坚实的物质基础。

4. 城镇化、工业化的警戒线功能

2007 年，政府工作报告中强调："在土地问题上，我们绝不能犯不可改正的历史性错误，遗祸子孙后代。一定要守住全国耕地不少于 18 亿亩这条红线。"2008 年国土资源部提出，各类建设项目必须坚守的"四条红线"，即土地利用总体规划线、建设用地计划线、耕地保有量和基本农田面积。《中华人民共和国土地管理法》第十九条规定，严格保护基本农田，控制非农业建设占用农用地；第四十五条规定，（建设）征收基本农田由国务院批准。2004年年底颁发的国务院第28号文件《国务院关于深化改革严格土地管理的决定》重申了国家保护基本农田决心，在第十一条规定，基本农田一经划定，任何单位和个人不得擅自占用，或者擅自改变用途，这是不可逾越的"红线"。由此可见，基本农田设立在城镇周围可以有效控制城镇无序蔓延，严格限制工业项目占用基本农田审批，可以有效避免优质耕地数量减少。某种意义上讲，基本农田就是城镇化和工业化发展的高压线和警戒线。

5. 基本农田生态服务功能

基本农田本身是由各自然要素和社会经济要素组成的物质和能量流动的生态系统，具有调节气候、涵养水源、固定太阳能、循环与储存营养物质等价值功能。基本农田还具有很强的吸烟滞尘、净化空气、涵养水源等功能。与同等面积的乔灌木绿化隔离带相比，基本农田在吸附二氧化碳、释放氧气等方面也具有优势（张凤荣等，2005a；付梅臣等，2005）。人类创造了基本农田这一特殊的人工生态系统，并从中享受到了众多的收益，如日本为在城市中保留耕地而采取有效的土地税制制度，在东京内部保留 7 处面积大于 5 hm^2 的片状耕地和许多面积不大的点状耕地，这些土地呈点、片状镶嵌在大城市中，不仅为市民提供生活所需的优质农产品，而且发挥着绿化环境、改善城市生态的作用（张凤荣等，2005b）。在耕地上发展生态农业、旅游观光农业，基本农田的生态功能够得到充分发挥，通过利用农田优美的自然及人文风光，可以使游人摆脱城市快节奏生活，达到身心彻底放松；还可以通过开辟特色大田、果园、菜园等，让游客入内耕作、采摘，体验农业生产劳动及农民生活，享用农业劳动成果，体味返璞归真的旅游方式。

因此，一定数量的基本农田保有量不仅是一个国家和地区社会稳定的重要保障，更是维持生态系统的服务功能，实现可持续发展的重要基础。

6. 基本农田景观功能

基本农田有着丰富的生物多样性，能够体现特有的乡土生境，是一种自然与人文的复合景观。春天绿油油的麦苗和灿烂的油菜花，盛夏的玉米青纱帐，秋天的金色稻浪，构成了城镇和农村周边亮丽的风景线。基本农田具有独特的景观价值功能，给人以视觉美感，还具有特殊的历史文化底蕴，体现当地悠久的农耕文明。保护耕地也是在保护其所传承的农业文化和农耕文明，使其不在建设用地切割包抄下丧失美感。

快速城市化过程中，城市无限蔓延，城市之间隔离距离缩减，城市之间无阻隔相连接，形成连片的高楼大厦等建设项目，最终出现"马路城市"，城市建筑景观单调，而基本农田作物包括大田作物和果园等，其可以作为人工草地、人工林、人工灌丛等人工植被的有效补充。若以开敞的基本农田代替乔灌木作为大都市区域各城市组团之间的隔离带，甚至将基本农田作为"绿肺"深入城市边缘和内部，不仅具有对水文和大气质量、湿度等环境的改善作用，而且具有增强绿化隔离带内物种和景观多样性的功能。

3.2.2 国家法律及技术规程层面建立的基本农田划定理论框架

国家统一管理土地资源的相关机构和部门的成立以及《中华人民共和国土地管理法》《中华人民共和国耕地占用税暂行条例》《基本农田保护条例》等一系列法律法规相继出台，为基本农田划定和保护奠定了坚实的法规政策基础。基本农田划定和保护的行政措施体系越来越严格和规范，尤其是近两年开展的土地调查以及土地利用总体规划修编工作，基本农田划定已成为其中一项重要工作任务。国家法律及技术规程层面建立的理论体系为基本农田划定具体操作提供了政策性指导。

1. 国家法律层面划定基本农田的理论体系

目前在国家层面提出的基本农田划定依据和标准，主要是 1998 年 12 月 27 日国务院颁布和实施的《基本农田保护条例》，其中提出了基本农田划定政策要求。该法规第二章第八条、九条和十条规定如下：

第八条　各级人民政府在编制土地利用总体规划时，应当将基本农田保护作为规划的一项内容，明确基本农田保护的布局安排、数量指标和质量要求。

县级和乡（镇）土地利用总体规划应当确定基本农田保护区。

第九条　省、自治区、直辖市划定的基本农田应当占本行政区域内耕地总面积的百分之八十以上，具体数量指标根据全国土地利用总体规划逐级分解下达。

第十条　下列耕地应当划入基本农田保护区，严格管理：

（一）经国务院有关主管部门或者县级以上地方人民政府批准确定的粮、棉、油生产基地内的耕地；

（二）有良好的水利与水土保持设施的耕地，正在实施改造计划以及可以改造的中、低产田；

（三）蔬菜生产基地；

（四）农业科研、教学试验田。

根据土地利用总体规划，铁路、公路等交通沿线，城市和村庄、集镇建设用地区周边的耕地，应当优先划入基本农田保护区；需要退耕还林、还牧、还湖的耕地，不应当划入基本农田保护区。

2. 国家技术规程层面划定基本农田的理论体系

第二次土地调查一项重要任务就是基本农田调查，要求在土地利用现状调查的基础上，依据基本农田保护区划定和调整资料，查清基本农田的数量、分布和保护状况，并编制基本农田分布图以及建立基本农田数据库。

土地利用总体规划修编的前期工作专题之一是研究如何加强耕地和基本农田保护问题。按照严格保护耕地特别是基本农田，控制非农业建设占用农用地，落实耕地保护和占补平衡数量与质量并重的原则，围绕现有基本农田数量不减少、质量不降低的目标，研究提出确保规划修编加强耕地和基本农田保护的目标及政策建议。《土地利用总体规划纲要（2006～2020 年）》明确规定，"严格按照土地利用总体规划确定的保护目标，依据基本农田划定的有关规定和标准，参照农用地分等定级成果，在规定期限内调整划定基本农田，并落实到地块和农户，调整划定后的基本农田平均质量等级不得低于原有质量等级"。

土地利用总体规划要求以乡为基础划定基本农田，以县为单位确定基本农田保护区，通过省、市、县、乡土地利用总体规划体系，对耕地保有量、基本农田保护面积实行总量控制、逐级分解落实。《国土资源部办公厅关于印发市县乡级土地利用总体规划编制指导意见的通知》进一步明确了基本农田划定及布局调整方法。县级土地利用总体规划，应结合土地用途区确定，划定基本农田保护区；市级土地利用总体规划，可根据当地实际情况，将基本农田分布集中度相对较高、优质基本农田所占比例相对较大的区域，划定为基本农田集中区。

3.2.3　基本农田划定的理论体系构建

对基本农田功能特性认识差异，导致不同时期、不同地区、不同管理者划定基本农田的思维方式以及技术方法差异较大，如上一轮土地利用总体规划修编（1996～2010 年）中，强调基本农田是优质高产耕地，遵循了基本农田生产功能特性。在进入城市化、工业化高速发展时期，"吃饭-建设-保护耕地"的矛盾日益尖锐，由于基本农田划定中没有过多考虑建设发展预留等因素，导致划定的基本农田被频繁调整，基本农田稳定性差。

在基本农田保护过程中，随着基本农田保护政策措施的严格和完善，地方政府已经意识到基本农田是"高压线"，基本农田不能碰，占用基本农田都要经过国务院审批程序，而且仅限于国家基础设施项目建设占用，由此产生了对基本农田警戒线和高压线功能特性的认识，一些官员形成了"城镇周边不能留基本农田，否则会成为城市发展的障碍"的思想意识。遇到建设项目占用就可能避让基本农田，或者是调整基本农田，而一些工业项目即使避让基本农田，由于选址条件要求也会紧邻基本农田建设，造成基本农田环境污染，质量和产量下降。调整基本农田会让基本农田更为破碎分散，出现了基本农田"上山、下滩"问题，违背了国家基本农田保护的本意。因此，基本农田警戒线功能决定了划定永久基本农田必须要与社会经济发展相协调，要充分考虑基本农田立地条件。

占用基本农田供给建设用地在一定程度上促进了经济发展，同时也产生了失地农民等社会性问题，基本农田的社会保障特性功能更为突出，失去基本农田的农民面临着"务农无地、就业无岗、低保无份"等生活困境，因此保障一定数量和质量基本农田不仅对于粮食安全作用突出，对于农民基本生活水平以及生计更是一个长远保障，基本农田稳定性保障了农村社会的稳定性。

在城市发展过程中，耕地还体现了其特有的生态功能和景观价值功能特性，基本农田具有的生态景观功能和"绿心"、"绿带"等景观价值功能更能够体现城市低碳、绿色、生态的发展理念，城市周边基本农田既可以限制城市无序蔓延，又可以作为城市间绿色廊道，起到生态服务的功能作用。因此把基本农田景观价值纳入划定基本农田的立地条件，促进了城市的有序和谐发展，保障了基本农田的永久稳定性。

综合上述分析，科学构建基本农田划定的理论体系是在基本农田功能特性分析的基础上建立的，对基本农田质量条件和立地条件的认识以及划分，主要是对基本农田功能特性划分，以基本农田功能特性分析为基础构建耕地质量评价体系和立地条件评价体系以及综合评价体系，是基本农田划定技术方法的理论基础和关键问题（图3.1）。具体理论体系如下。

（1）保障基本农田生产功能，划入基本农田的耕地要具有较好的耕地立地条件，因此开展耕地自然质量评价，摸清耕地质量条件，掌握优质耕地数量及分布等状况就显得尤为重要。

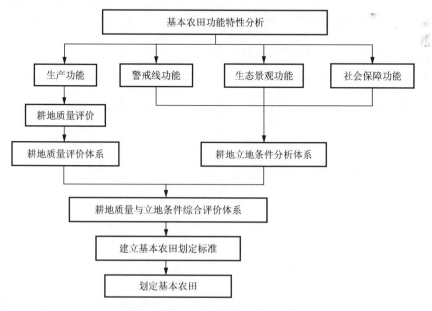

图 3.1　基本农田划定的理论框架

（2）单纯的耕地质量评价成果不能保证纳入基本农田优质耕地具有长久稳定性，在社会经济发展压力下可能面临被占用和调整的风险，因此划定基本农田还要考虑耕地的立地条件，立地条件应包括社会发展条件、连片条件和景观格局条件。构建耕地评价体系主要依据基本农田的警戒线功能、生态景观功能以及社会保障功能等功能特性。

（3）综合对耕地质量评价和耕地立地条件评价的研究分析，依据基本农田各种功能特性分析，从保障粮食需求和立地环境协调稳定角度，建立符合研究区域实际的耕地质量与立地条件综合评价体系。

（4）以耕地质量与立地条件综合评价体系为基础，建立科学的基本农田划定标准，进而划定基本农田。

第4章 LESA系统的研究与构建

国外对农用地的相关研究中没有基本农田概念，综合分析国外文献，基本农田等同于国外研究中的重要农地（important farmland）。划定和保护重要农地是各国农地保护的重点，当前美国、日本、英国、加拿大等经济发达的国家都形成了科学的重要农地划定和保护体系，这些体系都是在农地面临粮食安全、城市扩张及环境恶化等压力背景下，经过不断探索日趋成熟的。对比分析国外文献资料，美国重要农地划定和保护体系是在相对成熟的理论和方法指导下形成的，是当前世界上农地保护的典范。因此，可以将美国的农地划定和保护研究作为国外相关研究的典型。

4.1 LESA系统的背景

美国是一个农业发达的国家，耕地面积约 18 817 万 hm^2，约占国土总面积的 20%，被称为"世界的面包篮"。然而美国成功的农地保护序幕是从 20 世纪 30 年代美国西部的一场强烈沙尘暴开始的，当时空气中含沙量达 $40t/km^3$，风暴持续了 3 天，掠过了美国 2/3 的大地，其根本原因是移居西部的人们对土地的无序开垦，农地遭受严重破坏，生态环境恶化。经历了"黑风暴"后，美国开始对土地开发政策进行反思，实行对农地从数量到质量的全面保护政策。为了保护生态，美国国会还相继通过了一系列法令，内容涉及建立土壤保持区、农田保护、土地管理政策、土地利用等各个方面，把土地管理和水土保持逐步纳入法制轨道，开始全面评价土地资源、合理利用土地的相关研究。

20 世纪 30 年代初，美国针对严重的水土流失，为合理利用、保护、开发土地初步提出了土地利用潜力分类（land capability classification，LCC）系统。20 世纪 60 年代，美国正式提出土地潜力分类系统，成为国际上第一个土地评价工作系统，该系统采用土地潜力级、土地潜力亚级和土地潜力单元三层体系，将土地分为 8 个土地潜力级。1976 年，美国正式提出重要农地的概念，并对其内涵进行了严格界定。20 世纪 80 年代，美国农地保护更加深入，1981 年美国联邦政府提出"农地保护政策法"，作为农地保护的法律依据。1982 年，美国农业部率先提出了应用于农地保护的"土地评价与立地分析"（LESA）系统（Wright，1983；SCS U S，1983；Dunford et al.，1983），该系统首先在伊利诺伊州（典型农用地保护区域）和华盛顿州（典型农地严重侵蚀区域）应用实践，而后被广泛地应用到各州的农地划定和保护评价中。

原美国农业部土壤保持局（即现在的美国自然资源保护委员会）最初主要负责发展和推广这一系统的应用，并编写了《农业土地评价与立地分析》指导手册。1983 年，《农业土地评价与立地分析》指导手册正式出版发行，主要是指导各州和地方政府如何应用"农业土地评价与立地分析"评价方法体系进行农业土地的保护评价。1984 年"农业土地评价与立地分析"评价方法被正式写入《农地保护法》修正案中，该法案规定联邦政府各部门在土地开发利用过程中，要做好土地评价工作，确定农业土地保护区域并对其进行重点保护。"农业土地评价与立地分析"系统主要是用来评价农业用地的生产力及农业用地向非农用地转变的适宜性。因此，通过使用"农业土地评价与立地分析"系统，美国联邦政府、州以及地方各级政府官员可以确定哪些区域的农用地应当重点保护，防止该农用地向非农化利用转变，并且地方政府可以利用评价结果对无农业利用生产潜力或农业利用生产潜力极低的土地的利用和开发方向进行指导。

4.2　LESA系统的建立方法步骤

4.2.1　LESA 系统简介

"土地评价与立地分析"（LESA）系统是由土地评价（LE）和立地分析（SA）两部分组成，该体系评价因素既包括影响农地质量的土壤因素，又包括影响农地稳定性的非土壤因素。

美国 LESA 系统中因素选取及分级赋值主要采用德尔菲法，建立两大评价子系统——土地评价（LE）子系统和立地分析（SA）子系统，并分别进行评价计算，得到 LE 分值和 SA 分值，最后根据服务的目标确定二者之间比例系数，综合得到 LESA 分值。LE 分值与 SA 分值可以独立使用，也可以结合使用。

$$LESA = aLE + bSA \tag{4-1}$$

式中，LESA 为农业土地评价与立地分析综合评价分值；LE 为农业土地评价分值；SA 为农业土地立地条件评价分值；a 和 b 为二者之间比例系数。

4.2.2　LE 子系统

LE 子系统通常是土壤保持局和地方水土保持局设计的，土壤限制性和重要农田等级是 LE 子系统所考虑的重点。土地评价委员会成员包括自然资源保护学家、水土保持局人员、农民、城市规划者、地区农业官员以及其他具有丰富土地资源知识的人士。LE 子系统的主要目的是评价农用地自然条件,其重点是评价影响土地农业利用的土壤因素,并按照其对农业利用(耕地、林地或者牧草地)适宜性,将土壤分到从最佳适宜到最差适宜的不同组中,随后每一类土壤都被赋予一个相对分值,最适宜的一类土壤分值是 100 分,其他各组的土壤分值依次类推,分值逐级降低。LE 子系统的根本评价对象是土壤,土壤各属性数据主要来源于国家合作土壤调查(national cooperative soil survey)中的土壤属性数据。LE 子系统通常运用地力等级、土壤生产力等级、土壤潜力等级和重要农田等级四个体系来评价农用地的自然条件。其中,地力等级是根据土壤对农田作物或牧草的限制性将其分为八个等级和四个亚级;土地亚级表示土地限制因素类型,主要包括侵蚀(e)、水涝(w)、土壤(s)和气候(c)。

土壤生产力等级主要从土壤情况、作物类型和管理水平三个方面对土壤进行评价,既包含了自然因素,又有经济成分,并且更注重的是经济成分。土壤生产力等级主要是指在一定的管理水平下,种植指定作物,土壤所具有的生产能力,即作物的产量。不同土壤种植指定作物所产生的不同产量为土壤之间生产力等级的对比提供了方法。

土壤潜力等级表明一定区域内,与一般土壤相比,适用于特定作物的土壤相对质量,同时表明采用现代化技术克服土壤限制因素的相对成本或者无法克服土壤限制的相对成本。自然资源保护委员会(Natural Resources Defense Council,NRDC)给出了土壤潜力指标(soil potential index,SPI)的公式:

$$SPI = P - (CM + CL) \tag{4-2}$$

式中,P 为区域产量指数;CM 为克服土壤限制的成本指数;CL 为无法克服土壤限制的成本指数。

重要农田等级主要是按照生产粮食、精饲料、纤维和油籽作物的适宜性对土壤进行评价。它把农地分为四类:优质农地、特殊农地、州级重要农地和地方级重要农地。其中,优质农地是指对于种植粮食、精饲料、纤维和油籽等作物具有较好的理化性质,并且在精耕细作下能够维持较高产量的土地;特殊农地不同于优质农地,它主要是用来种植一些特殊高价值的粮食和纤维作物的土地,如柑橘类的植物、橄榄树、蔓越橘、水果产品和蔬菜等;州级重要农地是指除了优质农地和特殊农地外,还应是在粮食、精饲料、纤维和油籽作物种植上对该州极其重要的土地,这类土地的评定是由各州所属机构进行的;地方级重要农地主要是对地区具有重要性的农地,这类土地的评定是由各地区所属机构进行。

4.2.3 SA 子系统

SA 子系统通常是由地区官员或者是指定的地方立地分析委员会设计。立地分析委员会成员包括地区规划人员、县或镇委任参与的市民、水土保持局主管、建筑工业代表、公益人群以及对农地保护关注的其他政府官员。SA 子系统重在评价农用地的社会经济条件，是用于鉴别除土壤以外的有助于一个地区保留农业用地适宜性的其他种种因素，通常包括土地分布、位置、适宜性、时间性以及相应的土地利用规划和税收政策。根据地方需要和目标要求，每一个被选择因素被分在不同层次，并赋予不同分值。这一方法为制定各种土地利用决策提供了科学、合理、一致的根据。

SA 子系统评价因素可以分为三个层次：第一层次是除土壤质量因素外，衡量限制农业生产力和农业耕作的因素，如立地面积、相邻土地利用的适宜性、周围环境的适宜性（对农业耕作的影响）、适宜耕作的立地面积比例、农场投资水平、农业支持系统的可达性、农业耕作的环境限制因素、灌溉用水的可获得性及可依赖程度；第二层次是衡量发展压力和土地流转的因素，如土地利用政策、周围城市和农村发展用地比例、距公共排水系统距离、距公共用水系统距离、距高速公路距离、距市中心或城市增长边界距离、距受保护的农用地距离；第三层次是衡量具有其他公共价值的因素，如立地开敞空间价值（如城市绿化带）、教育价值、历史建筑物或历史纪念地、重要的人造景观或纪念物、湿地和滨水区域、景观价值、野生动植物栖息地、环境敏感地区、河漫滩保护区。

4.2.4　LESA 系统

LESA 系统在设计上具有很大弹性，能够适应不同地方的差异性，它不分区域大小，既可以是重要农地占 95% 以上的区域，也可以是重要农地小于 5% 的区域；既可以是大城市区域，也可以是一些城镇或村庄区域。在设计上主要是以现有的地区土壤调查、土地利用规划、各项政策和方案等信息数据为基础依据。

LESA 系统将独立的两大评价子系统结合起来，最终得到三个结果：LE 分值、SA 分值和 LESA 分值。根据具体目标可以独立使用 LE 与 SA 评价结果，也可以结合起来使用。这种结合和分离使系统更具灵活性。三个值从三个方面分别体现农用地的不同属性特征：LE 值反映的是以土壤特征为主体的农用地自然属性，实际上就是区域内单位农用地的纯收益与最高纯收益的相对值，体现土地作为农业用途的经济可能性；SA 分值反映的是农用地所处环境的社会经济条件，体现土地保持农业用途的环境可行性，如该地块保持农业用途是否与周边的环境相协调、是否与城市基础设施建设相冲突、是否与土地利用总体规划及当地政策法规相矛盾等；以 LE 分值与 SA 分值为基础，LESA 分值则是二者的权重比例对比得到的服务于具体管理目标的综合分值。三者结合的结果是让评价系统更深入地反映农地质量的综合特征，在应用上充分考虑农地价值目标，从而提升了评价成果的现实意义。

LESA 系统指导手册规定，LESA 用于耕地保护目的时，LE 与 SA 分值按照 1 : 2 的权重比例确定 LESA 分值。但是，LESA 系统的一个最大特点就是灵活性，LESA 为不同的管理目标服务时，可以有不同的组合方式，各地方在具体的应用过程中可以根据自己的价值取向适当调整 LE 与 SA 的权重比例，如 1 : 3、1 : 1、2 : 1 等。

美国联邦机构经常使用 LESA 分值来设定决策门槛，使用 LESA 系统实施农地保护政策法。州和地方政府一般会利用 LESA 系统进行如下活动：①进行土地利用规划，确定重要农地保护区域；②评估农用地财产税；③确定农业区范围；④决定是否同意分区或改变分区的要求；⑤规划排水系统、供水系统及交通项目；⑥购买农地保护项目土地发展权等。

4.3　LESA系统的特点

LESA 系统应用范围较广，可操作性强。LESA 系统出台的另一个大背景就是原有的土地评价工作结果太宏观，在具体的决策中可操作性差。LE 部分的三个评价体系（土地利用潜力分类、重要农田鉴定、土壤生产力等级）分别反映了农用地的不同特征，为土壤质量管理工作指明了方向，其中土地利用潜力分类反映了土地用于农业的限制性及限制因素类型，可为土壤改良提供基础数据；重要农田鉴定使规划人员在地方层次鉴别优质的和重要的耕地，从而保护优质和其他重要耕地；土壤生产力等级使规划人员能够从特定作物的生产力角度来考虑农业生产，因此，地方管理及规划人员可以根据这些具体的信息采取有效的管理措施，从而控制土壤侵蚀，改善土壤质量。SA 部分则综合区域内所有的社会经济条件，不仅用于判断农业利用的可行性，而且可以反映出地方的社会经济环境，为其他管理目标的决策服务。LE 是以土系为单位进行评价的，其结果比较宏观，而 SA 则是针对具体的地块进行评价的，所以，LESA 系统的结果充分反映了具体地块的所有属性特征，从而成为地方管理及规划人员手中非常直接的工具，可以灵活地应用于管理工作的各个方面（刘瑞平，2004）。

4.3.1　LE 子系统特点

1. 地力等级评价体系

如果 LESA 系统的目标是评价土地相对质量，选用地力等级评价方法体系就较为合适。如果 LESA 系统的目标是评价土地相对农业生产力水平，就不适宜单独选取地力等级评价方法体系。

2. 重要农田等级评价体系

重要农田等级评价标准也不可能会为 LESA 系统提供一个满意的土地评价方法。主要原因是重要农田等级评价把土壤分为了四个等级：优质农地、特殊农地、州级重要农地和地方级重要农地。采用重要农田等级评价标准很难区分出来哪些土壤符合优质农地、哪些土壤符合特殊农地等。次要原因是"重要农田"的定义会把一些具有极其重要价值的农业土壤排除在外。例如，冬小麦是一些地区主要农业产品和经济来源，有很多生产冬小麦的优质土壤，但是它们很难符合重要农田标准，因为冬小麦是休耕轮作制，而重要农田条件所要求的十年中至少要有六年有充分的水分供给，该土壤不能满足这个标准。所以，如果采用重要农田等级评价标准单独作为土地评价标准，那么对这些种植冬小麦的优质土壤所进行评价的土壤相对质量就会下降，但实际上这些土壤的质量远远优于其他同等评价等级的土壤质量。

3. 土壤生产力等级评价体系

土壤生产力等级评价体系主要是以种植作物产量数据为依据来评价土壤生产力水平，因此，种植作物产量数据是土壤生产力等级评价标准中的一个重要指标。由于通常农作物在"A"等土壤上的产量要高于"B"等土壤，人们可以用作物常量数据进行对比，进一步推断出"A"等土壤具有较高的生产性。这种方法具有一定的限制性，土壤生产力等级不同于作物产量等级，因为土壤生产力等级评价是主要在对影响作物生长和产量的土壤性质评价的基础上进行生产能力评价，土壤厚度、质地、有机质含量、土壤持水特性以及排水等级都是评价中所重点选取的土壤因素。运用土壤生产力等级评价土地农业利用的适宜性有两个显著优点：一是在评价中即使是缺少数据也是没问题的，所以可以对土壤调查中的每一块土壤进行评价，而不是单纯依赖作物产量数据进行的评价；二是所进行的土壤相对质量评价结果可以表示在一个"0～100"的连续的数值范围内。

当然，也有一些缺点，最为严重的不足就是土壤生产力等级并不能说明在进行土壤管理投入上的差异性，很有可能造成两种土壤评价后，具有相同的土壤生产力等级，主要原因是一种土壤进行了大量的投入，如使用肥料、灌溉、排水等管理措施，而另一种土壤没有进行相应投入。但是如果按照 LESA 系统目标来说，那些为取得同等生产力水平而需要大量管理措施投入的土壤应该是具有较低的土壤生产力等级的。这一点在评价结果上很难区分出来。土壤生产力等级的第二个主要缺点就是建立土壤生产力等级评价标准体系的时间较长。为取得最佳效果，就需要资深的土壤专家，而且土壤专家也要和当地的一些顾问委员会成员一起合作来建立大家都能够接受的土壤生产力评价等级体系。

4. 土壤潜力等级评价体系

土壤潜力等级评价体系是 LESA 系统中较为完美的 LE 评价方法体系。土壤潜力等级表明一定区域内同一般土壤相比,适用于特定作物的土壤的相对质量,同时包括采用现代化技术克服土壤限制因素的相对成本或者无法克服土壤限制的相对成本,考虑了作物产量、利用效果水平、减少土壤限制因素影响的相对管理成本以及影响社会、经济和环境价值的永久性限制因素的不利影响等。

土壤潜力等级不同于土壤生产力等级,后者仅仅是重在测算产量。土壤潜力等级能够很好地说明产量、产值收益或可能达到的效果以及为取得良好效果而克服限制性因素所需要投入的管理措施程度等。通过说明投入和产值,土壤潜力等级可以更加准确地反映特定土地利用方式的土壤的真实价值,农业土壤潜力等级中投入和产值的测算方法是以种植作物的管理措施成本和作物的销售价格为基础。对非农业土壤潜力等级的测算更注重间接性和实际的经验,土壤潜力等级评价体系建立以委员会为基础,注重利用土壤专家以及熟悉区域土壤和土地管理实务市民的知识和实践经验。委员会负责详细说明产量、每种土壤的性能指标、列出所有可能的管理措施、确定成本或其他的投入测算、编制所有相关的资源数据,并且对缺失数据地区提供投入或产值的合理测算。

土壤潜力等级评价体系两个主要缺点是建立此评价体系需要较长时间,并且需要对缺少的数据进行处理。因为土壤潜力等级评价体系建立以委员会为基础,需要大量时间来组建委员会并且还要召开多次会议来讨论问题和进行决策,在委员会商议过程中,还会发现缺少一些管理投入和数据或者是土壤性能描述的数据,他们必须想办法去获得这些数据来完成此项研究,因此就会耗费大量的时间去寻求数据,有可能花费数月时间。

土壤潜力等级评价体系一个主要优点是该评价体系是由委员会来建立形成的。委员会的成员构成就保证了所有的委员都对土地利用决策感兴趣,并且可以帮助提供一些方法和手段。委员会众多的意见提高了所考虑的管理因素的全面性,对于缺失数据有更好的补充方案。更为重要的一点是地方委员会所建立的体系会被地方广泛接受,更加具有可信赖性和可行性。

4.3.2　SA 子系统特点

LESA 系统模型中,对比 LE 部分,SA 部分所产生的问题会相对多一些。通常情况下,一些最适合进行农业生产的土壤同样也最适合非农业生产的土地利用。但是,对农地的立地分析所选取的因素应该是仅包括那些影响土地农业利用的因素。例如,地块大小、形状、与农业基础设施相对位置、相邻土地利用的适宜性、周围环境的适宜性等相关因素，而距离学校远近、防火设施的可利用性、下水道的位置等因素就不能体现在农地的 LESA 系统模型中。这些因素虽然不能体现农地的生产力水平，但是可以体现对非农地利用的可持续性，因此 LESA 系统只能适宜于对单一利用方式的土地进行评价。

4.4 LESA系统的实践应用

该部分内容翻译来自《Agricultural Land Evaluation and Site Assessment（LESA）Handbook》（Cache County Agricultural Advisory Board，2003）一书。该书重点介绍了 LESA 系统在美国犹他州卡什县农地保护中的实践应用。

4.4.1 LESA 系统应用简介

卡什县（Cache County，Utah）是美国犹他州北部的一个县，北邻爱达荷州。卡什县是犹他州重要的农业生产区域，农场平均规模达到 87.4hm^2，并且三分之二的农场超过了 105.2hm^2。2001 年该县拨款创建了一个县域的农用地保护方案；2002 年 2 月，该县通过决议，建立犹他州第一个县域农业咨询委员会，根据国家推荐标准、政策和实施工具来保护重要农田和空地；2003 年该县建立了 LESA 评估委员会。该县的 LESA 系统是用来识别和考虑哪些农田和空地应予以优先保护。卡什县 LESA 的初衷是经过评估，确定优先保护的土地并寻求社会资金购买其发展权。

4.4.2 LESA 系统指标选取

卡什县 LESA 系统选取了两个 LE 指标，七个 SA 指标。

LE 指标均基于美国农业部自然资源保护委员会的土壤图。第一个 LE 指标是土壤潜力等级，用非灌溉条件下牧草产量来表示；第二个 LE 指标是地力指数，反映了土壤单元对国家、州或地方农用地的重要性，此外，它可以识别影响土地发挥潜力的限制因素，如地下水位高、陡坡等。

SA-1 指标包括两个，它们反映了地块商业化农业的适宜性。第一个是土地连片程度，基本思想是 LESA 分值随着相邻农用地块的增多而增加；第二个是商业化农业活动历史记录。

SA-2 指标包括三个。第一个是邻近受保护的土地，这是为了鼓励整合大面积农田保护；另外两个指标是用来衡量非农业发展压力，根据面临的发展压力来确定农田的优先保护次序。

SA-3 包括两个指标，反映了农地的非农价值。第一个是保护重要自然资源土地，如野生动物栖息地、湿地或地下水补给区。一般情况下，在这些区域中的地块分值较高。第二个是具有重要农村视觉景观功能的农用地，关键观测点可以看到的地块分值较高。

4.4.3 LE 指标分值计算

LESA 系统的 LE 部分测算依据卡什县最新的数字土壤地图[由美国农业部自然资源保护委员会（NRDC）维护]。每个地块分值都是由土壤潜力指数（SPI）和地力指数（LCI）加权平均得到。LE 分值用来测算目标地块土壤农业生产力的价值，在管理能力和技术水平不变的情况下，LE 分值越高，该地块的农业生产潜力越大。

1. 土壤潜力指数（SPI）

县域每一个土壤制图单元的作物生产能力由 NRDC 评估的非灌溉干草或牧草产量潜力来确定。在管理能力和技术水平不变的条件下，用土壤生产基准作物的能力来科学地估算产量潜力。

每一个土壤制图单元都有一个相对应的 SPI 分值，范围是 0～100 分（最大产量为 100 分，最小产量为 0 分）。

2. 地力指数（LCI）

每一个土壤制图单元的地力指数将根据以下两个属性进行评分：一是通过对比每个土壤制图单元与 NRDC 的标准地力类型，反映作为农业生产的土壤类型的潜在适宜性；二是许多土壤单元已经被确定为地方、州或全国的重要农田。这两个属性结合生成一个 LCI 分值，范围是 0～100 分。

4.4.4 SA 指标分值计算

1. SA-1 指标（商业化农业适宜性）

在卡什县的 LESA 公式中选择了两个 SA-1 指标，包括连片程度和商业化农业活动历史记录。

（1）SA-1（a）连片程度。LESA 评估委员会认为连片程度高的农田地块有更好的农业生产基础。换句话说，在其他属性不变的情况下，连片程度高的农田将被考虑优先保护。

区域内 64.7hm^2 水浇地是支持一个家庭式经营、商业化农业经营所需的最低面积。此外，委员们认为，1.2hm^2 非灌溉农田或 2.4hm^2 非灌溉、非翻耕草地或牧场等于 0.4hm^2 的灌溉农田或牧场的生产力。

连片程度的分值根据连片面积来估算。目标地块分为灌溉耕地或牧场（a）；

近期耕作的非灌溉农田（b）；近期未耕作的非灌溉农田、牧场（c）；其他非生产性土地（道路、河流、建筑物和碎地）。该分值根据前三类土地连片面积进行折算。如果目标地块包含了多种类型土地，那么计算分值为每种类型的土地连片面积折算之和，并且分值加起来不超过 100 分。公式如下：

$$分值 = \frac{a类面积}{1.6} + \frac{b类面积}{4.8} + \frac{c类面积}{9.6} \tag{4-3}$$

（2）SA-1（b）商业化农业活动历史记录。第二个 SA-1 指标是识别目前作为商业化农业或畜牧业一部分的土地，在未来被运营商重视作为商业化农业经营土地的可能性。此外，委员会认为只关注土壤和地块大小可能无法确定家畜农业，尤其是奶牛养殖对卡什县农业经济发展的重要性。

LESA 评估委员会认为，同样的土地，与一个不属于持续商业化操作的地块相比，商业化农场或牧场应该优先保护。为了确定近期的商业化农业活动规模，可以选择下面两种方式，土地所有者可以根据他们希望的方式选择计算方法。有权并有兴趣的土地所有者应考虑来自任何有效农业操作的所有牲畜或重大农业收入，并且这些畜牧和农业收入依赖于目标地块。

方法一：平均牲畜库存。

这种方法认为畜牧业是卡什县农业经济最重要的贡献者。在 1997 年的农业普查中，超过 75%的农业收入来自于出售牲畜和奶制品。商业家畜库存的大小可以将各种类型的农场动物（牛、羊、猪、家禽等）转变为标准化的"动物的单位"来估算。美国农业部自然资源保护委员会已经制定了一整套的转换机制。

分值计算包括四个步骤。首先，计算耕地保护申请前 12 个月的各类商业养殖畜牧的平均库存；其次，将这些牲畜数量标准化为"动物单位"并且计算每一个月的总和；再次，计算 12 个月的库存量并除以 12 计算月平均畜牧库存量指数；最后，月平均库存指数除以三，得到最终分值（最大 100 分）。

方法二：农产品销售总额。

对于有重大的农业经营活动的非畜牧业（包括一些畜牧业）来说，计算这个指标分值的另一个方法是粗略估计依赖于目标地块的全部有效农业经营的总收入，这里的土地所有者要求能够有效地管理所有权。总收入包括所有农作物、牲畜和畜产品的收入，也包括良好的农业经营的最新税收在内。分值为总销售额除以 2500 美元，最高 100 分。

2. SA-2 指标（非农发展压力）

在 SA-2 中有三个指标，分别是保护区周边地块、住宅开发密度和污水管道周边地块。这些指标是用来保护土地地役权的。

（1）SA-2（a）保护区周边地块。人们普遍认为，保护一个农业景观的最有效途径是保护大片的土地，而不是细碎地块。委员会认为，应该优先考虑保护邻近已被划为保护区的地块，从而增加保护区面积，对农用地进行大面积保护。

卡什县目前保护的地块包括：受地役权保护的农用地；政府划入农业保护区内的土地；DWR 或其他国家机关保护的土地；由联邦政府拥有和管理的土地（主要是森林服务用地）。各个地块分值可以根据从受保护土地到周边任何地块最短距离来估计。

（2）SA-2（b）住宅开发密度。LESA 委员会认为一些商业化农业的长期最大威胁是居民住房和农业领域中牧场的建设。这样的住房开发显著增加了土地成本（想要扩张或进入农场的农民购买土地，或为了租金转让正在进行商业化农业经营的土地）。

农田保护规划的主要目的之一是保护开发压力下的农用地，所以我们必须了解在土地保护地块周边是否存在或者存在多少的住宅开发用地。委员会也认识到必须在以下两者之间取得平衡：保护目前面临发展压力的重要农业用地；过多的开发导致商业化农业在预留空地蓬勃发展。

为实现这一平衡，LESA 委员会根据目标地块周边的住宅开发密度来赋予分值。在一般情况下，房屋开发密度越大，分值越高。然而，一旦房屋开发密度高到了可以干扰到商业化农业活动，分值会随着密度的增加而减少。房屋开发密度的数据可以从县域住宅发展图中获取，并进行实地考察来确保其准确性。

委员会认为最大分值为在目标地块 1/4mile[①]缓冲区内每平方英里[②]有 10～25 个住宅。由于分值依据是每平方英里住宅密度，而不是 0.25mile 缓冲区内住房的数量，所以这个房屋密度阈值会根据目标地块的大小来确定。如果目标地块是 16.2hm^2 的矩形地块，那目标地块周边 1/4 缓冲区面积有 129.5hm^2（0.5mile^2）；如果在这个范围内有 5 个住宅，那么它会转化为每平方英里包含 10 个住宅（或每 0.5mile^2 包含 5 个住宅）；如果地块有 129.5hm^2，那么 1/4mile 缓冲区会有 259hm^2，或者说是 1mile^2；如果缓冲区内有 5 个房屋，那么它会转化为每平方英里包含 5 个住宅。当然，不同密度水平的确切住宅数量依赖于目标地块的大小和配置。

（3）SA-2（c）污水管道周边地块。LESA 委员会认为，有公共污水管道服务的地区有更大的发展为住宅或商业的可能性。因此，SA-2 第三个指标的最大分值点应在离官方认可的公共污水管道区域 0.5～2mile 范围内。目标地块离污水管道的距离远超过 2mile，分值会略少，因为它们不太可能会受到非农发展的显著压力。离污水管道区域少于 0.5mile 的地块，要减少对其优先保护可能性，因为发展压力的强度使其适应于商业养殖的可能性较小。紧邻或者在污水管道区域内的地块分

---

① 1mile（英里）=1.609 344km

② 1mile^2（平方英里）=2.589 988km^2

值为 0，因为在不久的将来，他们会面临住宅开发的巨大压力。

3. SA-3 指标（非农资源保护）

SA-3 指标识别能够为卡什县居民提供非农利益的农业资源。LESA 委员会设立了两个 SA-3 指标，能够保护重要自然资源和维护农村视觉景观特征。

1）SA-3（a）保护重要自然资源的土地

LESA 委员会确定了如下五个重要自然资源类型。

（1）河漫滩。河漫滩是江河或溪流山谷的一部分，与河道毗邻，它是由激流过程中沉积物沉淀而成的，并且在洪水阶段，当水溢出河岸时会被水覆盖。河漫滩是防止洪水灾害的重要保护区，河漫滩的发育将有可能对雨水径流的质量、数量和时机造成不利影响。距离河漫滩 30m 范围内的土地需要计算河漫滩分值。

（2）湿地。湿地是指被淹没或通过表面或地下水在一定频率和持续时间足以支持其达到饱和的那些区域，而在正常情况下，大多数植物适合生活在饱和的土壤条件下。湿地一般包括沼泽、湿草地、泥沼和类似地区。概括地说，湿地可潜在地支持许多重要的生态功能。例如，为鱼类和野生动物提供栖息地，通过从山地径流过滤泥沙改善水质和营养，提供海岸线和保障河岸稳定性，并提供休闲娱乐机会，如野生动物观赏和狩猎。卡什县居民从湿地中获得许多好处，并希望保护这些区域。距离湿地 30m 范围内的土地需要计算湿地分值。

（3）水道。水道是一种天然的，由全部或部分一定流量的水形成的明确渠道，是连续或间歇性的。它主要包括沟渠、运河、水道和其他输送水的人工渠道（沿着河岸提供了它们的河岸栖息地）。水道的维护是很重要的，用以保持水质，防止侵蚀，并保护重要的鱼类和野生动物的栖息地。湖岸边 30m 内，或水库和水流中心线 30m 范围内的土地的计算水道分值。

（4）地下水补给区。地下水补给区是地表和地下水之间，由不包含任何限制层沉积物组成的、能够使地表水从地表移动到含水层的区域。卡什县的许多居民依靠地下水作为他们的主要生活供水资源。开发地下水补给区会导致渗透减少和水污染。地下水补给区保护对保证卡什县高质量的地下水持续供给是很重要的。

（5）重要野生动物栖息地。重要野生动物栖息地已经被定义为犹他州为满足管理目标必须保护的，并且保护该州所有野生动物栖息地。在一般情况下，这些地区适合水禽、大型种群、受威胁或濒危物种的生存。这些区域的可持续性要求区域中的重要野生资源是健康的。通过观察、消费和享受野生动物，卡什县的居民强烈地感受到保护野生动物栖息地是必不可少的，发展这些领域可能危及野生动物的健康。

SA-3（a）指标被用来识别在重要天然资源内部的地块和地块邻近该地区的程

度和数量。委员会认为，社会是保护这些重要资源的整体效益者。因此，他们决定优先保护重要自然资源周边地块。SA-3（a）分值反映了每种类型的重要自然资源周边地块的面积。在 LESA 计算中，紧邻重要自然资源的大地块会有低程度的附加分。

LESA 委员会的工作人员编制并定期审查当前的地图，列出五种重要自然资源区域。确定 SA-3（a）的值，需要分析目标地块中属于每种自然资源地区的面积。然后计算目标地块与自然资源保护区相邻的总面积。

根据这些组合地块或相邻地块，运用公式计算分值，最高 100 分。

$$分值 = W + A \tag{4-4}$$

式中，W=目标地块中自然资源土地面积（hm^2）×重要自然资源类别数；A=紧邻并且连续的自然土地的面积×重要自然资源类别数（最高 50 分）。

2）SA-3（b）保护农村视觉景观

重复的调查和大量的证据表明，在卡什县，农村、农业对于当代居民的生活质量是非常重要的，是吸引未来增长和发展的重要的指标。

LESA 委员会用 SA-3（b）指标来作为保护农村景观土地的手段，从以下三个方面来确定分值：①土地的视阈，用主要交通廊道视阈来表示；②4800ft[①]海拔以上的土地[大约是普罗沃（Provo）的前期博纳维尔湖（Bonneville Lake）水平，它可以很容易地看到山谷的大部分地区]；③山谷周边的重要的有开阔视阈的土地可以作为关键切入点。

（1）公路廊道。为了保护视觉景观，在主要道路周边设置 0.5mile 缓冲带。在最繁华公路（包括县域内所有国道和省道）0.5mile 范围内的农田为优先保护区。其他重要道路的分值依次递减。

（2）河滩保护。所有的目标地块包括私人地块，海拔在 4800ft 海拔之上（普罗沃的前期博纳维尔湖水平）的为 100 分。

（3）视阈分析。所有 4800ft 海拔以下的私人地块的分值取决于是否可以从以下六个关键点看到，分别是罗斯威尔山谷（Wellsville canyon）入口；从博克斯埃尔德（Box Elder County）东向 30 号高速公路区域（距县城约 1.2mile）；从西洛根峡谷（Logan canyon）向西的 89 号高速公路，这条公路从乌苏校区（USU campus）向下；从穿过乌鸦山（Crow Mountain）的 91 号公路史密斯菲尔德（Smith field）的道路侧视；北海勒姆（North of Hyrum）165 国道沿线；美国西部遗产中心的游客展览中心。评分标准为在一个特定的位置能看到这些具体的点的数量。总分为三个组成部分的总和，最高不能超过 100 分。

---

① 1ft=3.048×10^{-1}m

4.4.5 LESA 综合分值计算

　　LESA 委员会征求所有成员关于 LE 和 SA 各组分的相对权重，然后取平均值。其中 LESA 委员会确定了 LE 部分的指标权重值占 0.43，其中土壤潜力指数权重值为 0.22，地力指数权重值为 0.21。这也反映出在划定农业保护地块时，土壤相对质量是农业生产的主要要素。LESA 委员会设计 SA 部分的指标权重为 0.57，其中 SA-1（农业潜力）指标权重为 0.22，SA-2（发展压力）指标权重为 0.18，SA-3（非农资源保护）指标权重为 0.17。这个比例分配也反映出除了考虑土壤条件外，连片度高或适宜于商业化的农业地块理应评价为高等级。其他近似同等比例的权重分配给了受发展压力影响的地块和适宜于生态环境保护的地块。权重值如表 4.1 所示。

表 4.1　LESA 各组分权重

组分		权重	
LE	土壤生产力指数	0.22	0.43
	地力指数	0.21	
SA	SA-1 （商业化农业适宜性）	连片程度	0.14	
		商业化农业活动	0.08	
	SA-2 （非农发展压力）	保护区周边	0.08	0.57
		住宅开发密度	0.05	
		污水管道周边	0.05	
	SA-3 （非农资源保护）	自然资源	0.09	
		视觉景观	0.08	

　　LESA 综合分值计算公式为

$$
\begin{aligned}
\text{LESA} = {} & 0.22\text{LE}(a) + 0.21\text{LE}(b) \\
& + 0.14\text{SA-1}(a) + 0.08\text{SA-1}(b) \\
& + 0.08\text{SA-2}(a) + 0.05\text{SA-2}(b) + 0.05\text{SA-2}(c) \\
& + 0.09\text{SA-3}(a) + 0.08\text{SA-3}(b)
\end{aligned}
\tag{4-5}
$$

第三部分　研究实践探索

第5章 辽东山地区永久基本农田划定的实践

5.1 研 究 方 案

5.1.1 研究目标

本章主要目标是基于永久基本农田的内涵，采用文献综述法、数学模型法定性与定量相结合分析耕地立地环境条件，以此构建立地条件评价体系，并进一步结合自然条件，分别进行耕地自然条件评价以及立地条件评价，利用 LESA 模型构建耕地综合质量评价体系，划定永久基本农田空间布局，保障永久基本农田的高质量、高稳定性及与社会经济的高度适宜性。

5.1.2 研究内容

本章的研究内容为以下四个方面。

1. 永久基本农田及立地条件内涵特征分析

永久基本农田的内涵特征除了表现为以往"优质"、"高产"外，还增加了长久稳定之特性。在保障永久基本农田自然质量良好的同时，也对其立地条件提出了更高的要求，为构建耕地立地条件评价体系提供了理论依据，因此，在划定方法的研究中，要对其内涵进行分析研究。

立地条件，即在一定地域内，在农地自然环境背景下，对农地可持续性产生影响的外部环境条件。影响立地条件的外部环境涉及多方面的领域，在进行立地条件分析前，进行其各方面的环境特征分析对选取永久基本农田立地条件评价指标具有重要意义。

2. 耕地立地条件研究

耕地立地环境条件是保障耕地的社会经济适宜性和长久稳定性的重要内容。本章的立地条件包括耕地区位因素和耕作便利因素两个部分。区位因素主要反映社会经济条件，包括中心城镇影响和道路影响；耕作便利条件反映耕地基础设施条件，包括连片度、沟渠密度、居民点影响、水域影响、路网密度。采用专家调查法和主成分分析法（PCA）进行指标选择，并将其对耕地的影响方式进行讨论，对中心城镇、道路、居民点、水域等扩散式影响因素采用衰减指数模型法进行指标值的量化；连片度、沟渠密度、路网密度等指标通过建立隶属度函数对耕地各个指标进行赋值。

3. 耕地综合质量评价

基于耕地立地条件分析、较为成熟的农用地分等及其他学者有关耕地自然质量的研究成果，分别进行耕地立地条件评价和耕地自然质量评价，进一步借鉴 LESA 体系，利用自然质量和立地环境两方面来衡量耕地总体质量优劣性，确定两方面的权重，建立综合评价系统，对结果进行分析。

4. 永久基本农田空间布局研究

结合自然条件和立地条件的分析结果，对自然条件和立地条件优劣及空间分布进行分析，参考上级土地利用规划中基本农田数量要求，以高质量耕地优先选取为原则，研究永久基本农田划定标准，并对其进行空间布局分析。

5.1.3 技术路线

本章主要从耕地区位条件及耕作便利条件两方面进行立地环境因素对永久基本农田的影响分析，以此确立立地条件指标的作用分值，构建永久基本农田立地条件评价体系。在此基础上，结合永久基本农田的自然质量，采用 LESA 模型构建永久基本农田的综合质量评价体系，并利用评价结果探讨永久基本农田的划定布局，进行永久基本农田区域划定，如图 5.1 所示。

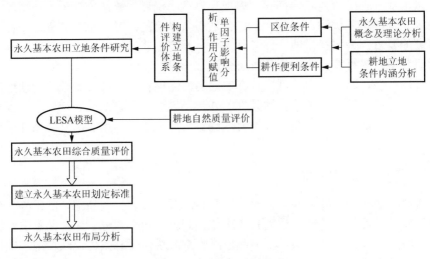

图 5.1　研究技术路线图

5.1.4 研究方法

1. 理论分析法

参阅国内关于基本农田及国外关于重要农地的相关文献，梳理永久基本农田的内涵特征，了解关于农用地的各项理论，为永久基本农田立地条件指标的选取、建立永久基本农田划定的综合评价系统提供了依据；查阅有关耕地非农化方面的文献，了解因城镇、道路扩展造成的农地流转问题，总结社会经济发展给耕地带来的不稳定性。

2. 数学模型法

本章利用主成分分析法、层次分析法分别进行评价指标的选取和权重的计算，并进一步采用相关性分析法分析区位因素影响的风险范围及指数模型法获取扩散型指标的作用分值，最终应用 LESA 模型进行整体分析。

3. GIS 空间分析法

近几年来，GIS 软件是最基础的土地评价技术手段，用于建立评价单元数据库、样点选取、耕地自然质量指标数据获取及立地条件影响中的城镇、道路、居民点、水域因素的距离数据测量，最后应用 GIS 软件对评价结果进行空间布局分析。

4. 采用实证分析法

以辽宁省东港市作为实证研究区域，收集整理该区的土地利用图件、数据等资料，获取土壤、区位和土地利用等基础数据，在野外实际调查的基础上，依次建立自然条件评价、立地条件评价以及综合评价体系，并对东港市永久基本农田划定进行实证分析。

5.2 研究区域概况与数据处理

5.2.1 研究区域概况

东港市地理坐标为东经 123°22′~124°22′，北纬 39°45′~40°15′，全境东西长 83 km，南北宽 38 km，隶属中国辽宁省丹东市，人口数量为 63 万，行政区除 15 个乡镇外还包括 3 个街道办事处和 3 个农场。东港市地处辽东半岛东部，黄海北岸，东临鸭绿江，是独特的临海、临江地域，海域面积 3500 km²，地理位置优越，自然资源丰富（图 5.2）。

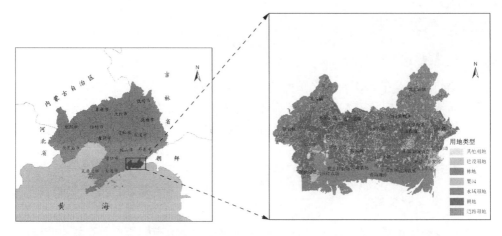

图 5.2　研究区位置与年土地利用图

东港市土地面积 239 447 hm²，海拔 3～500 m，地形地貌多样化，地势由南向北呈阶梯状不断升高。北部为低山丘陵区，山峦叠嶂，面积 670 hm²；中部低丘坡岗，丘陵起伏，面积 520 hm²；南部位于黄海之滨，为退海平原区，地势平坦，土质肥沃，是粮食生产和滩涂养殖的集中区域。东港市的气候是大陆性季风气候，地处北温带的湿润地区。此外，滨海的地理位置使该区具有海洋性气候的特征。平均气温 8.4℃，年平均降水量 900～1000 mm，年平均湿度 72%，日照时数 2484.3 h，土壤最大冻深 0.81 m。除了降水量丰沛，其境内横穿的鸭绿江和大洋河两大水系的客水量就达到年平均 320 多亿立方米，东港市水资源较为丰富。

2010 年年底，全市农用地面积 160 294.61 hm²，其中，耕地 104 452 hm²，园地 8639 hm²，林地 41 834 hm²，其他农用地 5369 hm²。建设用地面积 28 178 hm²，其中，城乡建设用地 19 259 hm²，交通水利用地 8321 hm²，其他建设用地 598 hm²。其他土地面积 51 440 hm²，其中，水域 45 416 hm²，自然保留地 6024 hm²。东港市是辽宁省重要的粮食种植区，东港市耕地自然等别分布在 7～14 等，主要集中在 12～14 等，耕地面积为 84 715.4 hm²，占东港市总耕地面积的 81.1%，耕地自然质量水平普遍较高，且自然条件差异性较小。耕地利用等别分布在 3～14 等，主要集中在 10～12 等，面积为 68 974.9 hm²，占总面积的 66.04%，耕地利用水平一般，差异性较大，对东港市耕地生产潜力起着决定性影响。

5.2.2　数据来源与处理

本章数据较为广泛，首先需对数据进行整理分类，分为空间数据、社会经济数据、补充调查数据，再对不同数据进行处理，以获取永久基本农田评价所需的各项指标数据（表 5.1）。

表 5.1 数据获取方法

数据类型	数据来源	数据处理	数据获取
空间数据	东港市第二次土壤普查、DEM 高程数据（1:50 000）	数据格式通过转换及数字化处理,进行投影及坐标系校正,实现数据格式的统一,最终统一为 ArcGIS 格式	获取土壤有机质、土壤 pH、有效土层厚度、表层土壤质地、坡度、坡向等土壤相关数据
	2004 年的东港市土地利用现状变更数据库、2005～2020 年东港市规划数据库	采用 ArcGIS 软件提取东港市 2004 年耕地资源数量、分布和东港市耕地资源,2014 年规划实施后的耕地数量、分布。并利用 erase 工具对 2004～2014 年的耕地图斑进行擦除,获取 10 年间被占用的耕地图斑	获取中心城镇、道路风险影响分析数据
	2009 年国家第二次土地调查基础数据库	提取耕地地块、农村居民点、水系分布、公路、村路、沟渠及各乡镇、街道行政中心等地物分布,并利用 GIS 软件中的 near 工具量取距离和长度数据	获取中心城镇、道路、水域、居民点等立地条件评价数据
社会经济数据	东港市规划数据库及交通局道路数据	—	获取中心城镇、道路的级别确定依据
补充调查数据	现场调查	利用 GIS 进行调查样点设置	获取样点粮食产量数据

5.3 基于LESA的耕地自然质量与立地条件综合评价

5.3.1 耕地自然质量评价

1. 耕地自然质量评价体系构建

我国耕地自然质量评价研究开展较早,也较为成熟,农用地分等研究便是其中之一。因此,永久基本农田划定中耕地自然质量评价指标主要在东港市农用地分等成果基础上并结合东港市耕地地力评价成果进行选取,其中,土壤质量是耕地自然质量评价的根本因素。土壤质量评价指标的选取,以土壤要素为核心,把评价因素归类为土壤物理、化学和环境因素指标。其中,土壤物理因素指标包括有效土层厚度、表层土壤质地。土壤化学因素指标包括土壤有机质含量、土壤 pH、土壤水解氮、有效磷、速效钾等。土壤环境因素指标包括地形坡度、坡向、灌溉水源条件、灌溉保证率等。通过运用 SPSS10.0 软件对上述指标采用 PCA 法（主成分分析法），在因子的载荷矩阵中提取了五个主成分，累计贡献率达到 63.7%以上，结果显示所选因子均呈显著相关，其中，除了坡度、盐渍化为负相关关系外，其余均为正相关。

权重确定采用层次分析法，分别经过建立层次模型、构造判断矩阵、层次单排序、判断一致性检验和层次总排序等几个步骤进行，经专家咨询法对权重结果进行修改，最终确定永久基本农田的耕地自然质量评价体系及指标分级标准（表 5.2）。

表 5.2　耕地自然质量评价指标分级标准及权重

评价指标	评价指标	权重	一级		二级		三级		四级	
			分级标准	作用分	分级标准	作用分	分级标准	作用分	分级标准	作用分
土壤物理因素指标	有效土层厚度	0.11	≥100	100	80～100	80	45～80	60	<45	40
	表层土壤质地	0.08	壤土	100	砂土	80	黏土	60	砾质土	40
土壤化学因素指标	土壤有机质	0.13	≥2.5	100	2.5～2.0	80	2.0～1.5	60	<1.5	40
	土壤 pH	0.08	≥4.4	100	4.4～4.9	80	4.9～4.5	60	<4.5	40
	水解氮	0.06	≥150	100	150～130	80	130～110	60	<110	40
	有效磷	0.06	≥25	100	25～15	80	15～10	60	<10	40
	速效钾	0.06	≥150	100	150～100	80	100～50	60	<50	40
	盐渍化程度	0.08	无	100	轻度	80	中度	60	重度	40
土壤环境因素指标	灌溉水源	0.08	地表水灌溉	100	浅层地下水灌溉	80	深层地下水灌溉	60	无灌溉水源	40
	灌溉保证率	0.08	充分满足	100	基本满足	80	一般满足	60	难以满足	40
	坡度	0.08	<5°	100	5°～15°	80	15°～25°	60	>25°	40
	坡向	0.1	南坡、平地	100	东坡、东南坡、西南坡	80	西坡、东北坡、西北坡	60	北坡	40

耕地自然质量单因子评价结果如图 5.3 所示。

在耕地自然质量单因子评价及权重确定基础上，由多因素综合法计算研究区耕地自然质量评价结果。

$$c_{ij} = \sum_{j=1}^{n} W_{ij} F_{ij} \qquad (5\text{-}1)$$

式中，c_{ij} 为第 i 个评价单元的耕地自然质量综合评价分值；F_{ij} 为第 i 个评价单元第 j 个耕地自然质量评价因子的分值；W_{ij} 为第 i 个评价单元第 j 个耕地自然质量评价因子的权重。

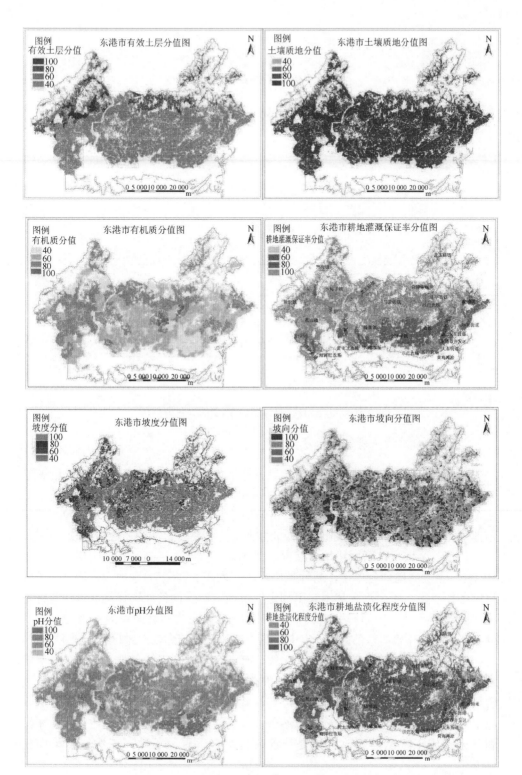

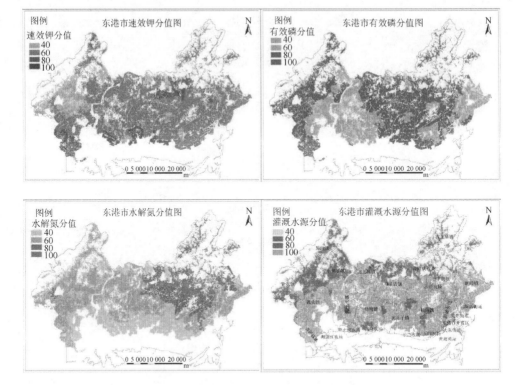

图 5.3　东港市耕地自然质量单因子评价分值图

2. 耕地自然质量评价结果分析

　　永久基本农田划定中的耕地自然质量评价分值分布在 57.6～87.7 分，按照 10 分等间距划分标准，耕地自然质量评价结果可划分为四个等级（图 5.4，表 5.3）。其中，一级区耕地面积 26 521.49 hm²，占耕地总面积的 25.44%，绝大部分位于东港市西部、北部区域，集中于孤山镇西北和西南、菩萨店镇西南、合隆满族乡全域、马家店镇等区域，该区域耕地自然禀赋优越，有机质含量高，有效土层厚度大于 80 cm，土壤质地均为壤土，耕地坡度较小，均在 5°以下的平地区，灌溉等基础设施条件较优，属于永久基本农田划定中耕地自然质量条件选择的高度适宜区域和优先建设区域；二级区耕地面积 71 390.60 hm²，占耕地总面积的 68.49%，主要分布在东港市中部、东部区域，集中在孤山镇和椅圈镇大部分地区以及北井子镇、前阳镇等区域，耕地自然禀赋条件一般，有一定的限制因素条件，坡度条件集中在 5°～8°区域，土层厚度偏低，多处于 50～80 cm，土壤质地以棕壤为主、少量砂壤，土壤有机质含量相对偏高，但有轻微盐渍化，灌溉等基础设施条件一般，属于永久划定的一般适宜区域和自然条件重点整治潜力区域，可通过客土、平整和基础设施工程建设等改良和提升永久基本农田质量条件；三级区耕地面积

5982.47 hm²，占耕地总面积的 5.74%，主要分布在小甸子镇西北部、椅圈镇西南部和马家店镇北部等区域；四级区耕地面积 343.12 hm²，占耕地总面积的 0.33%，主要分布在北井子镇东北方向区域。耕地自然质量三级和四级区域耕地总体特征为分布零散，耕地自然禀赋较差，有效土层厚度低于 50 cm，地形坡度大于 8°，pH 偏低、有机质含量较低，几乎无灌溉条件，通过工程措施的整理难度较大，属于自然条件较差区域。

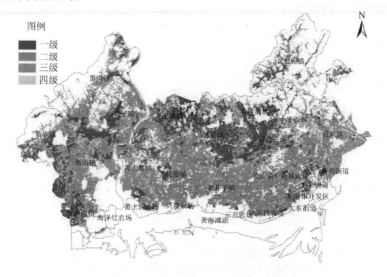

图 5.4　东港市耕地自然质量等级图

表 5.3　东港市耕地自然质量评价结果

乡镇	一级/hm²	二级/hm²	三级/hm²	四级/hm²	合计/hm²	比例/%
北井子镇	161.38	7 018.10	623.37	313.46	8 116.31	7.79
大东街道	36.64	69.35	—	—	105.99	0.10
东港市开发区	—	—	159.80	—	159.80	0.15
孤山镇	1 950.19	8 240.32	48.90		10 239.41	9.82
海洋红农场	0.33	1.89	—		2.22	0.00
合隆满族乡	2 577.70	1 253.99	600.35	—	4 432.04	4.25
黑沟镇	838.29	3 283.22	275.11		4 396.62	4.22
黄土坎农场	106.57	0.37	—		106.94	0.10
黄土坎镇	1 217.39	4 109.60	495.99		5 822.98	5.59
龙王庙镇	2 089.90	3 142.84	—		5 232.74	5.02
马家店镇	4 690.08	3 457.37	488.47		8 635.92	8.28
菩萨庙镇	1 972.42	2 173.25	0.60		4 146.27	3.98
前阳镇	367.08	7 127.00	69.04		7 563.11	7.26
十字街镇	1 226.73	3 503.79	0.23		4 730.75	4.54

续表

乡镇	一级/hm^2	二级/hm^2	三级/hm^2	四级/hm^2	合计/hm^2	比例/%
示范农场	49.94	408.18	—	—	458.12	0.44
五四农场	144.38	791.71		—	936.09	0.90
小甸子镇	2 018.24	3 632.45	1 365.68	—	7 016.38	6.73
新城街道	554.95	2 321.36	45.10	—	2 921.41	2.80
新农镇	1 768.72	2 604.28	—	—	4 372.99	4.20
新兴街道	168.05	724.24	103.40	—	995.69	0.96
兴隆农场	—	279.03		—	279.03	0.27
椅圈镇	1 085.99	7 843.10	1 036.67	3.58	9 969.33	9.56
长安镇	1 659.63	1 027.03	—	—	2 686.65	2.58
长山镇	1 836.89	8 378.14	669.76	26.07	10 910.86	10.47
总计	26 521.49	71 390.60	5 982.47	343.12	104 237.68	100.00
各级比例/%	25.44	68.49	5.74	0.33	100.00	—

5.3.2 耕地立地条件评价

1. 耕地立地条件评价体系构建

以东港市实际经济社会条件为依据，结合综合文献分析，永久基本农田划定中耕地立地条件评价指标可划分为区位条件因素和耕作便利条件因素两类（图 5.5）。耕地区位条件因素由中心城镇及道路区位因素构成；中心城镇区位因素根据影响重要性不同可划分为中心城区、重点乡镇和一般乡镇；道路区位因素分为县级和县级以上道路。耕地耕作便利条件因素由居民点、水域、沟渠密度、路网密度和连片度等因素构成。

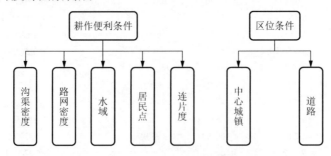

图 5.5 耕地立地条件评价指标体系

按照区位论理论分析，越接近城镇中心区位耕地质量越优，应属于永久基本农田保护和划定的重点区域，但是近年的城镇化发展现实表明，城镇边缘耕地是处于被占用风险最大的区域，往往被地方规划调整出基本农田保护圈之外，不适宜划定成永久基本农田区域。因此，测算和划定永久基本农田中区位因素的影响风险距离和适宜距离，既可以满足一定的建设用地指标需求，又能够保障稳定数量的耕地资源，协调好耕地占用与保护之间的矛盾关系，这也是永久基本农田永久稳定的基础。

耕作便利条件因素是永久基本农田划定的有利条件因素，距离村庄、水源条件越近，连片度越大，永久基本农田建设基础条件越优，其划定的适宜性较高。

在东港市耕地评价单元利用等指数测算基础上，运用 SPSS10.0 对中心城镇、道路、居民点、水域、连片度、路网密度、沟渠密度进行主成分分析，在因子的载荷矩阵中提取了三个主成分，得出三个特征值大于 1，累计贡献率达到 65% 以上，并且所选因子全部呈显著性的正（负）相关关系，因此，确定耕地立地环境条件为中心城镇因素、道路因素、路网密度因素、居民点因素、水域因素、沟渠密度因素和连片度因素。基于立地条件影响因素分析及主成分分析结果确定划定永久基本农田的立地条件评价指标体系如图 5.5 所示。

2. 耕地立地条件影响分析

1）区位条件因素影响分析

中心城镇是区位条件的重要组成部分，其具有多种促进耕作活动的功能，其中聚集功能使中心城镇能够聚集多种农业生产要素，吸引区域内的资源、资金、人才、劳动力、信息、产业等生产要素在此聚集；创新功能是城镇不断创新的不同的观点、技术和制度的能力，并能够将这些新的经济理念、技术方法、经营模式在附近区域推广扩大。中心城镇的影响因素以到耕作地的距离表征，距离越近的区域，市场需求越大，农产品流通越便捷，生产资料、信息技术越便于获取，农民耕作积极性越高，即愿意加大劳力、资金和技术的付出，来实现生产能力的提高。

道路因素反映了耕作区的交通便利度，便利的交通条件可以缩短行车时间、减少行车费用，有利于农产品和生产资料的运输，促进乡镇之间、乡镇与县域的产品交易流通。交通便利度的分值主要由耕地距区域内主要公路的距离确定，不考虑高速公路、铁路等对当地耕作条件影响不大的道路。

在另一种角度上，区位因子对耕地存在不利于其可持续性的影响。城镇周边是建筑开发的首选区域，在经济迅速发展的今天，土地流转性较高，城市正在以现有的格局逐渐扩张，导致邻近城镇周围的耕地存在潜在被占用的风险，耕地非农化的可能性高，耕地稳定性差；道路的延伸和重视程度的提高，将致使道路沿途地区成为现代化产业的主要分布区，区域经济建设事业呈现以道路为中心不断扩张的发展模式，因此，邻近道路两侧的耕地存在极大地被占用的潜在风险，耕地用途不稳定。区位因子对耕地的上述风险影响可以通过东港市 2004～2014 年的规划中耕地变化情况表达（图 5.6）。

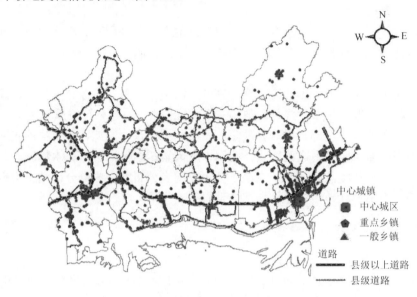

图 5.6　2004～2014 年东港市被占耕地分布图

　　理论研究和实践分析表明，耕地区位条件越优，耕地自然质量条件越优，同时耕地被占用的风险越大，因此测算出区位条件因素对耕地影响的风险距离，将一定优势区位范围内的被占用风险较大的耕地保障建设需求，不纳入永久基本农田划定范围，这也是协调建设需求和耕地保护可探讨的一个途径，同时增强了基本农田的稳定性。

　　本章中风险距离测算主要采用经验法，以实际发生数据为基础，用 2004～2014 年的土地利用现状数据进行耕地图斑的叠加处理，分析 2004～2014 年耕地实际变化面积及分布，在此基础上利用 SPSS 软件建立耕地减少变化率（Y 值）与变化发生的距离（X 值）相关性分析模型，进行模拟分析，找出明显变化拐点，从而确定区位因素影响作用的风险距离。

　　Y 为以区位因子为中心，每 100 m 为缓冲区，各个缓冲区内减少耕地面积与该缓冲区内耕地面积的比值。

　　X 为运用 GIS 软件中的 near 工具计算得出的耕地到各个区位因子的距离。

　　计算结果表明，区位因素条件对耕地影响的风险距离因城镇规模等级不同而有所差别，其中中心城区因素影响风险距离为 5800 m，重点乡镇因素影响风险距离为 3500 m，一般乡镇因素影响风险距离为 1500 m，不同级别道路因素影响风距离均为 200 m，差异不明显（表 5.4，表 5.5）。尽可能地避免将区位条件因素风险距离范围内的地块确定为永久基本农田。在风险距离外，区位条件因素影响半径和作用分值主要采用指数衰减法进行计算（图 5.7）。

表 5.4　耕地减少变化与发生距离相关关系模型

风险因子	模型	拟合性
中心城区	$Y_1 = 0.957x_1^{-1.0421}$	$R^2 = 0.95$
重点乡镇	$Y_2 = 0.226x_2^{-0.8199}$	$R^2 = 0.74$
一般乡镇	$Y_3 = 0.1206x_3^{-0.4104}$	$R^2 = 0.73$
道路	$Y_4 = 0.0295x_4^{-0.2893}$	$R^2 = 0.85$

表 5.5　区位因子影响作用分值计算

评价指标及权重		扩散半径	风险范围 (d_f) /m	相对距离	因素作用分值衰减方式
中心城镇指标	中心城区	$d_0 = \sqrt{\dfrac{S}{n \cdot \pi}}$	5800	$r = \dfrac{d_i - d_f}{d_0 - d_f}$	$f_i = \begin{cases} 10 & d_i < d_f \\ f_0^{(1-r)} & d_f \leqslant d_i \leqslant d_0 \\ 0 & d_i < d_0 \end{cases}$
	重点乡镇		3500		
	一般乡镇		1500		
主要道路指标	县级以上道路	$d_0 = S / 2L$	200		
	县级道路				

注：d_0 为影响因素扩散半径；S 为总面积；$f_0 = 100$；d_i 为耕地距离影响因素的距离；L 为该区域内线状影响因素长度；n 为该区域内点状影响因素个数；d_f 为影响因素的风险范围；f_i 为因素作用分。

依据区位因素作用分值的确定，制作中心城镇和道路的作用分值图（图 5.8，图 5.9）。

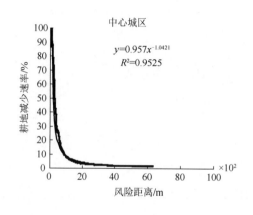

中心城区

$y = 0.957x^{-1.0421}$
$R^2 = 0.9525$

耕地减少速率/%

风险距离/m

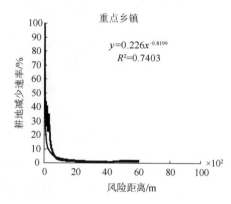

重点乡镇

$y = 0.226x^{-0.8199}$
$R^2 = 0.7403$

耕地减少速率/%

风险距离/m

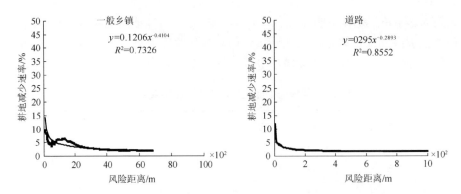

图 5.7 耕地减少速率随距风险区位因子距离的变化趋势

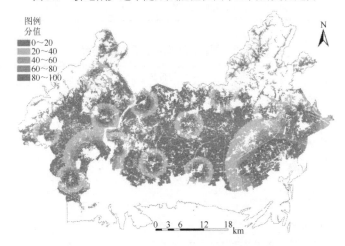

图 5.8 中心城镇作用分值图

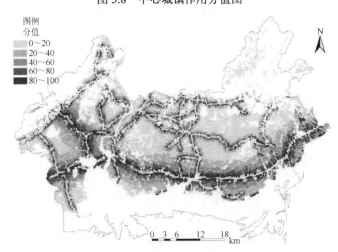

图 5.9 道路作用分值图

2）耕作便利条件因素影响分析

除区位因素外，耕地便利性因素也是重要的耕地立地条件，其包括居民点、水域、连片度、沟渠密度及路网密度等。

（1）居民点因素。农村居民点是农民进行集中活动的区域，是日常生产和消费的保障，利用率较高，在农村土地中占有不容忽视的地位。居民点因素实际上是通过空间距离来表示的，即耕种地到居住区的距离，到居民点的距离越小，到耕地花费的时间越少，可以将更多的劳动力投入到生产中，越利于协调农民的耕作和生活，增大经济效益。

耕地到居民点距离的指标评价值是通过 GIS 软件对 2010 年东港市土地利用现状图进行处理，得到村庄位置布局，并运用 near 工具测算距离，进而得出各评价单元的评价因素指标值。

居民点因素的影响方式是单纯的扩散型，直接采用扩散赋值法，利用与城镇因素相同的公式计算居民点的最大影响范围为 270 m，采用指数衰减模型 $f_i = f_0^{(1-d_i/d_0)}$（f_0 取 100）计算单元因子作用分值，分值在 0～100。根据赋值情况制作东港市耕地与居民点之间的距离分值图（图 5.10）。

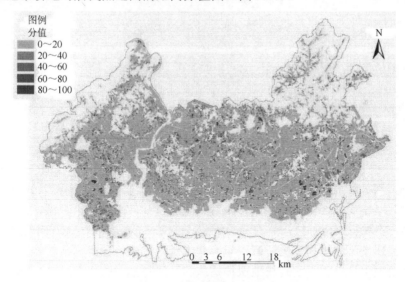

图 5.10　居民点影响分值图

（2）水域因素。水域作为人类历史发展的根源，主要体现为其对农业发展的深远影响。农作物生长离不开水分，满足农作物对适量水分的需要是作物正常生存的重要条件，而水系的分布将会影响农作物水分的获取。水域因素通过耕地到面状水域和线状河流的距离表示，距水域远近不但影响土壤表层质地等自然质量因素，同时还影响人们的耕作种植方式，沿河区域灌溉方便，能够促使耕地的高强度利用，种植较为集约，可直接体现耕种灌溉的便捷度。

耕地到水域距离的指标值通过提取 2010 年东港市土地利用现状图中的面状水域图斑及河流图斑获取东港市水系分布图，采用 near 工具测算耕地到各类水域的距离及水系的长度，进而确定各分等单元的评价因素指标值。

水域因素的作用方式为扩散型，依据线状水域的长度及面状水域的个数，结合研究总面积测算得到其最大影响距离，d_0 分别为 11 916 m 和 2778 m，然后采用指数衰减模型 $f_i = f_0^{(1-d_i/d_0)}$（f_0 取 100）计算评价单元水域作用分值，两类水域之间存在空间相交的部分以最高分为准，分值在 0～100。制作水域因素作用分值图（图 5.11）。

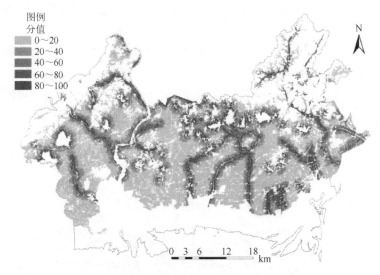

图 5.11　水域影响分值图

（3）连片度因素。连片度是与周边地块的相连度，是永久基本农田划定的重点，因为基本农田连片程度越高，越容易实现农业的规模经营管理，提高耕作效率，利于实现科技化种植，节约劳动资源，推动农业朝着现代化方向前进。相反，细碎化的耕地不利于耕作的进行，只有集中连片的耕地才有利于耕作，而且集中连片的耕地更加有利于实施耕地保护措施和开展基本农田建设。

本章将参照全国第二次土地调查相关规程要求，考虑耕地中存在农村道路等线状地物，认为距离小于 20 m 的耕地是连片的，这个距离范围以内的耕地块，往往是被沟渠或农村道路隔开，虽然空间上不是绝对连片，但是，这些田块往往都在同一套灌排体系中，所以，为了保证耕地连片度具有实施操作意义，本章将基于 GIS 软件对地块进行空间聚合分析，将相距 20 m 以内的耕地地块进行归并，用 GIS 的 buffer 功能进行具体求算过程，使地块图斑生成 10 m 缓冲区，将缓冲区与原图斑通过 merge 进行整合，然后通过 dissolve 去除重叠图斑，将合并后的图斑进行面积重算，得到缓冲后的连片耕地面积数据即为评价单元的连片度指标值。

根据连片度与耕地利用等别的散点图，确定研究区连片度大于 6100 hm² 为最适宜，耕地利用等别最高，小于 550 hm² 利用等别最低。根据研究区连片度取值范围，得到连片度的隶属度函数，其类型属于 S 形：

$$f_i = \begin{cases} 0.1 & x \leqslant 5.5 \\ 0.016x & 5.5 < x < 61 \\ 1 & x \geqslant 61 \end{cases} \qquad (5\text{-}2)$$

按照此函数对耕地连片情况赋值，制作耕地连片情况分值图（图 5.12）。

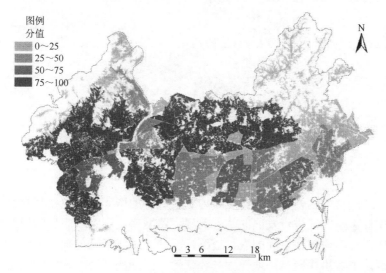

图 5.12　连片度作用分值图

（4）沟渠密度因素。沟渠因素可以表示为沟渠密度，反映了耕地的排水条件，指耕地抵抗水涝灾害的能力，体现耕地的排涝性能。沟渠密度高的区域在水涝灾害时候，可以及时排除雨水，减轻灾害对农业的影响，相反，沟渠密度低的区域排水能力差，容易发生水涝灾害，进而降低了农作物的产量，降低了耕地的生产能力。

沟渠密度因素的指标评价值测算通过提取 2010 年东港市土地利用现状数据中的沟渠分布图并计算各乡镇的沟渠长度及行政区面积。各乡镇沟渠长度与面积的比值为单元的沟渠密度，即沟渠因素的指标值。

$$\text{沟渠密度} = \text{行政区沟渠长度} / \text{行政区面积} \qquad (5\text{-}3)$$

根据沟渠密度与耕地利用等别的散点图，确定研究区连片度大于 15 为最适宜，单元利用等别最高，小于 1.4 利用等别最低。根据研究区沟渠密度取值范围，得到沟渠因素的隶属度函数，其类型属于 S 形：

$$f_i = \begin{cases} 0.1 & x \leqslant 0.13 \\ 0.64x & 0.13 < x < 1.4 \\ 1 & x \geqslant 1.4 \end{cases} \qquad (5\text{-}4)$$

按照此函数对耕地沟渠密度情况赋值,制作耕地沟渠密度因素分值图(图 5.13)。

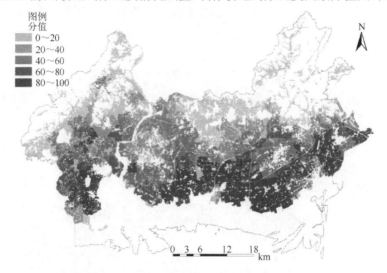

图 5.13　沟渠密度作用分值图

（5）路网密度因素。路网密度即为农村道路的密集度，道路是村镇的重要基础设施指标，是农业进步发展的基本前提。路网密度因素代表田间道路的通达性和通畅性，是沟通田块之间的农村道路，反映了农耕活动的便利性。高密度的农村道路可以缩短耕作距离，便于生产经营管理活动的开展，增加农业生产效率，提高生产力。

路网密度因素的指标评价值基于 GIS 软件，利用 2010 年东港市土地利用现状图提取东港市农村道路分布图并计算各乡镇的农村道路长度及行政面积。将各乡镇农村道路长度与面积相比，获得路网密度作为路网因素的指标值。

$$\text{路网密度} = \text{行政区农村道路长度} / \text{行政区面积} \qquad (5\text{-}5)$$

根据路网密度与耕地利用等别的散点图，确定研究区路网密度大于 4.5 为最适宜，耕地利用等别最高，小于 1.5 利用等别最低。根据研究区路网密度取值范围，确定隶属度函数，其类型属于反 S 形：

$$f_i = \begin{cases} 0.1 & x \leqslant 0.2 \\ 3.3x - 0.555 & 0.2 < x < 0.5 \\ 1 & x \geqslant 0.5 \end{cases} \qquad (5\text{-}6)$$

按照此函数对耕地路网情况赋值，制作耕地路网密度因素分值图（图 5.14）。

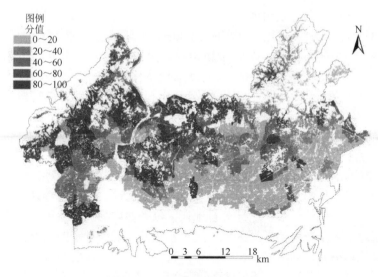

图 5.14　路网密度作用分值图

耕地便利因素作用分值的计算公式汇总如下（表 5.6）。

表 5.6　耕作便利因素作用分值计算公式

评价指标及权重	指标值获取	作用分值（隶属度函数公式或赋值模型）
连片度	利用 ArcGIS 9.3 以 10 m 为缓冲区获取	$f_i = \begin{cases} 0.1 & x \leqslant 5.5 \\ 0.016x & 5.5 < x < 61 \\ 1 & x \geqslant 61 \end{cases}$
路网密度	路网密度=行政区农村道路长度/行政区面积	$f_i = \begin{cases} 0.1 & x \leqslant 0.2 \\ 3.3x - 0.555 & 0.2 < x < 0.5 \\ 1 & x \geqslant 0.5 \end{cases}$
沟渠密度	沟渠密度=行政区沟渠长度/行政区面积	$f_i = \begin{cases} 0.1 & x \leqslant 0.13 \\ 0.64x & 0.13 < x < 1.4 \\ 1 & x \geqslant 1.4 \end{cases}$
居民点 水域	利用 ArcGIS 9.3 软件中 near 工具测算与耕地的距离及影响分值	$f_i = \begin{cases} f_0^{(1-r)} & d_i \leqslant d_0 \\ 0 & d_i > d_0 \end{cases}$

3. 耕地立地条件评价结果分析

永久基本农田划定中的耕地立地条件评价结果表明（图 5.15，表 5.7），耕地立地条件评价分值分布在 0～80 分，按照 20 分等间距划分标准，耕地立地条件评价结果可划分为四个等级。其中，一级区耕地面积 2149.49 hm²，占总耕地总面积的 2.06%，集中在黄土坎镇西部和长山镇东部等区域，分布较零散。二级区耕地面积 38 358.54 hm²，占耕地总面积的 36.80%，大部分位于东港市西部、北部和东南部区域，集中在孤山镇、小甸子镇南部、龙王庙镇、马家店镇北部以及前阳镇东南部等区域。一级和二级区域耕地立地条件特征优势显著，耕地连片程度较高，耕作便利条件较优，尤其是距离村庄和水源较近，交通便利，在区位条件影响的风险距离范围外的耕地区位优势明显，较优的耕地在城镇周边和道路两侧呈同心圆分布，随着距离的增加耕地立地条件优势逐级减弱，评价的一级和二级区域属于永久基本农田划定中耕地立地条件选择的高度适宜区域。三级区耕地面积 57 044.54 hm²，占耕地总面积的 54.73%，主要分布在东港市中部及沿海乡镇，集中在黄土坎镇东北部、椅圈镇、马家店镇南部、长山镇等区域，该区域耕地立地条件特征优势一般，一部分耕地在区位条件影响的风险距离范围内，该区域属于东港市城市发展的扩展区域，属于永久基本农田划定的不稳定区域，还有一部分耕地远离城镇和道路，受区位影响较弱，同时耕作便利条件优势不明显，距离村庄和水源因素较远，基础设施条件一般，人们对耕地利用和保护水平较低，属于永久基本农田划定中的一般适宜区，也是耕地立地条件重点整治潜力区域，可通过道路和沟渠等基础设施工程建设改良和提升永久基本农田的立地条件。四级区耕地面积 6685.10 hm²，占耕地总面积的 6.41%，主要分布在东港市西北和东北部区域，集中在黑沟镇和长安镇大部分区域，该区域耕地立地条件优势特征较差，距离城镇和道路等区位因素距离较远，受影响较小，无水源灌溉，沟渠等基础设施条件较差，属于永久基本农田划定中耕地立地条件较差区域和不适宜建设区域。

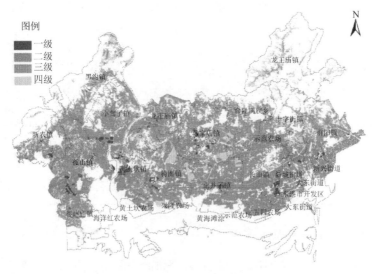

图 5.15　东港市耕地立地条件等级图

表 5.7 东港市耕地立地条件评价结果

乡镇	一级/hm²	二级/hm²	三级/hm²	四级/hm²	合计/hm²	比例/%
北井子镇	91.25	2 249.35	5 488.75	286.96	8 116.31	7.79
大东街道	—	—	98.82	7.17	105.99	0.10
东港市开发区	—	—	60.45	99.35	159.80	0.15
孤山镇	275.32	6 725.98	3 170.72	67.38	10 239.41	9.82
海洋红农场	—	—	—	2.22	2.22	0.00
合隆满族乡	54.53	1 485.64	2 756.13	135.74	4 432.04	5.25
黑沟镇	10.64	1 190.64	2 334.84	860.49	4 396.62	5.22
黄土坎农场	—	—	75.73	31.20	106.94	0.10
黄土坎镇	306.86	2 381.21	3 026.25	108.66	5 822.98	5.59
龙王庙镇	82.94	2 010.55	3 082.47	56.77	5 232.74	5.02
马家店镇	224.98	3 226.90	4 672.34	511.70	8 635.92	8.28
菩萨庙镇	156.17	1 874.91	2 026.36	88.83	4 146.27	3.98
前阳镇	117.94	2 901.61	4 306.62	236.94	7 563.11	7.26
十字街镇	58.43	1 044.38	3 122.60	505.34	4 730.75	4.54
示范农场	—	22.34	435.79	—	458.12	0.44
五四农场	3.12	444.93	488.04	—	936.09	0.90
小甸子镇	187.55	3 084.20	3 427.63	317.00	7 016.38	6.73
新城街道	31.66	1 154.86	1 702.26	32.64	2 921.41	2.80
新农镇	107.89	1 880.80	2 164.17	220.14	4 372.99	4.20
新兴街道	2.57	482.67	510.45	—	995.69	0.96
兴隆农场	—	—	188.21	90.82	279.03	0.27
椅圈镇	153.77	2 614.44	6 120.05	1 081.08	9 969.33	9.56
长安镇	—	—	853.42	1 833.23	2 686.65	2.58
长山镇	2 83.87	3 583.42	6 932.42	111.42	10 910.86	10.47
总计	2 149.49	38 358.54	57 044.54	6 685.10	104 237.68	100.00
各级比例/%	2.06	36.80	54.73	6.41	100.00	—

5.3.3 基于 LESA 模型的综合评价体系建立及结果分析

1. LESA 体系构建

目前对基本农田研究中主要采用多因素综合评价法和逐级修正法、主层次分析法、LESA 方法、理想点逼近法和限制因素组合等方法,可以实现指标的"同时输入",操作起来更方便、可行性高。本章在永久基本农田评价中涉及耕地自然条件和立地条件两类因素。因此,本章利用多因素评价法,构建永久基本农田评价模型。具体见公式：

$$LESA = aLE + bSA \tag{5-7}$$

$$a + b = 1 \tag{5-8}$$

式中，LE 为耕地（自然）质量评价分值；SA 为耕地立地环境评价分值；LE 和 SA 测算均采用多因素综合评价，计算公式均可表达为 $\sum_{j=1}^{n} w_{ij} f_{ij}$。$aLE+bSA$ 为永久基本农田划定适宜性评价公式；a，b 为两者的权重值；w_{ij} 为第 i 个评价单元第 j 个评价指标的权重；f_{ij} 为第 i 个评价单元第 j 个评价指标的作用分值。

　　土地自然评价系统和立地分析系统是两个独立的个体，美国的 LESA 系统研究是把二者结合分析，从而得出 LE 分值、SA 分值和 LESA 分值。LESA 体系以它的便捷多变性著称，它在作用于不一样的目标时，LE 和 SA 的比值也会随之发生变化。东港市地处辽宁省粮食主产区，耕地自然因素条件影响大于立地环境因素，因此，该地区 LE 和 SA 部分适宜的比值关系为 $a:b$ 为 $3:2$。

　　2. 永久基本农田划定的综合质量评价结果分析

　　永久基本农田划定中的综合质量分值集中在 41～78 分，按照 10 分等间距划分标准，耕地综合质量评价结果可划分为四个等级（图 5.16，表 5.8），其中，一级区耕地面积 24 358.01 hm²，占耕地总面积的 23.37%，大部分位于在东港市西部、中部区域，集中于孤山镇西北和西南、菩萨店镇西南、新农镇南部、前阳镇等区域，该区域耕地自然禀赋优越，限制性因素较少，且社会经济适宜性强，立地条件水平高，属于永久基本农田划定中最适宜区域。二级区耕地面积 29 784.20 hm²，占耕地总面积的 28.57%，均匀分布在研究区域各个乡镇，北部黑沟子镇及龙王庙镇分布较少，耕地自然禀赋条件较好，立地条件一般，受到一定的限制因素影响，距农村居民点的距离大，不利于耕作活动开展，耕地排水等基础设施条件一般，可通过基础设施工程建设等改良手段提升耕地质量。三级区耕地面积 39 060.85 hm²，占耕地总面积的 37.47%，绝大多数位于东港市中部和南部区域，小甸子镇西北部、椅圈镇、北井子镇和黄土坎镇全域，长山镇西部及东港市区大部分区域，耕地自然条件较二级耕地有所降低，其中土层厚度是主要的限制因素，很大一部分处于 45 cm 以下，有盐渍化现象，立地条件较差，限制因素较多，耕地受中心城镇、道路及居民点的便利性影响较小，连片程度较低，可通过客土、平整等土地整治工程进行耕地质量提升。四级区耕地面积 11 034.63 hm²，占耕地总面积的 10.59%，大部分位于在北部黑沟子镇、龙王庙镇及十字街镇山地区域，在东港市东部、中部地区土地面积小，且布局散乱。耕地自然禀赋较差，有效土层厚度低于 45 cm，地形坡度在 8° 以上，pH 偏低、腐殖质含量不高，灌溉条件极差，立地条件也处于最低水平，耕地受区位的优势性影响较小，距村庄和水域的距离远，耕作便利性差，连片度较低，不利于机械耕作，综合整理难度较大，属于永久基本农田划定中耕地综合质量条件较差区域。

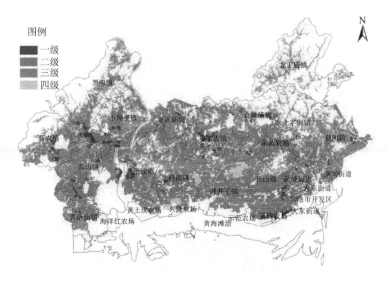

图 5.16　东港市耕地综合质量评价结果

表 5.8　东港市耕地综合质量评价结果

乡镇	一级/hm²	二级/hm²	三级/hm²	四级/hm²	合计/hm²	比例/%
东港市开发区	—	—	—	159.80	159.80	0.15
五四农场	279.81	366.80	282.69	6.79	936.09	0.89
兴隆农场	—	—	189.64	89.40	279.03	0.26
前阳镇	1 677.15	1 824.06	3 378.74	683.16	7 563.11	7.25
北井子镇	764.43	1 825.10	3 779.18	1 747.60	8 116.31	7.78
十字街镇	639.93	1 321.23	2 402.43	367.17	4 730.75	4.53
合隆满族乡	1 140.11	1 175.46	1 921.85	194.62	4 432.04	4.25
大东街道	—	44.44	54.37	7.17	105.99	0.10
孤山镇	4 519.41	4 228.55	1 408.74	82.71	10 239.41	9.82
小甸子镇	2 178.78	1 763.85	1 661.01	1 412.74	7 016.38	6.73
新兴街道	154.77	428.13	292.05	120.74	995.69	0.95
新农镇	1 477.63	1 570.05	1 118.66	206.65	4 372.99	4.19
新城街道	594.63	815.01	1 390.62	121.16	2 921.41	2.80
椅圈镇	1 416.74	2 318.48	4 282.88	1 951.23	9 969.33	9.56
示范农场	7.26	95.73	355.13	0.00	458.12	0.44
菩萨庙镇	1 617.52	1 274.73	1 173.23	80.79	4 146.27	3.98
长安镇	2.25	128.03	1 274.31	1 282.06	2 368.99	2.58
长山镇	1 915.09	3 459.99	4 669.24	867.53	10 910.86	10.47
马家店镇	2 734.35	2 482.73	2 963.32	455.53	8 635.92	8.28
黄土坎农场	—	4.11	102.53	0.30	106.94	0.10
黄土坎镇	1 135.86	1 913.36	2 623.45	150.32	5 822.98	5.59
黑沟镇	360.29	953.63	2 178.25	904.45	4 396.62	4.22
龙王庙镇	1 743.00	1 790.73	1 558.53	140.48	2 863.75	5.02
海洋红农场	—	—	—	2.22	2.22	0.00
总计	24 358.01	29 784.20	39 060.85	11 034.63	104 237.68	100.00
各级比例/%	23.37	28.57	37.47	10.59	100.00	—

5.4　永久基本农田划定

永久基本农田的立地条件评价和自然质量分别表征耕地利用便利性、稳定性和作物生长条件，综合评价体现耕地综合质量水平，基于三个评价制定永久基本农田的划定标准，将自然质量优、耕作条件稳定及稳产的耕地划入永久基本农田，并进一步体现划定区域的质量特征，为永久基本农田划定工作及建设保护提供依据。

5.4.1　永久基本农田划定标准

永久基本农田划定中的耕地自然质量和立地条件综合评价结果表明，耕地自然质量与立地条件综合评价分值分布在 40～80 分，综合耕地自然质量条件评价结果、立地条件评价结果和综合评价结果分析，可将永久基本农田划定区域划分为优先划定区、耕地自然质量条件重点整治潜力区以及耕地立地条件重点整治潜力区；区位条件影响风险范围内的耕地可作为一般划定区或建设预留区，整治潜力较小的耕地，在该地区可纳入生态保育区进行保护和利用，依据耕地自然、立地及综合评价结果，确定永久基本农田划分阈值标准（表 5.9）。

表 5.9　永久基本农田划定分区

耕地自然质量评价分值	耕地立地条件评价分值	综合评价平均分值	耕地面积/hm²	区域划分	分区特征和建设保护措施
≥65 分	≥45 分	≥65 分	24 714.34	优先划定区	耕地自然质量条件和立地条件优越，优先划入永久基本农田范畴，并结合耕地地力评价结果，提升耕地自然质量，完善基础设施条件，进行永久基本农田重点建设和保护
≥65 分	<45 分	65～55 分	18 484.5	一般耕地保护区或建设预留区（处于风险距离范围内）	耕地自然质量优，但稳定性较差，可作为一般耕地区的保护，并充分利用好耕地自然条件优势，实现耕地高产；耕地建设利用的区位因素较优，耕地保护的永久稳定性较差，可作为建设预留地，不适宜作为永久基本农田区域
			57 974.6	立地条件重点整治潜力区	耕地自然质量条件优势明显，立地条件一般，耕地基础设施条件和耕地地块连片程度可进一步改善和建设，可作为耕地立地条件的重点整治潜力区划入永久基本农田

续表

耕地自然质量评价分值	耕地立地条件评价分值	综合评价平均分值	耕地面积/hm²	区域划分	分区特征和建设保护措施
<65 分	<45 分	<55 分	2 634.82	生态保育区	耕地斑块集中分布于山地区域，立地条件差，耕地自然生境条件较优，有利于生物多样性保护，应加强生态环境建设，可作为生态保育区
<65 分	≥45 分	60～70 分	424.42	自然条件重点整治潜力区	耕地立地条件优越，耕地自然条件一般，结合农用地分等和耕地地力评价成果对耕地自然质量进行改善和建设后可作为耕地自然质量条件的重点整治潜力区划入永久基本农田

5.4.2 永久基本农田划定结果分析

1. 永久基本农田划定及分析

基于上述永久基本农田划定标准，确定东港市永久基本农田面积 83 116.32 hm²，基本农田保护率为 79.72%，总体分布在东港市中部和南部。可优先划为永久基本农田的优质耕地主要分布在孤山镇、长山镇；各乡镇永久基本农田保护率较大的有黄土坎、兴隆、五四等农场及孤山镇、十字街等乡镇。可通过潜力挖潜、整治改造为永久基本农田的耕地分布广泛，面积较大，为 57 975.56 hm²，各个镇区均有分布。其余未划为永久基本农田的耕地包括作为建设预留的一般耕地和生态保育区，建设预留区分布在各个城镇和道路的邻近区域。生态保育用地主要分布在北井子镇和，这部分耕地自然生境条件较优，有利于生物多样性保护，应作为生态保育区加强生态环境建设（表 5.10，图 5.17，图 5.18）。

表 5.10 东港市耕地永久基本农田划定结果

县区	优先划定区/hm²	自然条件重点整治潜力区/hm²	立地条件重点整治潜力区/hm²	一般耕地保护区（建设预留区）/hm²	生态保育区/hm²	永久基本农田 面积/hm²	永久基本农田 比例/%
东港市开发区	—		—	24.82	134.98	0	0
五四农场	273.60	—	529.48	133.02	—	803.08	0.77
兴隆农场	—		254.14	23.9	—	255.14	0.24
前阳镇	2 326.75	—	2 574.63	2 661.54	0.19	4 901.38	4.7
北井子镇	1 369.27	3.67	4 777.52	1 121.78	844.07	6 150.46	5.9
十字街镇	587.69		3 520.32	622.73		4 108.01	3.94
合隆满族乡	951.10	29.52	2 684.73	707.63	59.07	3 665.35	3.52
大东街道			—	105.99		0	0
孤山镇	4 821.99	—	3 528.54	1 885.6	3.28	8 350.53	8.01

县区	优先划定区/hm²	自然条件重点整治潜力区/hm²	立地条件重点整治潜力区/hm²	一般耕地保护区（建设预留区）/hm²	生态保育区/hm²	永久基本农田 面积/hm²	永久基本农田 比例/%
小甸子镇	1 821.41	32.54	3 785.83	1 189.14	187.45	5 639.78	5.41
新兴街道	312.82	—	114.55	568.31	—	427.37	0.41
新农镇	1 165.80	—	2 388.24	818.95	—	3 554.04	3.41
新城街道	711.21	—	94.84	2 115.35		806.05	0.77
椅圈镇	1 579.76	12.63	6 914.64	645	817.30	8 507.03	8.16
海洋红农场	—	—	2.22	—	—	2.22	0.002
示范农场	4.99	—	453.13	—	—	458.12	0.44
菩萨庙镇	1 189.30	—	2 108.08	848.9	—	3 297.38	3.16
长安镇	—	—	2 458.24	228.41	—	2 458.24	2.36
长山镇	2 085.74	44.67	7 401.61	891.01	487.83	9 532.02	9.14
马家店镇	2 262.48	0.78	4 896.74	1447.2	28.72	7 160	6.87
黄土坎农场	—	—	106.93	—	—	106.93	0.10
黄土坎镇	1 615.78	267.10	3 421.89	453.72	64.50	5 304.77	5.09
黑沟镇	479.90	34.52	2 972.66	901.1	8.43	3 487.08	3.35
龙王庙镇	1 155.74	0.00	2985.6	1 091.35	0.00	4 141.34	3.97
各区合计/hm²	24 715.33	425.43	57 975.56	18 485.45	2 635.82	8 3116.32	79.72
各区比例/%	23.71	0.51	55.62	17.73	2.53	—	—

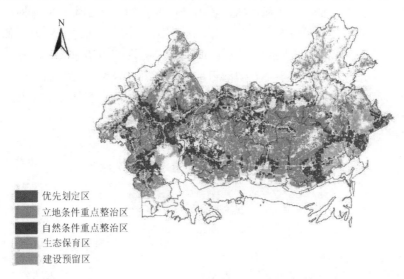

图 5.17　永久基本农田分区划分

通过对东港市各乡镇永久基本农田分布统计分析，优先划定区耕地面积24 715.33 hm²，占耕地总面积的23.71%，分布在东港市的西部、中部、东南方向，主要集中在孤山镇中部、黄土坎镇西部、前阳镇南部、菩萨蛮镇北部等区域，该区域耕地自然质量条件和立地条件均较优，耕地利用的限制因素较少，适宜划入

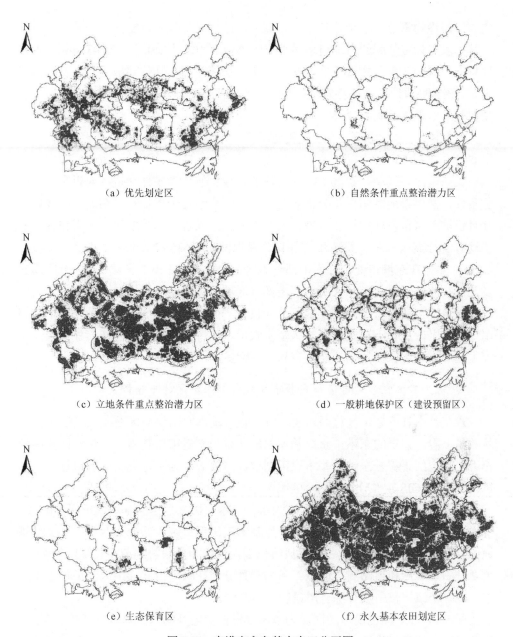

（a）优先划定区　　　　　　　　　　　（b）自然条件重点整治潜力区

（c）立地条件重点整治潜力区　　　　　（d）一般耕地保护区（建设预留区）

（e）生态保育区　　　　　　　　　　　（f）永久基本农田划定区

图 5.18　东港市永久基本农田分区图

永久基本农田范畴。永久基本农田划定区域中的耕地立地条件重点整治潜力区耕地面积 57 975.56 hm²，占耕地总面积的 55.62%，分布在东港市中部和西部部分区域，集中在孤山镇大部分区域、椅圈镇北部、马家店镇南部、北井子镇北部和十字街镇南部等区域，该区域耕地自然质量条件较优，耕地立地条件整治是永久基本农田建设的重点，包括连片度的提高、耕地灌溉等基础设施条件的改善等。永久基本农田划定区域的耕地自然条件重点整治潜力区耕地面积 425.43 hm²，占耕地总面积的 0.41%，主要分布在东港市黄土坎镇东部，其他零散分布在长山镇等区域，该区域耕地立地条件较优，耕地自然条件整治是永久基本农田建设的重点，主要是土壤理化性质的改善等。

一般耕地保护区或建设预留区耕地面积 18 485.45 hm²，占耕地总面积的 17.73%，主要分布在东港市东南部和西部，集中在新兴街道镇、前阳镇、黄土坎镇中部、孤山镇东南部等区域，该区域拥有较优的耕地自然质量条件和进行建设利用的区位条件，然而耕地利用变化分析表明，该区域耕地处于保护和利用的风险区域，并且已纳入城市发展的扩展区域，因此不适宜划入永久基本农田，但可作为一般耕地区进行高效利用。耕地生态保育区耕地面积 2635.82 hm²，占耕地总面积的 2.53%，零散在东港市北部和南部部分地区，主要集中在小甸子镇北部、合隆满族乡北部、北井子镇北部和长山镇西南部等区域。该区域耕地零散分布在较偏远山地区，耕地自然质量条件和立地条件均较差，但该区域耕地邻近土地规划中生态用地保护区，尽管不适宜划入永久基本农田，但可作为耕地生态环境保护区，发挥生物廊道和生态栖息地功能，有利于生物多样性的保护。

2. 永久基本农田划定区与东港市基本农田保护区对比分析

永久基本农田划定区总面积 83 115.4 hm²，基本农田保护区面积 83 185.5 hm²，从数量上看，划定的东港市永久基本农田面积与东港市原基本农田保护区的面积相近，划定结果符合东港市基本农田划定数量要求。为更好地将两者进行对比分析，利用 ArcGIS 软件分别将两个区域图层上下交替进行叠加分析，如图 5.19 所示。

图 5.19 (a) 基本农田保护区域为永久基本农田未划定的基本农田保护区域，叠加图显示，永久基本农田未划定的原基本农田保护区主要分为两类：一类是耕地综合质量较好，处于城镇和道路风险范围内划定为一般耕地或建设预留的耕地，主要分布在城镇和道路周边区域；另一类是分布在东港市北部山区的小甸子镇及南部北井子镇、长山镇等综合质量较差的区域。

图 5.19 (b) 颜色最深的区域为基本农田保护区外的永久基本农田的划定区，图中显示出该部分耕地主要分布在南部平原区的菩萨蛮镇、孤山镇、东港市区和前阳镇，综合质量优异且在经济发展建设占用范围外，适宜划为永久基本农田。

综合两次叠加分析，孤山镇、前阳镇及东港市区周边耕地未划入基本农田保护区，表明政府在进行原基本农田保护区划定时已考虑到城市发展对耕地用途稳定性造成的负面影响。但是，一方面只考虑了经济发展较快的重点乡镇，完全忽略了一般乡镇及道路对耕地稳定性的威胁；另一方面考虑这类风险影响进行划定时缺乏科学的方法，盲目划定，导致南部平原区大面积的耕地自然质量好、立地条件优异且不受建设占用影响的优质稳定耕地未作为基本农田得到保护。本章在立地条件分析的基础上，结合耕地自然质量评价结果划定的永久基本农田很好地解决了以上两个问题，在保障永久基本农田优质的基础上，全面、科学地提高了划定永久基本农田的稳定性。

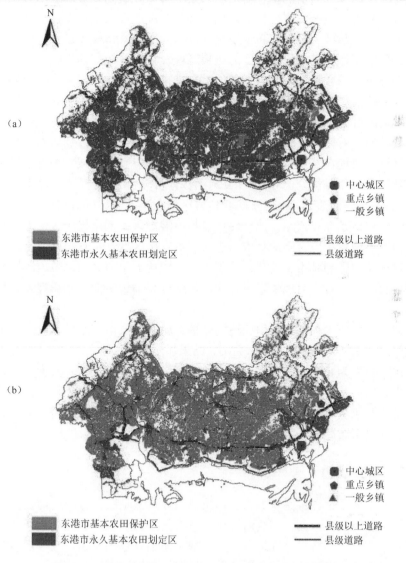

图 5.19 永久基本农田划定区与基本农田保护区对比图

5.5 研究结论与展望

5.5.1 研究结论

（1）划定永久基本农田是保护耕地的重要举措，在耕地保护与经济建设快速发展矛盾不断升级的情况下，划定永久基本农田时需充分考虑耕地与社会经济的适宜性，耕地立地条件即反映了耕地的社会经济条件。本章以耕地立地条件为主要研究对象，从区位条件和耕作便利条件两方面建立指标体系，进行单因子影响分析，确定了研究区域耕地用途的风险区域及稳定区域。基于区位及耕作便利条件影响分析，结合耕地本底自然条件对东港市永久基本农田进行布局分析，能够保证永久基本农田数量、质量，且考虑了耕地立地条件与经济建设发展潜在冲突风险情况，有利于保障永久基本农田布局的长久稳定，具有一定的科学性及可行性。

（2）通过对耕地质量和立地条件两部分进行评价分析，划出永久基本农田的适宜区域、耕地自然质量条件以及立地条件的重点整治区域。评价结果显示，耕地自然质量条件评价分值 65 分和立地条件评价分值 45 分是永久基本农田区域划定的临界分数值，在此基础上，可将研究区永久基本农田区域划分为优先划定区、耕地自然质量条件和耕地立地条件重点整治潜力区；本章提出区位因素影响风险范围内的不稳定耕地，不适宜作为永久基本农田区域，尽管该区域耕地自然质量条件较优，但受到城市发展和建设需求的压力较大，该区域可做一般性耕地区进行保护和利用；对于耕地生态保育区，耕地分布偏远零散，不适宜划入永久基本农田。

（3）本章将永久基本农田的适宜区域、耕地自然质量条件以及立地条件的重点整治区域划入永久基本农田。首先，结果显示划定总面积 83 115.4 hm^2，永久基本农田保护率为 80%，符合研究区基本农田划定比率的要求。其次，划定区域主要为立地条件整治区域，占划定区域面积的 70%，自然条件整治潜力区面积最小，总体上说明东港市永久基本农田自然质量较好，立地条件整治潜力较大。此外，永久基本农田布局避开了建设发展活跃区，体现了划定结果的稳定性。

5.5.2 研究展望

（1）立地条件评价系统的指标体系建立作为立地条件分析的前提，涉及社会经济、生态等众多方面且需要对评价系统有足够的认识，研究仅从社会经济及耕作活动性两方面分析耕地立地条件，欠缺生态适宜性的考虑，在今后研究中还需要进一步拓宽研究视角深入分析建设、生态等对耕地可持续性的影响。

（2）耕地自然质量和立地条件综合评价中，耕地自然质量评价可以反映作物生长的自然环境条件，立地条件评价反映耕地对社会经济环境适宜性。在永久基本农田划定中，一方面良好的耕地自然质量是永久基本农田保障粮食安全功能实现的基础，另一方面"永久限制性"也使永久基本农田抑制城镇无限"摊大饼式"扩张的同时限制了经济建设发展，与耕地保护和经济建设协调发展的政策相符。因此，在未来耕地立地条件的研究中，需进一步体现耕地的稳定性。此外，研究采用 LESA 体系构建耕地自然条件与立地条件的综合质量评价时，LE 和 SA 的权重确定主观性较大，缺乏说服力，在今后的研究中还需要进一步探索确定耕地质量评价中的自然质量与立地条件权重关系的科学方法。

（3）本章只是为划定永久基本农田提供了可行的技术方法，在具体应用中还需要进一步完善，最终永久基本农田划定结果还受到地方政策法规完善程度和地方政府管理者的实施执行力度影响。

第6章 辽西低山丘陵区基本农田划定的实践

6.1 研究方案

6.1.1 研究目标

本章主要目标是通过科学分析基本农田的功能特性，提出耕地质量条件和立地条件是基本农田划定的必要条件，在此基础上分别构建耕地质量评价体系和耕地立地条件评价体系，进行耕地质量评价和耕地立地条件评价，分析耕地质量特征和耕地立地条件特征，最终构建耕地质量与立地条件综合评价体系，并以此为依据建立基本农田划定标准，保障基本农田既具有良好自然质量条件，又具有较优的立地条件，如协调的社会发展条件以及稳定的景观质量特征。

6.1.2 研究内容

为实现上述研究目标，本章的研究内容主要包括以下五个方面。

1. 基本农田功能特性及划定的基本条件特征分析

基本农田的功能内涵不局限于传统的生产功能，还应该有其他的功能特性，对基本农田功能特性认识科学全面，可以为选取基本农田划定的指标以及构建基本农田划定的评价体系提供参考借鉴。同时分析基本农田的基本条件特征，提出保障基本农田的稳定性，一方面要保障基本农田具有良好的自然因素条件，另一方面还要保障具有较优的立地环境因素条件。因此，主要采用定性研究法进行基本农田功能特性及划定的基本条件特征分析研究。

2. 耕地自然质量评价研究

耕地自然质量评价主要以农用地分等原理为指导，划分耕地评价单元，设置样点，选取自然评价因素，运用 GIS 技术提取各样点评价因素的特征值，采用专家咨询法和主成分分析法进行评价因素筛选，构建耕地自然质量评价指标体系，采用德尔菲法对主导因素进行指标分级赋值，最后建立耕地自然质量评价模型，对耕地自然质量评价结果进行质量等级分析及空间布局分析，为保障划定基本农田的优质条件提供理论和技术上的参考借鉴。

3. 耕地立地条件评价研究

耕地立地条件主要指与耕地利用保护紧密联系的立地环境条件，本章的立地条件主要包括三个方面：一是与耕地利用相关的社会经济发展条件；二是耕地连片度条件；三是耕地景观格局条件。

与耕地利用相关的社会经济发展条件评价主要选取表征社会经济发展的因素指标，如市场规模、交通便利条件、耕作条件等因素指标。采用专家咨询法和经验法进行因素筛选，对社会发展主导因素进行分级赋值，其中对不可量化因素采用德尔菲法进行分级赋值，对点状、面状及线状等可量化因素采用指数衰减法进行分级赋值，建立耕地利用的社会经济发展评价模型，在空间形态上分析不同质量等级耕地社会经济发展条件。

耕地连片度条件评价，主要采用空间相连性计算法，在地理信息系统（GIS）的支持下，从空间上分析耕地的连片程度。

耕地景观格局条件研究，主要以景观生态学理论和分形理论为指导，运用 GIS 技术划分和提取景观斑块，选取耕地景观质量评价因素，主要包括斑块面积、形状、分维特征，构建耕地斑块景观评价模型，进而分析耕地景观空间格局特征及其景观质量稳定性。

4. 耕地质量评价与立地条件评价分析体系研究

综合耕地自然质量评价研究和耕地立地条件评价研究结果，借鉴美国 LESA 体系的思想，以耕地自然质量评价研究构建耕地质量评价体系，以耕地社会发展条件评价、连片度评价及耕地景观格局条件评价构建耕地立地条件体系，并确定二者之间的权重关系，最终构建研究区耕地质量与立地条件综合评价体系，以此为依据划定基本农田。

5. 建立基本农田划定标准，进行基本农田划定的实证研究

以耕地质量与立地条件综合评价结果为依据，探讨基本农田划定的阈值临界点，分析了临界点范围耕地质量与耕地立地条件的变化差异，建立基本农田划定标准，进行基本农田划定的实证研究，探讨该理论体系的科学性和合理性。

6.1.3 研究方法

（1）采用理论分析法，在参阅国内外关于基本农田研究的相关文献基础上，科学全面分析基本农田功能特性，选取可量化的指标，构建耕地质量评价体系和耕地立地条件评价体系，并融合两个体系构建耕地质量与立地条件综合评价体系。

（2）采用实证分析法，以辽宁省凌源市为实证研究区域，在收集整理该区现有图件、数据、文字等资料，获取气候、土壤、区位、交通和土地利用等基础数

据和野外实际调查的基础上，依次验证所构建的耕地质量评价体系和耕地立地条件评价体系以及耕地质量与立地条件综合评价体系的科学性和可行性，并开展研究区域基本农田划定的实证分析。

（3）以 ArcGIS 软件作为最基本的技术支撑手段，划分耕地评价单元，建立评价单元的空间属性与数据属性库，并建立数据评价分析模型，量化耕地质量评价结果，分析耕地利用的社会发展条件、耕地连片度以及耕地景观价值。同时凭借该软件的空间分析功能，探讨划定的基本农田空间分布特征。

6.1.4　技术路线

本章研究技术路线如图 6.1 所示。

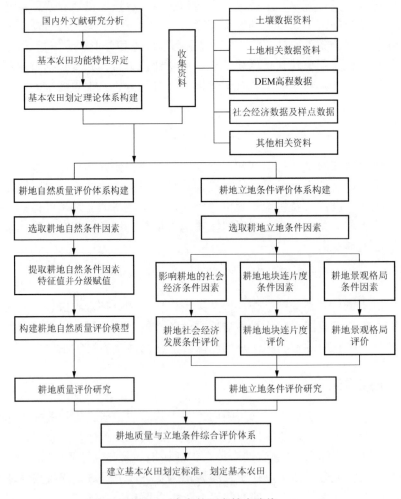

图 6.1　本章的研究技术路线

6.2 研究区域概况与数据处理

6.2.1 研究区域概况

凌源市位于辽宁省最西部，隶属于朝阳市管辖，地理坐标为北纬 40°35′50″～41°26′00″，东经 118°50′20″～119°37′40″，南北长 93.3km，东西宽 65.1km，北部与内蒙古宁城和辽宁省的建平接壤，西邻河北省平泉，南靠河北省青龙、宽城和辽宁省的建昌，东与喀左毗邻，处于辽宁、河北、内蒙古二省一区的交接地带。凌源市下辖 13 个镇、11 个乡、2 个办事处，现有村民委员会 267 个，村民小组 2184 个。

凌源市属北温带大陆性季风气候，处于半湿润向半干旱过渡地带，气温变化大，且气温降水的地域差异明显。凌源市地处阴山—燕山东西构造带与大兴安岭—努鲁儿虎山系北东向构造的西大体系复合带上，是内蒙古草原、冀北山地、辽西山地的凌源山脉三大地貌单元的交接地带，属于低山丘陵。凌源市地表水和地下水资源不丰富，历年平均地表水总量 2.31 亿 m³，地下水资源 2.36 亿 m³，旱季水量不足，灌溉效益低。根据第二次土壤普查结果，凌源市土壤分 3 大类、10 个亚类、32 个土属、61 个土种，以褐土为主，主要分布在低山丘陵；棕壤次之，主要分布在低山的高海拔处，草甸土分布在河谷两侧，该市土壤有机质与全氮含量属中等偏下。

根据土地利用现状变更调查资料，凌源市土地总面积为 314 444.47hm²，农用地总面积为 178 815.4hm²，占全市土地总面积的 56.9%；建设用地面积为 16 508.26hm²，占全市土地总面积的 5.2%；未利用地总面积为 119 120.81hm²，占全市土地总面积的 37.9%。全市耕地总面积为 50 484.82hm²，主要集中在旱地、水浇地和菜地三个地类上。其中，灌溉水田 34.52hm²，占耕地总面积的 0.07%；望天田 0.59hm²，仅为耕地总面积的 0.001%；水浇地 11 290.62hm²，占耕地总面积的 19.58%；旱地 38 551.74hm²，占耕地总面积的 73.70%，菜地 608.94hm²，占耕地总面积的 5.66%。凌源市的耕地区域分布极不均匀，沿河平原地带耕地分布集中连片，低山丘陵区耕地分布较为零散。

6.2.2 数据处理

1. 数据收集

（1）空间数据：原始图件主要包括 2006 年凌源市土地利用现状变更图、凌源市 DEM 高程数据（1∶50 000）、凌源市第二次土壤普查相关图件、《凌源市土地利用总体规划（2006～2020 年）》相关图件等。图件处理经过数据格式通过转换进行数字化，最终统一到 ArcGIS 格式。在 ArcInfo 中进行投影及坐标系校正，实现数据格式的统一。

（2）社会经济数据：主要包括凌源市统计年鉴数据、农经部门农村土地投入产出数据、工商管理局农贸市场经营数据、交通局各级道路统计数据等。

（3）补充调查数据：主要指无法直接从部门收集的数据资料，包括耕地的灌溉状况、样点地块的粮食产量数据等。

2. 划分评价单元

开展基本农田质量评价与耕地立地条件评价均需要划定基本评价对象，即评价单元。在制图学和生产实践中，评价单元是指能反映一致或相对一致的地貌类型、土壤条件、土地类型及其利用现状，具有内部属性特征一致性的地块。地块还是计算机数据管理的基本单元，一个地块可以是空间数据库的一条记录，可以将地块作为基本评价单元，为基本农田质量评价与立地条件评价奠定基础。

在耕地质量评价过程中，一般可以采用详查图斑法、叠置法、地块法三种方法来划分评价单元：①土地利用详查图斑法，就是将原有土地利用详查图经逐年变更订正得到评价年份的现状图，作为工作底图，选取评价区域所有耕地，用每个与统计台账相对应的图斑作为耕地质量评价单元；②叠置法，就是将同比例尺的相关图件进行叠加，形成封闭图斑，并对小于上图面积的图斑进行合并，即得耕地质量评价单元；③地块法，依据底图上明显的地物界线或权属界线，将耕地质量评价因素相对均一的地块，划成封闭单元，即为耕地质量评价单元（王洪波，2004；郧文聚，2005）。

考虑到凌源市地貌类型属于辽西低山丘陵区，地形复杂，土地类型分布破碎，评价单元主要采用叠置法获取（图6.2），主要分以下六个步骤划分评价单元。

图 6.2　评价单元绘制技术流程

（1）提取评价对象，应用 ArcGIS 软件提取土地利用现状图上的耕地图斑作为评价对象，形成评价单元叠置底图。

（2）以凌源市 DEM 高程数据为基础，应用 ArcGIS 软件提取高程点数据，生成凌源市地形坡度图，再将该坡度数据与先前得到耕地评价单元数据进行叠加，采用分区统计（zonal statistics as table）可以直接获得每一块耕地评价单元坡度值。

（3）应用 ArcGIS 软件，进行土地利用现状图的耕地图斑、土壤类型图与坡度图叠加，依据利用现状图斑界线与坡度界线，划分评价单元。研究区域共划定

4276 个单元。

（4）进行单元编码，确保每个单元具有唯一标识。行政编码的编制方法为：以国家颁布的县级行政区划代码为基础，按乡（街办）分行政村编制行政编码，并统一赋值给该村范围内的所有单元，单元采用流水号。

（5）建立耕地质量评价和立地条件评价属性库。利用 ArcGIS 属性库管理子模块创建凌源市耕地质量评价和立地条件评价属性库，包括行政编码、所属乡（街办）村、单元编号等单元基本情况。

（6）绘制耕地质量评价和立地条件评价单元图件并进行图件整饰。提取土地利用现状图中的村名、高程点等点状注释，等高线、道路、河流、沟渠、行政界线等线状地物，添加到单元底图上，并制作图例，修饰完善单元工作底图。

3. 设置样点，外业调查

样点数据主要为评价单元的土壤条件数据以及相关投入产出等经济数据。本章设置样点有两个主要目的：一是利用样点的自然和社会经济数据，通过专家咨询法和经验借鉴法进而选取基本农田质量评价的因素指标；二是利用样点的粮食产量数据检验基本农田质量评价的科学性。

凌源市先后完成了土壤普查、土地利用现状调查和土地利用总体规划修编，这为耕地质量评价所需样本的选择以及开展外业实地调查提供了大量基本资料。因此，选择样点既要具有代表性且样点数量符合统计分析要求，样点还应覆盖不同地貌类型区、土地利用类型和土壤类型。本章共选取 550 个样点，使样本总体保持一定代表性、科学性和精确性。根据布点情况、深入外业实地调查，并选其中 26 个典型样点挖掘土壤剖面、拍摄土壤剖面及地面景观照片。下列图表代表了其中一个典型样点基本情况（表 6.1，图 6.3，图 6.4）。

表 6.1　凌源市典型样地野外特征描述

乡（镇）名	热水汤	剖面编号	X21138205	剖面地点	热水汤村	土壤名称*	2—5—2—4	砾褐土，耕型坡积洪积潮褐土
土 壤 剖 面 记 载								
地表景观描述	地貌	平原	岩石露头	< 2%	地表景观照片编号	X21138205景观 5	平面坐标	X 4580632
	海拔	464m	坡度	< 2°				Y 0447564
剖面形态描述/cm	剖面形态照片编号	有机质/（g/kg）	质地	结构	障碍层深度/cm	有效土层厚度/cm	地下水埋深/m	容重/（g/cm³）　土壤pH
A_p　0—25		1.09		团状				1.49　7.5
B_{g1} 25—43	X2113820 5 剖面 5	0.94	通体中壤	块状	无>150	>150	14	1.48　7.7
B_{g2} 43—72		0.93		块状				1.45　7.9
B_{g3} 72—113		0.93		块状				1.40　8.0
C　> 150		0.91		团状				1.40　8.1

*土壤名称参见凌源市第二次土壤普查分类系统。

图 6.3　典型样地景观照片　　　　　图 6.4　典型样地剖面照片

6.3　耕地质量评价

6.3.1　选取耕地质量评价指标

1. 耕地质量评价指标选取方法

耕地质量评价指标直接影响到评价结果真实性、合理性和科学性，因此，评价指标要求覆盖面要广，要对影响耕地质量的土壤条件、水文条件、地形地貌条件、土地利用条件等进行全面客观地分析，做到所考虑因素既不遗漏，又不重叠。在确定评价指标时，可以通过科学借鉴和广泛征求意见方式，尽可能减少评价者的主观性，使评价指标能够客观地反映耕地质量水平。

本章中耕地质量评价指标选取主要借鉴已经完善的农用地分等体系并咨询地方农业专家，采用经验借鉴法和专家咨询法，初步选取九项评价指标，主要包括有效土层厚度、表层土壤质地、土壤有机质含量、土壤酸碱度、盐渍化程度、障碍层次、地形坡度、地表岩石露头状况、污染程度指标，在此基础上建立评价指标筛选原则，并依据当地实际情况，采用主成分分析法和专家咨询法进行评价指标筛选。

2. 耕地质量评价指标选取原则

耕地质量评价指标相互之间普遍存在关联性，指标选取既要避免重复，还要重视指标之间的相关性,因此耕地质量评价指标选区的主要原则包括以下六条。

(1)稳定性原则。选择评价指标时,在时间序列上具有相对的稳定性,应尽量选择那些较长期影响耕地生产力的稳定指标,如土壤的质地、有机质含量等,评价结果能够有较长的有效期,便于应用。

(2)显著性原则。选取的指标对耕地地力有比较大的影响,对耕地质量起主要影响作用,甚至是主导作用,其他土地性质因其变化而变化,如地形因素、土壤因素等。

(3)空间变异性原则。指标值有较大的变化范围,且其变化对耕地生产力影响显著,以反映耕地质量的空间变化。选取指标在评价区域内的变异较大,便于对比耕地质量评价结果差异。

(4)因地制宜原则。评价指标选择要因地制宜,要从具体情况出发,深入分析评价区域的地理条件和社会经济特点,选出适合评价区域的因素指标。

(5)现实性原则。评价指标应尽量选择从现有的土壤普查、土地利用现状、农业区划、水土流失调查以及耕地地力监测等资料中可获取的数据因素,尽可能利用已有土地资源调查成果。

(6)实用性原则。指标的选择要具有实用性,即易于捕捉信息并对其定量化处理。尽量把定性的、经验性的分析进行量化,以定量为主。体系不宜过于庞大,应简单明了,便于理解和计算。

3. 耕地质量评价指标选取

使用SPSS10.0的主成分分析功能计算,对自然因素的主成分分析得出三个特征值大于1的主成分,累计贡献率达到85%以上,在因子的载荷矩阵中土壤酸碱度、盐渍化程度和污染程度没有在任何一个主成分中呈显著性的正(负)相关关系,可以将它们剔除,最终确定影响耕地质量的自然因子有六个,分别为表层土壤质地、有机质含量、地形坡度、障碍层次、地表岩石露头状况和有效土层厚度。

6.3.2 获取评价指标特征值

根据各评价指标的特征以及资料掌握程度选择适当的描述方式,如表层土壤质地等因素采用定性术语描述,有机质含量、地形坡度、障碍层次、地表岩石露头状况、有效土层厚度等评价指标采用定量方式表达。各评价因素指标特征值获取方法主要通过ArcGIS软件的叠加分析功能,采用交集运算(intersect),把各耕地质量影响因子作为一个属性字段添加到耕地质量评价单元的属性表中,从而得到凌源市耕地评价单元各指标属性特征,具体分析如下。

1. 有效土层厚度

全国第二次土壤普查中，土层厚度是山地丘陵区土壤的土种划分标准。本章主要从凌源市第二次土壤普查成果的土种类型图中获得土层厚度数据。

2. 表层土壤质地

本章主要从凌源市第二次土壤普查成果的土壤图上获得表层土壤质地信息。

3. 土壤有机质含量

土壤有机质含量是全国第二次土壤普查的重要内容，本章主要从凌源市第二次土壤普查成果的土壤图上获得土壤有机质含量信息。但近年来，土壤有机质含量可能发生了变化，因此，本章中通过野外典型调查和样品的实验室分析，对第二次土壤普查成果进行校对。

4. 障碍层次

在全国第二次土壤普查中，白浆层的厚度和深度是区分白浆土土种的分类标准；砂姜层的厚度和深度是区分潮土和砂姜黑土土种的分类标准；黏磐层的厚度和深度是区分黄棕壤与黄褐土土种的分类标准。本章主要从凌源市第二次土壤普查成果的土壤图及地方土种志上获得障碍层距地表深度信息。

5. 地表岩石露头状况

本章主要依据凌源市土地利用现状，调查中裸岩石砾地的分布以及外业抽样调查进行判断。

6. 地形坡度

本章采用拟合曲面法，即 Burrough（1986）提出的窗口微分分析法（李志林和朱庆，2003；王秀云等，2006）。主要技术步骤为，将 25×25 大小的栅格数据进行插值（resample）处理，获得精确度较高的 10×10 的 DEM 坡度数据，在此基础之上提取坡度（spatial analyst-surface analyst-slope），编制凌源市耕地坡度分布图，再将该坡度数据与先前得到耕地评价单元数据进行叠加，采用分区统计（zonal statistics as table）可以直接获得每一块耕地评价单元的坡度值。

6.3.3 建立耕地质量评价指标特征值分级赋值标准

评价指标分级赋值标准与耕地质量关系密切，耕地质量越好，级别越高，分值越高。为了耕地质量等别评价的过程规范化和便于数据处理，规定一级为最高级，100 分为最高分，然后依次排列，总分值越大，耕地质量越优。借鉴王令超等（2001）研究成果，耕地质量评价因子依据其属性可分为数值型、阈值型、语言型和空间扩散型。不同类型指标应采用反映对耕地质量的显著作用的赋值方法，对于本章中耕地质量评价指标可以归类为数值型指标和阈值型指标两种类型。其赋值方法如下。

1. 数值型评价因子的赋值方法

对评价指标可以进行量化的，称其为数值型评价，如地形坡度等。对于可量化指标主要通过建立函数关系式的方式为评价单元赋值，赋值方法更为客观。

2. 阈值型评价因子的赋值方法

对评价指标在一定数值范围内进行分级赋值，称其为阈值型评价，如有机质含量、土壤养分等。将某一指标的阈值范围进行分级排序，不同级别的阈值基本上反映了该因素对耕地质量的影响程度。

本章根据凌源市的实际情况，结合上述评价指标赋值研究方法，并借鉴农用地分等体系中赋值标准，采用经验借鉴法和专家咨询法确定凌源市耕地质量评价指标分级赋值标准，具体分级赋值标准如表 6.2 所示。

表6.2　耕地质量评价指标分级赋值标准

评价因子	一级	分值	二级	分值	三级	分值	四级	分值	五级	分值	六级	分值
有效土层厚度	≥150cm	100	100～150cm	90	60～100cm	70	30～60cm	40	<30cm	10		
表层土壤质地	壤土	100	黏土	80	砂土	60	砾质土	35				
土壤有机质含量	≥4%	100	3%～4%	90	2%～3%	80	1%～2%	70	0.6%～1%	60	<0.6%	45
地形坡度	<2°	100	2°～5°	90	5°～8°	65	8°～15°	45	≥15°	10		
障碍层次	≥90cm	100	60～90cm	90	30～60cm	80	<30cm	60				
地表岩石露头状况	<2%	100	2%～10%	90	10%～25%	70	≥25%	40				

（1）有效土层厚度。有效土层厚度是指土壤层和松散的母质层之和，共分为五个等级。有效土层厚度分级界限下含上不含：①一级，有效土层厚度≥150cm；②二级，有效土层厚度 100～150cm；③三级，有效土层厚度 60～100cm；④四级，有效土层厚度 30～60cm；⑤五级，有效土层厚度<30cm。

（2）表层土壤质地。表层土壤质地一般指耕层土壤的质地。质地分砂土、壤土、黏土和砾质土四个级别：①一级，壤土，包括前苏联卡庆斯基制的砂壤、轻壤和中壤；1978 年全国土壤普查办公室制定的中国土壤质地试行分类中的壤土；②二级，黏土，包括前苏联卡庆斯基制的黏土和重壤，1978 年全国土壤普查办公室制定的中国土壤质地试行分类中的黏土；③三级，砂土，包括前苏联卡庆斯基制的紧砂土和松砂土，1978 年全国土壤普查办公室制定的中国土壤质地试行分类中的砂土；④四级，砾质土，即按体积计，直径大于 3～1mm 的砾石等粗碎屑含量大于 10%，包括苏联卡庆斯基制的强石质土，1978 年全国土壤普查办公室制定的多砾质土。

（3）土壤有机质含量。土壤有机质含量分为六个级别，分级界限下含上不含：①一级，土壤有机质含量≥4.0%；②二级，土壤有机质含量 3%～4%；③三级，土壤有机质含量 2%～3%；④四级，土壤有机质含量 1%～2%；⑤五级，土壤有机质含量 0.6%～1%；⑥六级，土壤有机质含量＜0.6%。

（4）地形坡度。坡度分为五个级别，坡度分级界限下含上不含：①一级，地形坡度＜2°，梯田按＜2°坡耕地对待；②二级，地形坡度 2°～5°；③三级，地形坡度 5°～8°；④四级，地形坡度 8°～15°；⑤五级，地形坡度≥15°。

（5）障碍层次。土壤障碍层指在耕层以下出现白浆层、石灰浆石层、黏土磐和铁磐等阻碍根系伸展或影响水分渗透的层次。根据其距地表的距离分为四个级别，分级界限下含上不含：①一级，≥90cm；②二级，60～90cm；③三级，30～60cm；④四级，＜30cm。

（6）地表岩石露头状况。地表岩石露头度是指基岩出露地面占地面的百分比。根据地表岩石露头度对耕作的干扰程度可分为四个级别，岩石露头值下含上不含：①一级，岩石露头＜2%，不影响耕作；②二级，岩石露头 2%～10%，露头之间的间距 35～100m，已影响耕作；③三级，岩石露头 10%～25%，露头之间的间距 10～35m，影响机械化耕作；④四级，岩石露头≥25%，露头之间的间距 3.5～10m，影响小型机械耕作。

6.3.4 确定耕地质量评价指标权重

权重值反映了评价指标影响程度，确定权重是耕地质量评价的一个关键问题，关系着评价结果的科学性和准确性。权重赋值主要有主观赋值法和客观赋值法，两者各有偏重，各有利弊不足。因此应用中常常需要对主、客观赋权方法进行集成（刘彦琴和郝晋珉，2003）。

对于土地内部各要素之间的相关关系尚未真正了解，土地的生产过程远没有达到能进行仿真模拟的水平，所以专家的经验和理性判定对权重的确定起着重要作用（刘瑞平，2004）。本章中由于耕地质量评价指标相对较少，所以利用德尔菲法比较合适。本章中德尔菲法确定权重过程为：组织研究区域当地农业专家以及土地管理行业专家分别对自然质量评价指标的权重打分，计算各位专家打分的均值（E_j）和各因子的均方差（$\&_j$），即就采用主观赋值法确定因素权重。

$$E_j = \frac{1}{m}\sum_{i=1}^{m} a_{ij} \qquad (6\text{-}1)$$

$$\&_j = \sqrt{\frac{1}{m-1}\sum_{i=1}^{m}(a_{ij}-E_j)^2} \qquad (6\text{-}2)$$

式中，m 为专家人数；a_{ij} 为第 i 位专家对因子 j 的评分值；E_j 为因子 j 的均值；$\&_j$ 为因子 j 的均方差。

耕地质量评价指标权重赋值如表 6.3 所示。

表 6.3　耕地质量评价指标权重

评价指标	有效土层厚度	表层土壤质地	土壤有机质含量	地形坡度	障碍层次	地表岩石露头状况
权重	0.27	0.13	0.14	0.2	0.14	0.12

6.3.5　建立耕地质量评价模型

单项评价指标经过分级赋值和权重确定之后，还需要通过一定数学模型来体现评价的综合结果，数学模型体现的是各种评价因素之间的相互作用及其对耕地质量的综合影响（王军艳，2001）。耕地质量评价中通常建立综合指数模型，该评价模型特点是直观，计算结果反映评价因素总体特征，本章耕地质量评价主要运用该模型进行评价单元耕地质量综合评价，并以此评价分值结果对凌源市耕地质量进行分析研究。计算公式如下：

$$C_{ij} = \sum_{j=1}^{n} W_{ij}F_{ij} \qquad (6\text{-}3)$$

式中，C_{ij} 为第 i 个评价单元第 j 个耕地质量指标综合评价分值；W_{ij} 为第 i 个评价单元第 j 个耕地质量指标评价因子的权重；F_{ij} 为第 i 个评价单元第 j 个耕地质量评价指标的分值。

应用该模型计算得到各评价单元耕地质量指标综合评价分值，按照等间距法，以 10 分为间距，将凌源市耕地自然质量划分为六个等级。

6.3.6　耕地质量评价结果分析

1. 耕地质量评价成果检验

校验方法采取室内分析与野外实地验证结合的方法进行。通过抽取部分评价单元,将评价单元的耕地质量评价分值与各单元的粮食生产能力进行相关性分析,检验耕地质量评价结果的科学性程度。

(1)选取分等评价单元。评价单元的选取遵循代表性和差异性原则,并综合考虑各个评价单元分布频率状况,最终共抽取 550 个评价单元,占评价单元总数的 13%,选取的单元分布较为广泛,保证了各乡镇区各质量分值区间都有分布。

(2)汇总抽查单元属性评价结果表。在 ArcGIS 软件上,将所调查样点粮食产量数据录入样本库中,将样本数据与评价单元图相叠加,从而获得每个单元的样本数据产量信息,再将所抽查单元属性信息导入 Excel 表中,汇总出抽查评价单元的属性评价结果表。

(3)耕地质量评价分值与标准粮实际产量的回归分析。以耕地质量评价分值作为 X 轴,实际标准粮产量作为 Y 轴,应用 Excel 数据分析功能作二者的散点图(图 6.5)。

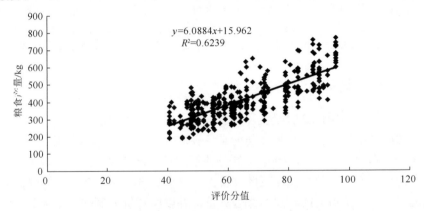

图 6.5　耕地质量评价分值与实际标准粮产量的关系

根据图 6.5 可知,凌源市标准粮产量与耕地质量评价分值相关关系为 $y = 6.0884x + 15.962$,标准粮产量与耕地质量评价分值的相关系数 R^2 为 0.6239,开平方后得到相关系数 $r=0.7899$,达到显著水平。

2. 耕地质量评价成果分析

(1)各乡镇耕地质量评价结果分析。凌源市各乡镇耕地面积总计 50 484.82hm²,其中三十家子镇耕地资源面积最大,耕地面积 5981.49hm²,占全市域耕地面积的 10.07%;耕地资源主要分布在三十家子镇、宋杖子镇、四合当镇、三家子蒙古族乡等乡镇,耕地面积分别占全市域耕地面积的 10.07%、7.56%、5.91%、5.11%;耕地资源面积最小的乡镇为杨杖子镇,耕地面积仅为 145.39hm²,仅占全市域耕地面积的 0.29%,耕地面积比例较低的乡镇还有东城街道办事处和热水汤街道办事处，耕地面积分别占全市域耕地面积的 0.58%和 0.68%（图 6.6）。耕地资源总体上看，山坡地区耕地分布面积较大，但分布较为分散，平原地区较少，但分布集中。耕地质量评价结果表明，尽管凌源市地形地貌条件复杂，地块集中分布程度低，但是耕地资源的质量条件总体良好，耕地资源基础质量条件较好，耕地低效利用很大程度上受人为等外界条件影响。

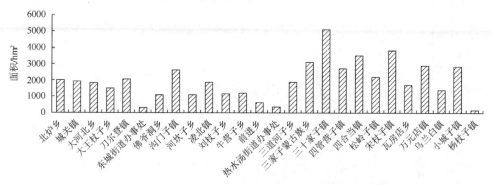

图 6.6　凌源市各乡镇耕地面积分布

（2）各坡度级耕地质量评价结果分析。通过不同坡度级内耕地质量评价总分值统计分析（图 6.7），在 0°～2°坡度级范围内，耕地集中分布在 80～100 分，该区间耕地面积总计 15 978.77hm²，占 0°～2°坡度级范围内耕地总面积的 88.61%；在 2°～5°坡度级范围内，耕地集中分布在 80～90 分，该区间耕地面积总计 3452.54hm²，占 2°～5°坡度级范围内耕地总面积的 57.92%；在 5°～8°坡度级范围内，耕地集中分布在 70～90 分，该区间耕地面积总计 3891.84hm²，占 5°～8°坡度级范围内耕地总面积的 55.34%；在 8°～15°坡度级范围内，耕地集中分布在 60～80 分，该区间耕地面积总计 7488.25hm²，占 8°～15°坡度级范围内耕地总面积的 64.71%；在大于 15°坡度级范围内，耕地集中分布在 60 分以下两个区间，该区间耕地面积总计 7978.83hm²，占 15°以上坡度级范围内耕地总面积的 68.95%。通过对不同坡度级内耕地质量评价总分值统计分析，随着耕地所在坡度级的增加，耕地质量评价分值呈现递减趋势，坡度越大，耕地质量评价分值越低，坡度越小，耕地质量评价分值越高，可见坡度在该地区是耕地利用的主要影响因素，影响到地块大小、形状、基础设施条件以及人类的耕地利用行为。

（3）各耕地类型质量评价结果分析。通过耕地地类质量评价总分值统计分析（图 6.8），水田主要分布在低分值区间，尤其是 70 分以下区间，该区间水田面积为 29.96hm²，占市域全部水田总面积的 85.79%，主要分布区域为三道河子乡和万元店镇，布局零碎分散。通过耕地地类质量评价总分值统计分析表明，耕地质量较好的地类主要为水浇地、菜地以及部分旱地，该地类区地块规则、地势平坦、基础设施条件较好；耕地质量较差的地类主要为旱地和水田，该地类区水田地块破碎属于零星分布，旱地地形坡度较大、地块零散不规则、自然条件较差、基础设施条件较差。

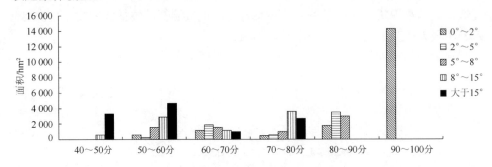

图6.7　不同坡度级耕地质量评价结果统计

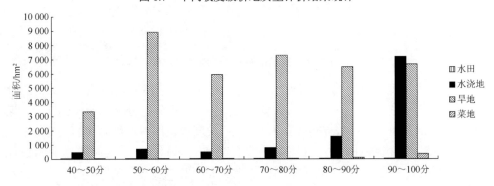

图6.8　耕地地类质量评价结果统计

3．小结

（1）本章以 ArcGIS 软件作为技术手段，采用叠置法划分了评价单元，参照农用地分等体系，采用主成分分析法、专家咨询法确定了耕地质量评价六项主要指标，构建了耕地质量评价综合指数模型，并以凌源市为实证研究区开展了耕地质量评价实证研究，并对耕地质量评价结果进行检验分析。

（2）通过对耕地质量评价总分值统计分析，40～50 分耕地资源面积较小，所占比例较低，90～100 分耕地资源面积较大，所占比例较高。耕地质量评价总分值集中分布在 70～100 分三个分值区间。80 分以上为优质耕地区间，耕地面积最大的乡镇为宋杖子镇、三十家子镇、四合当镇和小城子镇四个乡镇，在优质耕地区间内，所占各乡镇内部耕地面积比例较大的乡镇主要为东城街道办事处、热水汤街道办事处、小城子镇、宋杖子镇和城关镇；60 分以下为劣质耕地区间，主要分布在大河北乡、三道河子乡、三十家子镇和刀尔登镇四个乡镇，所占各乡镇内部耕地面积比例较大的乡镇主要为大河北乡、河坎子乡、三道河子乡、刀尔登镇和前进乡。

（3）通过不同坡度级内耕地质量评价总分值统计分析，在0°～2°坡度级范围内，耕地集中分布在80～100分，主要分布在宋杖子镇、小城子镇和四合当镇；在2°～5°坡度级范围内，耕地集中分布在80～90分，主要分布在三十家子镇、北炉乡和松岭子镇；在5°～8°坡度级范围内，耕地集中分布在70～90分，主要分布在三十家子镇；在8°～15°坡度级范围内，耕地集中分布在60～80分，主要分布在三十家子镇、三家子蒙古族乡和沟门子镇；在大于15°坡度级范围内，耕地集中分布在60分以下两个区间，主要分布在大河北乡、三道河子乡、刀尔登镇和大王杖子乡。通过对不同坡度级内耕地质量评价总分值统计分析，随着耕地所在坡度级的增加，耕地质量评价分值呈现递减趋势，坡度越大，耕地质量评价分值越低，坡度越小，耕地质量评价分值越高，可见坡度在该地区是耕地利用的主要影响因素，影响到地块大小、形状、基础设施条件以及人类的耕地利用行为。

（4）通过耕地地类质量评价总分值统计分析，水田主要分布在低分值区间，尤其是70分以下区间，主要分布区域为三道河子乡和万元店镇，布局零碎分散；水浇地质量评价分值集中分布在80分以上分值区间，属优质耕地区，主要分布在宋杖子镇、小城子镇、四合当镇、城关镇和万元店镇；旱地分布较为均匀，耕地质量评价分值位于80分以上的优质旱地区面积占市域全部旱地面积的34.04%；耕地质量评价分值低于60分的劣质旱地区面积占31.74%；耕地质量评价分值介于60～80分值的中等质量旱地区面积占34.22%。其中，优质旱地主要分布在三十家子镇、四合当镇、北炉乡和宋杖子镇，劣质旱地主要分布在三十家子镇、大河北乡、三道河子乡和刀尔登镇；中等质量旱地主要分布在三十家子镇、沟门子镇、四合当镇和三家子蒙古族乡；菜地质量评价分值集中分布在80分以上分值区间，属优质耕地区，主要分布在城关镇、凌北镇和和东城街道办事处。通过耕地地类质量评价总分值统计分析表明，耕地质量较好的地类主要为水浇地、菜地以及部分旱地，该地类区地块规则、地势平坦、基础设施条件较好；耕地质量较差的地类主要为旱地和水田，该地类区水田地块破碎属于零星分布，旱地地形坡度较大、地块零散不规则、自然条件较差、基础设施条件较差。

（5）耕地质量评价结果表明，尽管凌源市地形地貌条件复杂，地块集中分布程度低，但是耕地资源质量条件总体良好，耕地资源的基础质量条件较好，耕地的低效利用受人为等外界条件影响程度较大。耕地质量条件较优的地区主要为平原耕地区，地势平坦，基础设施条件较好，地块多分布在城镇村周边，耕地自然条件主要为土层厚度大于60cm，表层土壤质地多为壤土，有机质含量在2%以上，地形坡度条件小于5°，障碍层次多数大于60cm，地表岩石露头度小于2%。耕地质量条件较差的地区主要为坡耕地区，地形坡度大，基础设施条件缺失，地块多分布在山坡地区，耕地自然条件主要为土层厚度小于30cm，表层土壤质地多为壤土，有机质含量在2%以下，耕地所在地形坡度条件大于15°，障碍层次多数小于30cm，地表岩石露头度大于2%。

6.4 耕地立地条件评价

本章在对立地条件的内涵界定上，提出了耕地立地条件是指除耕地自然质量条件之外，影响耕地永久稳定性的一切外部环境因素条件，外部环境因素条件包括耕地利用的社会经济环境、人为整治利用环境以及自然景观环境。本章重点强调入选基本农田的耕地具有永久稳定性，所设定的立地条件主要包括社会经济发展条件、耕地连片度条件、耕地景观格局条件。开展耕地立地条件评价主要进行上述三方面条件的综合评价。

6.4.1 耕地利用的社会经济发展条件评价过程

1. 评价指标选取方法及原则

（1）耕地质量评价指标选取方法。本章认为影响耕地利用的社会经济条件主要指围绕耕地利用行为所产生，对耕地利用效果产生一定的社会经济影响的因素条件，包括耕地的区位条件、耕作条件以及人为经济投入条件等。综合国内外学者研究文献分析（聂庆华等，2000；王洪波，2004；刘瑞平，2004），社会经济条件的选取通常是在一定原则指导下，凭借经验借鉴法和专家咨询法来选择。

（2）耕地质量评价指标选取原则。①可量化原则。在选择评价指标时，要选用可量化指标，以便于计算耕地利用与经济发展之间的量化计算以及进行单元之间测算结果对比分析。②主导性原则。社会经济发展因素选取要对耕地利用具有显著的影响，并且该影响程度是对耕地利用起主导作用，并且主导因素之间要有明显差异，能够出现临界值。③稳定原则。在选择评价指标时，在时间序列上具有相对稳定性，应尽量选择那些稳定指标，如区位条件等，能够使评价的结果有较长有效期，便于应用。④实用性原则。指标的选择要具有实用性，即易于捕捉信息并对其定量化处理。尽量把定性的、经验性的分析进行量化，以定量为主。体系不宜过于庞大，应简单明了，便于理解和计算。

2. 社会经济发展指标选取

通过经验借鉴法和专家咨询法，遵循上述原则，选取影响耕地利用的四项社会经济发展指标，主要包括：农贸市场条件、交通区位条件、耕作便利条件和耕地利用投入条件。对各项社会经济发展指标描述如下。

（1）农贸市场条件。在杜能的农业区位论中，市场在指定的城镇中心位置，且具有唯一性，一切农产品都要到这个市场按照市场定价来销售，由此会产生由于距离市场的远近不同产生了不同土地利用方式及不同收益，说明农贸市场是耕地的重要社会经济影响因素，尤其是各乡镇村的农贸市场成为了农业物资购买、农产品销售的重要载体，农村"赶集"习惯就是一种农贸市场交易行为。农贸市场的规模大小以及与耕地距离远近都影响到耕地利用与收益，因此农贸市场规模对耕地而言是重要的社会经济发展指标之一。本章中用来表征农贸市场条件的具体指标为市场交易额和市场流通人数。

（2）交通区位条件。由于农村地理位置固定性以及交通工具条件有限性，交通区位条件就成为了农产品由生产地到销售地便捷程度的重要依赖条件，影响到了耕地利用的方式及人的利用行为，交通区位条件对耕地而言同样是重要的社会经济发展指标之一。本章中用来表征交通区位条件的具体指标为车流量和道路长度。

（3）耕作便利条件。在农忙时节进行播种、施肥、收获等农活，无论是机械作业还是牲畜作业，都需要便利的耕作条件，以便于农机具、农业肥料、农业主产品和次生产品等物品运输，因此，耕作便利条件对耕地而言同样是重要的社会经济发展指标之一。本章中用来表征耕作便利的具体指标为道路网密度，主要指乡村间生产路和田间路等道路网密度。

（4）耕地利用投入条件，对耕地投入行为影响到耕地利用方式、利用集约程度，对耕地投入主要包括劳动力、资金和技术投入，在我国耕地投入普遍以劳动力投入为主，而且多数不计入耕地生产成本，因此表征耕地利用主要差异性的是资金和技术投入，耕地利用投入条件对耕地而言同样是重要的社会经济发展指标之一。本章中用来表征耕地利用投入条件的指标为机械投入和肥料投入。

综合上述耕地利用的社会经济发展指标描述，选取了各项社会经济发展条件的表征指标，并建立社会经济发展条件评价指标表（表6.4，图6.9）。

表6.4　耕地社会经济发展评价指标统计

社会经济发展条件	农贸市场条件		交通区位条件		耕作便利条件	耕地利用投入条件	
表征指标	市场交易额	市场流通人数	车流量	道路长度	道路网密度	机械投入	肥料投入

图 6.9　凌源市道路及农贸市场分布图

3．计算社会经济发展评价指标影响分值

上述社会经济发展指标按照形状特点及便于量化原则，可分为点状指标、线状指标和面状指标，具体归类为农贸市场条件为点状指标，交通区位条件为线状指标，耕作便利条件和耕地利用投入条件为面状指标，不同形状指标测算其影响分值所采用方法是不一样的。

1）点状指标和线状指标影响分值计算

对于点状指标和线状指标，其指标影响分值均采用指数衰减法计算，但其影响半径计算方法不同。具体如下述公式：

$$f_i = M_i^{1-r}(r = d_i / d) \tag{6-4}$$

式中，f_i 为第 i 个指标作用分值；M_i 为规模指数；d_i 为地块相对评价因素实际距离；d 为评价因素影响半径；r 为相对距离。

对于线状指标，如道路因素，其影响半径计算可采用平均分割法计算，见式（6-5），而对于点状因素，可以按同心圆状作用半径计算，见式（6-6）。

$$d_i = s/2L \tag{6-5}$$

式中，d_i 为第 i 个指标影响半径；s 为区域面积；L 为各级道路长度。

$$d_i = \sqrt{S / (N_i \pi)} \tag{6-6}$$

式中，d_i 为某点状指标影响半径；S 为区域面积；N_i 为 i 类型指标个体数。

2）面状指标影响分值计算

$$f_i = 100(x_i - x_{min}) / (x_{max} - x_{min}) \tag{6-7}$$

式中，x_i 为某项指标现状值；x_{min} 为同类指标最小值；x_{max} 为同类指标最大值。

（1）农贸市场作用分值计算。农贸市场属于点状地物，本章通过外业调查，对农贸市场类型和主导功能进行了筛选，最终选取以农业生产资料购置以及农产品交易为主导功能的 16 个乡镇级农贸市场，并运用 GPS 技术采集了上述农贸市场的地理坐标点，确定了各农贸市场地理位置分布，调查了各农贸市场的影响范围，研究中设计以 1km 间隔作缓冲，最大缓冲半径为 10km，当评价单元落在多个级别的农贸市场影响半径内时，农贸市场的规模的作用分值取其中的最大值。

（2）交通区位分值计算。道路属于点状地物，本章中通过外业调查，选取了主要的 12 条县级以上道路作为影响耕地利用的重要交通区位条件，其中包括 2 条国道、2 条省道和 8 条县级道路，交通区位条件主要是指耕地评价单元的可进入程度，便利交通条件有利于提高农业生产资料和农产品运输速度，尤其是有利于乡镇以及县域之间的产品交易，而不考虑对农产品运输便捷度不高的高速公路和铁路等特殊情况。因此本章中对于交通区位条件分析，主要依据道路出入评价单元、运送农业生产资料和农产品便利程度，选择研究区内道路长度、车流量等参数确定各级公路作用分值及其影响半径。一般情况下，道路级别越高，车流量越大，道路作用分值越高，影响半径也越大。评价单元据不同级别道路的实际距离，由 ArcView 自动量算完成，若某评价单元受多于一条同级道路影响，则取距该单元最近那条道路距离。

（3）耕作便利条件及耕地利用投入条件作用分值计算。耕作便利条件及耕地利用投入条件要素属于面状影响条件类型，本章所选取的道路网密度指标表征耕作便利条件，机械投入和肥料投入指标表征耕地利用投入条件。该数据若以地块为单位很难获取，为了便于获取和易于量化和对比，本章对上述指标以乡镇为单位进行数据收集整理。其中道路网密度主要为耕地生产经营的服务的乡村级的田间路和生产路，道路长度主要从土地利用现状图中量算提取，机械投入主要为农业机械柴油使用量，机械投入和肥料投入主要以统计年鉴数据计算提取。

4. 社会经济发展评价指标权重确定

本章采用德尔菲法确定社会经济发展指标权重，基本过程为：组织研究区域当地农业专家以及土地管理行业专家分别对自然质量评价指标权重打分，计算各位专家打分的均值（E_j）和各因子的均方差（$\&_j$），即采用主观赋值法确定因素权重。

E_j 的计算公式同式（6-1），$\&_j$ 的计算公式同式（6-2）。

社会经济发展指标权重赋值如表 6.5 所示。

表 6.5　耕地社会经济发展指标权重

社会经济发展条件	表征指标	权重	
农贸市场条件	市场交易额	0.19	0.30
	市场流通人数	0.11	
交通区位条件	车流量	0.15	0.30
	道路长度	0.15	
耕作便利条件	道路网密度	0.20	0.20
耕地利用投入条件	机械投入	0.09	0.20
	肥料投入	0.11	

5. 建立社会经济发展评价模型

本章主要运用综合指数模型进行社会经济发展评价，并以此评价分值结果对凌源市耕地社会经济发展条件进行分析研究。计算公式如下：

$$u_{ij} = \sum_{j=1}^{n} w_{ij} f_{ij} \tag{6-8}$$

式中，u_{ij} 为第 i 个评价单元第 j 个社会经济发展指标综合评价分值；w_{ij} 为第 i 个评价单元第 j 个社会经济发展指标评价因子的权重；f_{ij} 为第 i 个评价单元第 j 个社会经济发展评价指标的分值。

应用该模型计算得到各评价单元社会经济发展指标综合评价分值，按照等间距法，以 10 分为间距，将凌源市社会经济发展条件划分为 8 个分值区间。各分值区间的耕地面积及在各乡（镇）分布如表 6.6 所示。

表 6.6　凌源市各乡镇耕地社会经济发展条件评价结果统计　　　单位：hm²

乡镇	0~10分	10~20分	20~30分	30~40分	40~50分	50~60分	60~70分	70~80分	合计
北炉乡					811.13	654.81	509.83		1 975.77
大河北乡		582	180.23	675.66	367.27				1 805.16
城关镇						49.51	868.53	990.4	1 908.44
大王杖子乡				221.37	582.77	472.44	201.07	4.41	1 482.06
刀尔登镇		1.61		380.38	824.99	341.6	474.49		2 023.07
东城街道办事处						175.69	117.61		293.3
佛爷洞乡			867.54	208.16					1075.7
沟门子镇					134.99	1 387.93	811.06	273.21	2 607.19
河坎子乡	311.12	519.12	239.33						1 069.57
凌北镇					20.4	941.48	879.74		1 841.62
刘杖子乡		11.88	394.72	349.01	374.74	4.56			1 134.91
牛营子乡				1041.4	194.84				1 236.24
前进乡			64.23	401.03	115.04	25.93			606.23
热水汤街道办事处			232.89	108.94	2.65				344.48
三道河子乡		145.67	583.38	619.97	510.14				1 859.16
三家子蒙古族乡		273.75	618.42	1 038.38	1 092.43	62.3			3 085.28
三十家子镇					3.38	1 190.31	3 104.58	783.64	5 081.91
四官营子镇				55.31	660.72	1 977.6			2 693.63
四合当镇			263.54	1 392.6	1 044.35	779.06	9.34		3 488.89
松岭子镇				73.7	923.7	858.63	304.1		2 160.13
瓦房店乡			129.82	701.79	848.42				1 680.03
宋杖子镇						1 171.24	1 804.56	838.75	3 814.55
万元店镇			7.71	514.05	1 320.94	943.01	90.75		2 876.46
乌兰白镇			4.03		1 290.48	82.26			1 376.77
小城子镇					1 363.11	1 443.77			2 806.88
杨杖子镇			2.41	134.75	9.23				146.39
合计	311.12	1 534.03	3 584.22	7 920.53	12 495.72	12 562.13	9 175.66	2 890.41	50 473.82

6. 结果分析

（1）各乡镇耕地社会经济发展条件分析。通过对耕地立地条件中的社会经济发展条件分析（图 6.10），总体上看社会经济发展条件较差，整体评价分值低于80 分，社会经济发展条件评价分值大于 60 分的耕地面积总计 12 068.07hm²，仅占全市域耕地总面积的 23.90%，而在 70～80 分值的耕地面积仅 2890.41hm²。社会经济发展条件评价分值大于 60 分的耕地主要分布在三十家子镇、宋杖子镇和城关镇，面积分别为 3888.22hm²、2644.31hm² 和 1858.93hm²，分别占该分值区间耕地总面积的 32.22%、21.91% 和 14.40%；社会经济发展条件评价分值大于 60 分的耕地面积占各乡镇耕地比例较大的主要有城关镇、三十家子镇和宋杖子镇，该分值区间耕地占各乡镇耕地面积 97.41%、75.51% 和 69.30%。该分数值区间，耕地社会经济发展条件主要表现为耕地受农贸市场条件和交通区位条件影响较大，其中对该区间耕地影响较大的农贸市场主要包括八里堡蔬菜市场、三十家子市场、刀尔登市场、北炉乡综合市场、沟门子市场和四合当市场这六个农贸市场，上述乡镇耕地评价单元距离农贸市场位置较优，便于农业生产资料购买和农产品交易，促进农民对耕地的投入和集约利用。该分数值区间的道路区位条件主要表现为 101 国道、老宽线（省道）和四百线（县道）对耕地影响程度较大，这三条道路均属于各级别道路中车流量和长度值较大的道路，三条道路影响半径内的耕地评价单元，距离道路位置较近，有利于提高农业生产资料和农产品的运输速度，尤其是有利于乡镇以及县域之间的产品交易，进一步促进农民对耕地的保护和高效利用；该分数值区间的其他社会经济发展条件包括耕作便利性和耕地利用投入都属于中等水平。

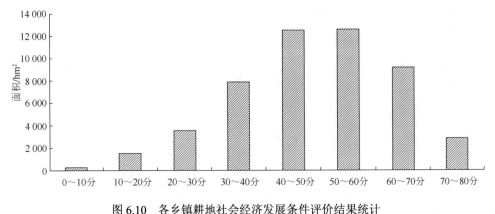

图 6.10　各乡镇耕地社会经济发展条件评价结果统计

社会经济发展条件评价分值小于 60 分的耕地主要集中分布在 40～50 分和 50～60 分两个分值区间，该分值区间耕地面积总计 100 971.64hm²，占全市域耕地总面积的 49.64%。该分值区间的耕地主要分布在小城子镇、四官营子镇和万元店镇，面积分别为 2805.88hm²、2638.32hm² 和 2263.95hm²，分别占该分值区间耕地总面积的 11.20%、10.53% 和 9.03%；社会经济发展条件评价分值小于 60 分的耕地面积占各乡镇耕地比例较大的主要有小城子镇、乌兰白镇、四官营子镇和松岭子镇,该分值区间耕地所占各乡镇耕地面积 97.41%、99.71%、97.91% 和 82.81%,而其他如北炉乡、大王杖子乡、刀尔登镇、东城街道办事处、沟门子镇、凌北镇、四合当镇、瓦房店乡和万元店九个乡镇在该区间耕地比例均大于 50%。该分数值区间,耕地社会经济发展条件主要表现为耕地受一定的农贸市场条件和道路区位条件影响,但是影响程度差异较大。其中,对该区间耕地影响较大的农贸市场主要包括八里堡蔬菜市场、万元店市场和大河北综合市场,在这三个农贸市场缓冲半径内的耕地评价单元距离市场较近,市场的区位条件较优,但是评价单元的道路区位条件较差以及耕作便利性和投入属于较低水平。该分值区间耕地评价单元还受到其他市场如天盛号蔬菜市场、松岭子市场、四合当市场、四官营子批发市场、三十家子市场、三十家子市场、刀尔登市场、北炉乡综合市场、沟门子市场和四合当市场等农贸市场影响,但是影响分值较低,同样受交通区位条件影响较小。因此低分值的耕地社会经济发展条件势必产生对耕地利用上的低投入和粗放利用。

(2)不同地类耕地社会经济发展条件分析。通过对耕地各地类立地条件中的社会经济发展条件分析(图 6.11),总体上看各地类社会经济发展条件较差,社会经济发展条件评价分值在 60 分以上分值区间,无水田分布,水浇地面积 3460.82hm²,占水浇地总面积的 30.65%;旱地面积 8257.34hm²,占旱地总面积的 21.42%;菜地面积 349.91hm²,占菜地总面积的 57.46%。

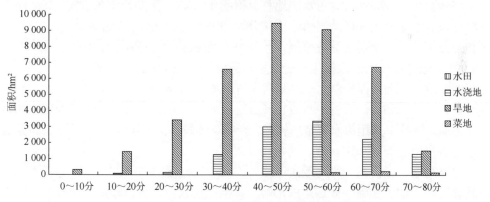

图 6.11　耕地地类社会经济发展条件评价结果统计

从不同分值区间的水田地类分析看,水田集中分布在 30~40 分,该区间水田面积 24.17hm²,占水田总面积的 70.02%,主要分布在三道河子乡,水田面积 14.01hm²,占该区间水田面积的 62.10%。该区间水田零星分布,主要受三道河子农贸市场影响,但距离市场较远,平均达 7km 以上,影响较小。该区间水田道路区位条件较优,主要分布在省道老宽线附近,影响分值较大,由于零星分布,耕作便利度和利用投入条件较低，道路网密度平均值为 0.20km/km²，化肥平均投入水平为 1037.16t，机械农机具用油平均投入水平为 84.95kg。

从不同分值区间的旱地地类分析看，旱地集中分布在 40～60 分，该区间旱地面积 18 534.13hm²，占旱地总面积的 48.08%，主要分布在四官营子镇、松岭子镇、小城子镇、沟门子镇、万元店镇和北炉乡，面积分别为 1854.12hm²、1712.16hm²、1621.1hm²、1465.36hm²、1464.99hm² 和 1323.57hm²，分别占该分值区间旱地总面积的 10.00%、9.24%、8.75%、7.91%、7.91% 和 7.14%。该分值区间旱地主要受八里堡蔬菜市场、大河北综合市场、万元店市场影响，距离较近，评价单元平均距离农贸市场为 5km 以内，影响分值较大，同时受到刀尔登市场、沟门子市场、三道河子市场、三家子市场、三十家子市场、四官营子市场和天盛号蔬菜市场等农贸市场微弱影响，评价单元距离农贸市场较远，影响分值较小，平均在 60 分以下。该分值区间旱地还受到 101 国道、老宽线（省道）、四百线（县道）等道路影响，评价单元平均距离道路为 4km 以内，影响分值均在 70 分以上，同时该区间旱地还受到 306 国道的影响，影响距离较远，分值较低。该分值区间旱地耕作便利度较差，平均道路密度为 0.24km/km²，化肥施用量平均为 2041.42 t，农业机械作业柴油使用量为 137.73kg，平均水平略高于水田，但整体不高，耕地利用属于粗放利用。

从不同分值区间的水浇地地类分析看，水浇地集中分布在 50～70 分，该区间水浇地面积 5569.58hm²，占水浇地总面积的 49.33%，主要分布在宋杖子镇、四官营子镇、小城子镇和四合当镇，面积分别为 1033.05hm²、728.46hm²、691.90hm² 和 555.31hm²，分别占该分值区间水浇地总面积的 18.55%、13.08%、12.42% 和 9.99%。该分值区间水浇地主要受八里堡蔬菜市场、大河北综合市场、万元店市场影响，距离较近，评价单元平均距离农贸市场为 6km 以内，影响分值较大，同时受到松岭子市场、四官营子批发市场、三十家子市场、沟门子市场等农贸市场微弱影响，评价单元距离农贸市场较远，影响分值较小，平均在 70 分以下。该分值区间水浇地还受到 101 国道、老宽线（省道）、四百线（县道）、南老线（县道）等道路影响，评价单元平均距离道路为 3km 以内，影响分值均在 70 分以上，同时该区间旱地还受到 306 国道的影响，影响距离较远，分值较低。该分值区间旱地耕作便利度较差，平均道路密度为 0.24km/km²，化肥施用量平均为 2164.39t，农业机械作业柴油使用量为 162.73 kg，耕作便利条件及投入条件平均水平均高于水田和旱地，农民对水浇地和旱地仅重视施肥条件，改良耕地质量，由于地形条件复杂，地块不规则，耕作的便利条件和机械化作业水平均较低。

从不同分值区间的菜地地类分析看，菜地集中分布在 60～80 分，该区间菜地面积 349.91hm²，占菜地总面积的 57.46%，主要分布在城关镇和凌北镇，面积分别为 189.36hm² 和 101.69hm²，分别占该分值区间菜地总面积的 54.12% 和 29.06%，菜地面积较小。该分值区间菜地主要受八里堡蔬菜市场影响，距离较近，评价单元平均距离农贸市场为 3km 以内，影响分值大于 80 分。该分值区间菜地还受 101 国道道路影响，评价单元平均距离道路为 2km 以内，影响分值均在 70 分以上，同时该区间菜地还受到 306 国道的影响，影响距离较远，分值较低。该分值区间菜地耕作便利度较差，平均道路密度为 0.25km/km²，化肥施用量平均为 1787.49t，农业机械作业柴油使用量为 157.31kg，耕作便利条件均高于其他三个地类。对菜地投入条件低于水浇地，高于旱地和水田，主要由于菜地面积有限，集中连片度低，不能形成规模化集约化种植模式，因此总体而言，各类耕地立地条件中的社会经济发展条件评价分值较低。

7. 小结

（1）本章对耕地社会经济发展条件评价中，选取了与耕地利用紧密相关的农贸市场条件、交通区位条件、耕作便利条件和耕地利用投入条件表征社会经济发展条件指标，并采用指数衰减法和面域法计算影响分值，采用德尔菲法确定权重，最终构建社会经济发展条件评价综合指数模型，并进行了实证研究。

（2）实证研究结果表明，凌源市耕地立地条件中的社会经济发展条件总体较差，整体评价分值低于 80 分。社会经济发展条件评价分值大于 60 分的耕地面积总计 12 068.07hm²，仅占全市域耕地总面积的 23.90%，其中在 70～80 分值的耕地面积仅 2890.41hm²，该分值区间耕地主要分布在三十家子镇、宋杖子镇和城关镇；占各乡镇耕地比例较大的主要有城关镇、三十家子镇和宋杖子镇。该分数值区间耕地社会经济发展条件主要表现为耕地受农贸市场条件和道路区位条件影响较大，其中对该区间耕地影响较大的农贸市场主要包括八里堡蔬菜市场、三十家子市场、刀尔登市场、北炉乡综合市场、沟门子市场和四合当市场这六个农贸市场，该分数值区间的道路区位条件主要表现为 101 国道、老宽线（省道）和四百线（县道）对耕地影响较大。社会经济发展条件评价分值小于 60 分的耕地面积总计 100 971.64hm²，占全市域耕地总面积的 49.64%，主要分布在小城子镇、四官营子镇和万元店镇，占各乡镇耕地比例较大的主要有小城子镇、乌兰白镇、四官营子镇和松岭子镇，而其他如北炉乡、大王杖子乡、刀尔登镇、东城街道办事处、沟门子镇、凌北镇、四合当镇、瓦房店乡和万元店九个乡镇在该区间耕地比例均大于 50%。该分数值区间对耕地影响较大的农贸市场主要包括八里堡蔬菜市场、万元店市场和大河北综合市场，受影响较小的市场主要有天盛号蔬菜市场、松岭子市场、四合当市场、四官营子批发市场、三十家子市场、三十家子市场、刀尔登市场、北炉乡综合市场、沟门子市场和四合当市场等农贸市场。

（3）耕地各地类立地条件中社会经济发展条件评价较优的地类为菜地，其次为水浇地、旱地和水田。从不同分值区间的地类面积分析看，水田集中分布在 30～

40 分，主要分布在三道河子乡，该区间水田零星分布；旱地集中分布在 40～60 分，主要分布在四官营子镇、松岭子镇、小城子镇、沟门子镇、万元店镇和北炉乡；水浇地集中分布在 50～70 分，主要分布在宋杖子镇、四官营子镇、小城子镇和四合当镇；菜地集中分布在 60～80 分，主要分布在城关镇和凌北镇。

6.4.2　耕地连片度条件评价过程

国内外有关连片度的研究目的大多是保护生物多样性，主要应用于湿地保护、物种选择、生境选择等景观生态学领域，涉及耕地保护研究相对较少。尽管国内个别文章涉及地块连片程度，但多数强调地块面积大小，而不是地块之间的空间联系（即相连或相邻程度）。目前国内有关耕地连片度研究中，周尚意等（2008）提出了空间相连性计算方法，用网格方法计算地块相连性；段刚（2009）提出基于矢量的缓冲区确定法计算连片度；郭姿含等（2010）在考虑连片地块质量要求的限制因素条件下，提出一个矢量与栅格相结合的耕地连片度计算方法，并实现基于 GIS 的耕地连片度分析系统。

本章综合前人研究成果，认为地块连片度主要指地块之间在空间上一定阈值范围内的相对邻接度，即相邻程度。两块地在空间上相隔距离越小，它们连片度就越高，当它们的距离小于一定阈值时，则可以认为是连片的，地块连片度计算主要采用 ArcGIS 技术手段实现。进行耕地地块的连片度条件研究有利于划入基本农田的耕地"集中优质连片"，有利于基本农田维护和管理，更有利于耕地规模化集约化的经营利用以及基本农田整理项目选址和施工。

1. 基于 ArcGIS 的耕地连片度计算

1）建立耕地连片度判读标准

本章借鉴郭姿含等（2010）的研究成果，采用栅格法判断地块之间的距离大小。根据设定的连片距离阈值 D 将地图数据栅格化，栅格步长 P 满足 $8P^2/I^2=D^2$（I 为地图比例尺）。如图 6.12 所示，两个相邻栅格之间最大距离为 d，只要任意两个地块分别落在两个相邻栅格中，无论这两个相邻栅格是公共边相邻还是对角相邻，这两个地块之间距离都小于等于 D，据此可以判断任意相邻栅格所包含的地块是连片的。例如，位于沟渠、田间路、生产路等线状地物两侧的地块，可以视为空间上相连的一块土地，而用于确定连片度的这个阈值可以根据需要而设定。

2）数据处理

（1）矢量 0 数据导入栅格数据。主要以 ArcGIS 为技术平台，利用 IConversionOp 功能完成矢量数据向栅格数据的转换，并通过 IRasterAnalysisEnvironment 功能设置栅格大小；利用 IRasterLayer、IRasterDataset 功能可以用来打开栅格数据文件和栅格数据集；利用 IRasterProps 功能读取栅格数据的栅格大小、行数、列数、投影信息、栅格范围等栅格属性信息。

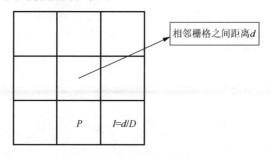

图 6.12　栅格步长与距离阈值关系

（2）设置地块连片度计算的约束参数。本章对于地块连片度阈值范围设置，主要参考第二次土地调查技术规程相关要求，20m 宽度地物列为线状地物调查，因此面状地物之间的线状地物可归为相邻面状地块，因此本章认为间隔距离在 20m 以内的地块是相通、相连的，即地块间地类界线、行政界线、水渠、田埂、田间道路等阈值范围内地物可以不视为连片地块分割物。

（3）耕地地块连片度计算。在约束条件限制下，利用 ArcGIS 技术手段，通过该软件 Buffer 功能对所有图斑生成 10m 的缓冲区，然后对定义重叠和相交的图斑进行 Merge 合并（图 6.13）。符合该条件的耕地评价单元，不论是边相连还是角相连，都自动形成连片地块，系统可以用不同的颜色和编号表示这些连片地块，为了更为直观地观察到连片度情况，采用标识码注记，对于落在同一片区中的评价单元赋上相同标识码。凌源市耕地连片地块缓冲图如图 6.14 所示。

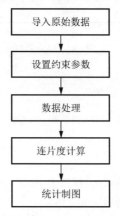

图 6.13　连片度系统运行流程图

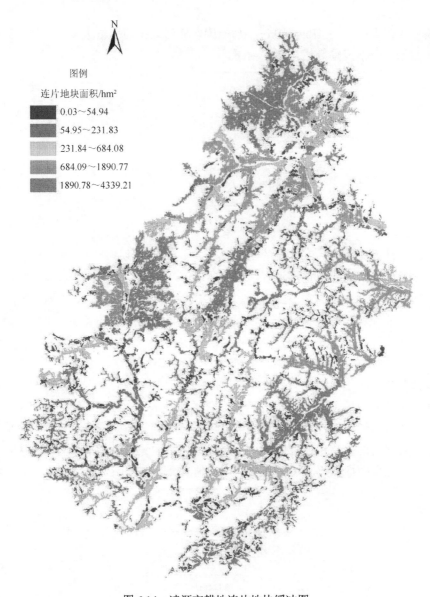

图 6.14 凌源市耕地连片地块缓冲图

2. 耕地连片度分级赋值

通过连片度统计分析，凌源市耕地连片地块为 1990 个，即标识码 I=[1, 1990]，其中最大连片斑块面积为 4339.21hm²，最小连片斑块面积为 0.38hm²，去除不连片的独立单元，通过统计分析得出最小耕地连片地块面积 0.18hm²，最大耕地连片地块面积 4339.21hm²，级差较大，地块零散破碎。对耕地评价单元量化分值计算可采用式（6-9）。

$$f_i = 100(L_i - L_{\min}) / (L_{\max} - L_{\min}) \tag{6-9}$$

式中，L_i 为评价单元连片面积现状值；$L_{\min}$ 为该区域评价单元连片面积最小值；$L_{\max}$ 为该区域评价单元连片面积最大值。

通过上述公式计算后，运用 ArcGIS 的 Classification 功能的 Natural Breaks 命令，将各评价单元分值共计划分为五个分值区间（图 6.15），每个分值区间界定于一定的耕地连片面积范围内，其中 80～100 分内评价单元连片面积范围为 1890.77～4339.21hm²；60～80 分内评价单元连片面积范围为 684.08～1890.77hm²；40～60 分内评价单元连片面积范围为 231.83～684.08hm²；20～40 分内评价单元连片面积范围为 54.94～231.83hm²；小于 20 分的分值区间内评价单元连片面积范围均小于 54.94hm²。耕地各评价单元连片度面积及各乡（镇）分布如表 6.7 所示。

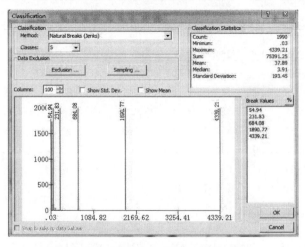

图 6.15 GIS 软件中连片度分级截图

表 6.7 凌源市各乡镇耕地连片度评价结果统计

乡镇	小于 20 分 /hm²	单元图斑数/个	20～40 分 /hm²	单元图斑数/个	40～60 分 /hm²	单元图斑数/个	60～80 分 /hm²	单元图斑数/个	80～100 分 /hm²	单元图斑数/个
北炉乡	175.21	58	64.85	8			295.58	13	1 437.13	55
城关镇	264.71	93	344.33	17	324.57	14	971.83	48		
大河北乡	440.40	107	1 088.24	77	277.52	17				
大王杖子乡	168.86	68	58.37	2	212.60	12	1 042.23	62		
刀尔登镇	392.01	78	521.75	45	1 111.31	45				
东城街道办事处	14.31	7	94.53	7	184.46	11				
佛爷洞乡	402.14	82	233.39	12	440.17	20				
沟门子镇	420.33	86	342.73	12	1 450.10	65			394.03	20

乡镇	小于 20 分 /hm²	单元图斑数/个	20～40 分 /hm²	单元图斑数/个	40～60 分 /hm²	单元图斑数/个	60～80 分 /hm²	单元图斑数/个	80～100 分 /hm²	单元图斑数/个
河坎子乡	411.05	98	658.52	40						
凌北镇	278.95	94	104.39	14	1 324.30	86	133.98	1		
刘杖子乡	407.98	96	217.50	19	484.04	30			27.39	2
牛营子乡	328.13	74	705.62	60	201.49	22				
前进乡	282.93	92	324.30	38						
热水汤街道办事处	14.96	10	159.72	8					168.80	10
三道河子乡	481.30	128	820.51	51	558.35	25				
三家子蒙古族乡	492.06	149	572.87	20	74.44	5			1 944.91	135
三十家子镇	289.90	101	264.79	9	314.79	20	1 419.42	45	2 791.01	105
四官营子镇	171.64	51	160.10	10	587.07	41	1 774.82	123		
四合当镇	647.29	165	517.65	29			2 034.77	103	289.18	22
松岭子镇	501.72	119	551.25	31	1 022.13	40			84.03	1
宋杖子镇	261.13	88	453.59	35	958.65	34	1 839.31	106	302.87	14
瓦房店乡	367.36	79	499.20	31			813.47	39		
万元店镇	245.33	33	654.95	36	222.00	9	664.42	23	1 089.76	63
乌兰白镇	303.11	61	250.21	20	244.75	13	578.70	27		
小城子镇	47.99	14	74.45	4					2 683.44	86
杨杖子镇	139.75	21	5.64	1						
合计	7 950.55	2 052	9 743.45	611	9 992.74	509	11 568.53	590	11 212.55	513

3. 耕地连片度评价分析

（1）各乡镇耕地连片度计算结果分析。通过对各乡镇耕地连片度统计分析（图 6.16），耕地连片度面积在 1890.77～4339.21hm² 的评价单元面积总计 11 214.55hm²，占市域全部耕地面积的 22.21%。该区间耕地连片度条件较好，主要分布在三十家子镇和小城子镇，耕地评价单元面积分别为 2791.01hm² 和 2683.44hm²，分别占该区间耕地连片面积的 24.89% 和 23.93%，其次为三家子蒙古族乡和北炉乡，分别占该区间耕地连片面积的 17.35% 和 12.81%。该区间范围内耕地评价单元面积占各乡镇比例较大的主要有小城子镇、北炉乡、三家子蒙古族乡和三十家子镇，所占比例分别为 94.60%、72.74%、64.63% 和 58.56%，该区域评价单元个数仅为 513 个，占全部单元数的 12.00%，该区域集中体现地块连片分布，耕作便利，地势相对平坦。

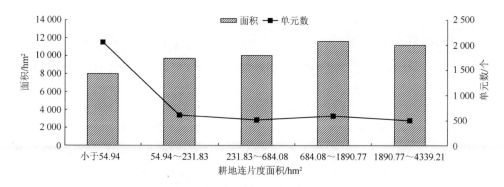

图 6.16　凌源市耕地连片度面积及单元个数统计

耕地连片度面积低于 54.94hm^2 的评价单元面积总计 7954.55hm^2，占市域全部耕地面积的 14.75%，该区间耕地连片度差，几乎为独立单元而不连片。该区间耕地单元在各乡镇均有分布，面积较大的主要分布在四合当镇、松岭子镇和三家子蒙古族乡，耕地评价单元面积分别为 647.29hm^2、501.72hm^2 和 481.30hm^2，分别占该区间耕地连片面积的 8.14%、5.31% 和 5.19%。该区间范围内耕地评价单元面积占各乡镇比例较大的主要有杨杖子镇、佛爷洞乡、刘杖子乡和凌北镇，所占比例分别为 94.46%、63.28%、62.49% 和 53.92%，均占各乡镇耕地比例一半以上。该区域评价单元个数达到 2052 个，占全部单元数的 48.00%，集中体现地块破碎分散，零星分布，耕作便利度差，地势坡度较大。

（2）各地类耕地连片度计算结果分析。通过对各地类耕地连片度统计分析（图 6.17），耕地连片度面积在 1890.77～4339.21hm^2 的旱地评价单元面积最大，总计 8273.55hm^2，占该区间耕地连片面积的 73.78%，占市域全部耕地面积的 15.39%，占全部旱地面积的 21.46%，旱地单元个数为 369 个，占全部旱地单元的 10.43%。该区间旱地集中分布在三十家子镇、小城子镇、北炉乡和三家子满族乡，旱地面积分别为 2699.51hm^2、1500.24hm^2、1304.9hm^2 和 1304.38hm^2，分别占该区间耕地连片面积的 24.07%、13.38%、11.64% 和 11.64%。该区间水浇地评价单元面积为 2893.28hm^2，占该区间耕地连片面积的 24.80%，占市域全部耕地面积的 4.73%，占全部水浇地面积的 24.63%；该区间水浇地集中分布在小城子镇、三家子满族乡和万元店镇，水浇地面积分别为 1172.58hm^2、613.50hm^2 和 564.42hm^2，分别占该区间耕地连片面积的 40.53%、21.20% 和 19.54%。该区间菜地评价单元面积为 47.72hm^2，占该区间耕地连片面积的 4.26%，菜地面积较小，集中分布在北炉乡、三家子满族乡和小城子镇，该区间无水田分布。该区间耕地自然条件较好，地形坡度较小，耕作便利，耕地基础设施条件完善，耕地连片条件较好。

通过对各地类耕地连片度统计分析，耕地连片度面积低于 54.94hm^2 的旱地评价单元面积最大，总计 7162.05hm^2，占该区间耕地连片面积的 90.04%，占市域全部耕地面积的 14.19%，占全部旱地面积的 18.58%，旱地单元个数为 1909 个，占全部旱地单元的 93.03%。该区间旱地集中分布在四合当镇、松岭子镇和三家子满族乡，旱地面积分别为 588.13hm²、500.60hm² 和 488.87hm²，分别占该区间耕地连片面积的 8.21%、5.99% 和 5.83%，旱地分布较为分散零碎。该区间水田、水浇地和菜地评价单元面积较小，分别为 17.05hm²、638.45hm² 和 137.00hm²，分别占该区间耕地连片面积的 0.21%、8.03% 和 1.72%，分别占全市域水田、水浇地和菜地面积的 49.39%、4.65% 和 22.50%。整体分析说明该区间为水田主要分布区，水田连片度总体上低于其他地类，水浇地和菜地在该区域主要零星分布，面积较小，旱地是该区域耕地利用主要类型，旱地面积最大。

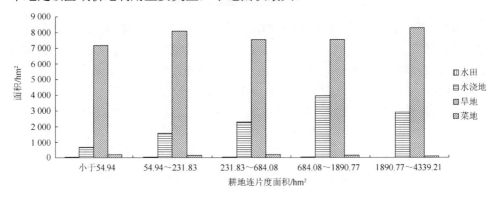

图 6.17　凌源市耕地地类连片度面积统计

4. 小结

（1）本章耕地连片度评价中，通过运用 ArcGIS 软件进行图件矢量数据转栅格数据处理，设置 20m 为地块连片阈值范围约束条件，利用 Buffer 功能进行数据处理，测算耕地连片程度，最后运用 Classification 功能的 Natural Breaks 命令，将连片度分级赋值，并进行实证研究。凌源市耕地连片度共分为五级，其中最小连片度面积级别低于 54.94hm²，最大连片度面积级别位于 1890.77～4339.21hm²，耕地连片度级差显著。

（2）通过对各乡镇耕地连片度统计分析，耕地连片度条件较好的分布区连片度面积在 1890.77～4339.21hm²，该区间评价单元面积总计 11 214.55hm²，占市域全部耕地面积的 22.21%，空间上主要分布在三十家子镇和小城子镇，其次为三家子蒙古族乡和北炉乡。该区间范围内耕地评价单元面积占各乡镇比例较大的主要有小城子镇、北炉乡、三家子蒙古族乡和三十家子镇，该区域集中体现地块连片分布，耕作便利，地势相对平坦。耕地连片度条件较好的分布区位于连片度面积低于 54.94hm² 的区间，该区间评价单元面积总计 7954.55hm²，占市域全部耕地面积的 14.75%，该区间耕地连片度差，几乎为独立单元而不连片。该区间耕地单元在各乡镇均有分布，面积较大的主要分布在四合当镇、松岭子镇和三家子蒙古族乡。该区间范围内耕地评价单元面积占各乡镇比例较大的主要有杨杖子镇、佛爷洞乡、刘杖子乡和凌北镇，集中体现地块破碎分散，零星分布，耕作便利度差，地势坡度较大。

（3）耕地连片度条件较好的地类为旱地，耕地连片度面积在 1890.77～4339.21hm^2 的旱地评价单元面积总计 8273.55hm^2，占该区间耕地连片面积的73.78%，集中分布在三十家子镇、小城子镇、北炉乡和三家子满族乡。该区间水浇地评价单元面积为 2893.28hm^2，占该区间耕地连片面积的 24.80%，集中分布在小城子镇、三家子满族乡和万元店镇。该区间菜地评价单元面积为 47.72hm^2，占该区间耕地连片面积的 4.26%，菜地面积较小，集中分布在北炉乡、三家子满族乡和小城子镇。该区间无水田分布。该区间耕地自然条件较好，地形坡度较小，耕作便利，耕地基础设施条件完善，耕地连片条件较好。耕地连片度条件较差的地类为旱地，耕地连片度面积低于 54.94hm^2 的旱地评价单元面积总计 7162.05hm^2，集中分布在四合当镇、松岭子镇和三家子满族乡，旱地在各乡镇均有分布，分布较为分散零碎。该区间水田、水浇地和菜地评价单元面积较小，分别占全市域水田、水浇地和菜地面积的 49.39%、4.65% 和 22.50%。整体分析说明该区间为水田主要分布区，水田连片度总体上低于其他地类，水浇地和菜地在该区域主要是零星分布，面积较小，而旱地是该区域耕地利用主要类型，旱地面积最大。

6.4.3 耕地景观格局条件评价过程

人类对耕地的干扰受制于社会、经济、气候、地形等诸多因素，但就局地尺度而言，地形条件特别是地面坡度条件是最主要的因素（郭泺等，2006；Wilkinson and Humphreys，2006）。地形坡度条件是限制土地利用和管理的重要客观条件，不同的地形坡度条件形成的耕地景观格局展现了人类对耕地干扰发生频率与强度的现实情景（李秀珍等，2004；孔繁花等，2004）。本章节主要以景观格局理论为指导，借助 GIS 手段、分形理论及景观格局指数方法，划分坡度分级区，研究分析不同坡度及不同地类的耕地景观斑块特征与景观格局稳定性，目的是确定不同坡度级及不同类型耕地利用过程中受人类干扰程度及其景观质量稳定性特征，从耕地景观格局特征和稳定性功能角度为基本农田的划定提供技术指导和理论参考。

1. 数据来源与处理

（1）数据来源。主要数据源包括：1∶50 000 DEM 高程数据，2006 年土地利用变更数据。

（2）数据处理。本章利用 ArcGIS 中 ArcToolbox 的 Dissolve Region 功能，提

取了水田、旱地、水浇地和菜地四种耕地类型，并提取和统计土地变更数据库中的各类耕地面积及其分布；利用 ArcGIS 中 Surface Analysis 模块的 Slope 功能，将耕地坡度数据分为 0°～2°、2°～5°、5°～8°、8°～15°、≥15° 这五个坡度级，生成分级坡度矢量数据和分级坡度图，同时通过 ArcView 中 GeoProcessing 的 Union 功能将土地利用现状数据与分级坡度数据叠加，链接分坡度级数据和土地利用现状数据，建立新的叠加图形数据库，并获得分坡度级的耕地面积及耕地利用类型分布数据。利用景观格局分析软件 Fragstats 和分形理论模型，计算统计不同坡度下耕地景观格局指数和稳定性指数。

2. 景观格局指数选取及计算

景观格局特征研究主要通过选取景观指数定量分析和研究景观斑块特征以及斑块之间的相互关系。景观空间格局指数包括两部分，即景观要素特征指数和景观异质性指数。景观要素特征指数包括用于描述斑块面积、周长和斑块数等特征指标，景观异质性指数包括景观斑块平均最近距离、聚集度指数等特征指标，应用这些指数定量地描述景观格局，可以对不同景观类型进行比较，研究它们结构、功能和过程的异同。

本章在分析耕地景观格局特征时，选取了九个能从不同角度全面反映耕地景观特征的景观指数，包括：斑块类型面积（CA）、景观百分比（PLAND）、斑块数（NP）、最大斑块指数（LPI）、斑块平均面积（AREA-MN）、斑块密度（PD）、边缘密度（ED）、平均最近距离（ENN-MN）、聚集度指数（COHESION）。其中各指标计算公式和景观生态学意义如下所述。

（1）斑块类型面积（total class area，CA）：

$$CA = \sum_{j=1}^{n} a_j(1/10000) \tag{6-10}$$

式中，a_j 是斑块 j 的面积（hm^2），范围为 CA>0。CA 等于同一类型斑块面积之和（m^2），除以 10 000 后转化为某斑块类型的总面积（hm^2）。生态意义：CA 度量的是景观的组分，是研究景观要素特征的主要参数之一，也是计算其他指标的基础。它有很重要的生态意义，CA 影响着单位面积的景观组成和多样性。

（2）景观百分比（percentage of landscape，PLAND）：

$$PLAND = (\sum_{j=1}^{n} a_j)/A \times 100 \tag{6-11}$$

式中，a_j 是斑块 j 的面积（hm^2），A 是景观总面积（m^2），范围为 0<PLAND<100。景观百分比越小，说明景观组成中该斑块类型较少；景观百分比越大，说明某种类型景观斑块分布面积较大，反映了景观的主要构成。

（3）斑块数（number of patch，NP）：

$$NP = n_i \qquad (6\text{-}12)$$

式中，n_i 是类型 i 的斑块数量（个），范围为 NP≥1。NP 在类型级别上等于景观中某一斑块类型的斑块总个数；在景观级别上等于景观中所有的斑块总数。

（4）最大斑块指数（largest patch index，LPI）：

$$LPI = \left[\max_{j=1}^{n}(a_j) \right] / (A \times 100) \qquad (6\text{-}13)$$

式中，a_j 是斑块 j 的面积（m²），范围为 0<LPI<100。LPI 指整个景观被大斑块占据的程度，简单表达景观优势度，指数越大，优势越明显。

（5）斑块平均面积（patch area mean，AREA-MN）：

$$AREA\text{-}MN = \left[\max_{j=1}^{n}(a_j) \right] / n_i / 10000 \qquad (6\text{-}14)$$

式中，a_j 是斑块 j 的面积（hm²），n_i 是类型 i 的斑块数量（个），范围为 AREA-MN>0，无上限。AREA-MN 是景观类型面积和数量的综合测度，表征景观类型的破碎度。

（6）斑块密度（patch density，PD）：

$$PD = \left[n_i / A \right] \times 10000 \times 100 \qquad (6\text{-}15)$$

式中，n_i 是类型 i 的斑块数量（个），A 是景观总面积（km²），范围为 PD>0，无上限。PD 是指景观中某类景观要素的单位面积斑块数。

（7）边缘密度（edge density，ED）：

$$ED = \left[\left(\sum_{j=1}^{n} a_j \right) / A \right] \times 10000 \qquad (6\text{-}16)$$

式中，a_j 是类型 j 的总边缘长度（m），A 是景观总面积（hm²），范围为 ED>0。ED 表示单位面积上的边缘长度，其值大，景观被边界割裂的程度高；反之，景观保存完好连通性高。该指标是景观破碎化程度的直接反映。

（8）平均最近距离（mean euclidean nearest-neighbor index，ENN-MN）：

$$ENN\text{-}MN = \left(\sum_{j=1}^{n} X_{ij} \right) / n_j \qquad (6\text{-}17)$$

式中，X_{ij} 是斑块 ij 之间的距离（m），ENN-MN 在斑块级别上等于从斑块扩到同类型的斑块的最近距离之和除以具有最近距离的斑块总数。

（9）聚集度指数（patch cohesion index，COHESION）：

$$COHESION = \left[1 - \sum_{j=1}^{n} p_j \Big/ \left(\sum_{i=1}^{n} p_j \sqrt{a_j} \right) \right] \left[1 - 1/\sqrt{A} \right]^{-1} \qquad (6\text{-}18)$$

式中，a_j 是斑块 j 的面积，p_j 是斑块 j 的周长，范围为 0<COHESION<100。COHESION 用于测量景观类型的空间连接度，值越大，说明景观空间连通性越高。

3. 耕地斑块类型景观格局特征分析

（1）各坡度级内耕地景观斑块类型特征分析。本章选取的表征耕地景观斑块类型的指标包括：斑块类型面积、景观百分比、斑块数、最大斑块指数和斑块平均面积。

斑块类型面积是研究景观要素特征的主要参数之一，它等于某一斑块类型中所有斑块的面积之和，影响着单位面积的景观组成和多样性。不同时期景观类型斑块大小的构成特征，反映了景观动态变化趋势，也表明了景观稳定性特征。

从表 6.8 统计分析看，在各坡度级范围内，通过对斑块类型面积、景观百分比及斑块数三项指标统计分析，旱地斑块类型面积值、景观百分比及斑块数均比其他地类数值大，其次是水浇地地类。例如，在 0°～2° 坡度级范围内，旱地的斑块类型面积值最大，为 10 697.28hm²，景观百分比为 51.65%，斑块数为 1070 个；水浇地地类斑块类型面积值为 9454.14 hm²，景观百分比为 44.66%，斑块数为 319 个；而菜地和水田的斑块类型面积值及景观百分比值较小，斑块类型面积值分别

表 6.8　凌源市不同坡度级内不同景观要素的景观格局指数统计

景观类型	景观斑块类型指标	各坡度级				
		0°～2°	2°～5°	5°～8°	8°～15°	15°以上
旱地	斑块类型面积（CA）/hm²	10 697.28	6 622.95	8 050.16	10 042.13	14 092.43
	景观百分比（PLAND）/%	51.65	91.19	93.48	94.70	90.34
	斑块数（NP）/个	1 070.00	612.00	770.00	1 094.00	1 830.00
	最大斑块指数（LPI）/%	2.32	4.44	4.26	3.90	1.42
	斑块平均面积（AREA-MN）/hm²	10.00	10.82	10.45	9.18	7.70
水浇地	斑块类型面积（CA）/hm²	9 454.14	603.64	539.66	544.62	1 360.98
	景观百分比（PLAND）/%	44.66	8.31	5.27	4.15	8.72
	斑块数（NP）/个	319.00	59.00	82.00	75.00	137.00
	最大斑块指数（LPI）/%	3.65	0.83	0.41	0.68	0.74
	斑块平均面积（AREA-MN）/hm²	29.64	10.23	5.58	7.18	9.93
菜地	斑块类型面积（CA）/hm²	537.42	24.83	15.45	14.37	140.24
	景观百分比（PLAND）/%	2.60	0.34	0.19	0.14	0.90
	斑块数（NP）/个	35.00	3.00	3.00	7.00	10.00
	最大斑块指数（LPI）/%	0.53	0.19	0.13	0.07	0.46
	斑块平均面积（AREA-MN）/hm²	14.93	8.28	4.48	2.20	14.02
水田	斑块类型面积（CA）/hm²	20.10	11.41	4.49	1.00	4.20
	景观百分比（PLAND）/%	0.10	0.16	0.06	0.01	0.03
	斑块数（NP）/个	7.00	2.00	2.00	1.00	4.00
	最大斑块指数（LPI）/%	0.05	0.14	0.05	0.01	0.01
	斑块平均面积（AREA-MN）/hm²	2.87	4.71	2.75	1.00	1.04

为 537.42hm^2 和 20.10hm^2，景观百分比值分别为 2.60%和 0.10%，斑块数分别为 35 个和 7 个。这说明各坡度级内旱地是耕地景观类型的主体类型，景观类型相对单一。

对于各坡度级内最大斑块指数统计分析，在 0°～2°坡度级范围内，最大斑块指数数值排序为"水浇地＞旱地＞菜地＞水田"。水浇地最大斑块指数为 3.65%，旱地为 2.32%，菜地为 0.53%，水田仅为 0.05%，说明在该坡度级范围内存在较大面积水浇地斑块，景观格局由少数水浇地大斑块控制，水浇地为该坡度级内主要优势景观类型。在其他四个坡度级内，即 2°以上的耕地景观中，旱地最大斑块指数数值均大于其他地类，数值大小排序为"旱地＞水浇地＞菜地＞水田"，说明旱地为 2°以上耕地景观中优势景观类型。

对于各坡度级内斑块平均面积统计分析，在 0°～2°坡度级范围内，斑块平均面积数值排序为"水浇地＞菜地＞旱地＞水田"，水浇地斑块平均面积为 29.64hm^2，菜地斑块平均面积为 14.93hm^2，旱地斑块平均面积为 10.00hm^2，水田斑块平均面积为 2.87hm^2。斑块平均面积大小本身说明在景观级别上一个具有较小斑块平均面积的景观比一个具有较大斑块平均面积的景观更破碎，那么在斑块级别上，一个具有较小斑块平均面积的斑块类型比一个具有较大斑块平均面积的斑块类型更破碎（邓向瑞，2007），因此，在 0°～2°坡度级范围内水浇地和菜地不但分布广、面积大而且连通性较好，构成的斑块面积普遍较大，在很大程度上控制着该区域耕地景观。而在其他四个坡度级内，旱地斑块平均面积数值均大于其他地类，数值大小排序为"旱地＞水浇地＞菜地＞水田"，说明旱地为 2°以上耕地景观的主要控制类型，而水田和菜地分布较为破碎分散，因此旱地景观结构与功能的稳定将直接关系到地表物质流动、能量再分配和生物扩散与迁移等多种生态过程的发生与进行。

（2）耕地景观斑块类型异质性特征分析。异质性是景观重要属性，定量描述景观异质性在景观生态学研究中是必需的（邓向瑞，2007）。由表 6.9 统计分析可见，不同坡度级内，斑块密度指标数值大小排序均为"旱地＞水浇地＞菜地＞水田"，可见旱地的斑块密度均为最大，其斑块密度随着坡度的增加逐级增大，说明在耕地地类中旱地总是以比其他地类更小的斑块状态出现，即旱地斑块密度大，斑块小且分散，大多数斑块是由于人类活动或地形分割而形成的。因此坡度越大，旱地越为破碎分散，尤其是在 0°～2°坡度级范围内，耕地各景观类型斑块密度值有明显差异，异质性较强。

表 6.9　凌源市不同坡度级内耕地斑块类型水平异质性指标统计

地类	斑块水平异质性指标	0°～2°	2°～5°	5°～8°	8°～15°	15°以上
旱地	斑块密度（PD）/%	4.17	8.43	8.94	10.32	11.73
	边缘密度（ED）/%	13.08	2.35	1.55	1.01	2.42

续表

地类	斑块水平异质性指标	0°~2°	2°~5°	5°~8°	8°~15°	15°以上
旱地	平均最近距离（ENN-MN）/m	167.76	322.26	270.28	230.55	142.46
	聚集度指数（COHESION）	98.68	98.77	98.90	98.60	98.23
水浇地	斑块密度（PD）/%	1.54	0.81	0.95	0.72	0.88
	边缘密度（ED）/%	13.23	2.24	1.40	0.94	2.41
	平均最近距离（ENN-MN）/m	304.28	1 580.29	1 794.99	1 850.86	718.66
	聚集度指数（COHESION）	99.16	97.77	97.26	97.72	97.91
菜地	斑块密度（PD）/%	0.17	0.04	0.03	0.07	0.06
	边缘密度（ED）/%	0.60	0.00	0.14	0.07	0.02
	平均最近距离（ENN-MN）/m	1 605.23	37 183.59	16 908.56	1 617.47	4 677.39
	聚集度指数（COHESION）	98.32	97.01	95.31	94.33	98.61
水田	斑块密度（PD）/%	0.03	0.03	0.02	0.01	0.03
	边缘密度（ED）/%	0.12	0.10	0.00	0.00	0.08
	平均最近距离（ENN-MN）/m	1 754.58	1 343.02	2 964.03	0.00	5 644.72
	聚集度指数（COHESION）	94.37	95.12	94.20	90.09	91.25

不同坡度级内，旱地的边缘密度指数值最大，并且随着坡度的增加逐级增大，各地类边缘密度整体呈现逐级减小趋势，在 0°～2° 坡度级范围内，各地类边缘密度最大，受人为干扰较大。

不同坡度级内，平均最近距离最小值均为旱地地类景观，平均最近距离最大值多为菜地水田地类景观，其原因主要是旱地数量大、分布广，且呈团聚分布，相互之间干扰作用较为明显。而水田和菜地斑块面积较小，分布较为离散，相互之间干扰较小。尤其是在 0°～2° 坡度级范围内，旱地和水浇地集中分布，斑块间平均最近距离值最小，分别为 167.76m 和 304.28m，这一结论与耕地类型实际分布情况相符合。

4. 基于景观分形理论的耕地景观格局稳定性分析

20 世纪 70 年代中期，美国哈佛大学教授 B. B. Mandelbrot 在数学研究中引入了分形这一概念，分形理论的发展融入到了自然科学和社会科学研究的各个领域，用分形理论来解释地理学中那些不规则、不稳定和具有高度复杂结构的现象，可以收到显著效果，如在自然地理方面建立了分形地貌学，在人文地理方面开展了诸如城镇体系结构等的研究和探索，取得了很好的效果，通过对景观要素的研究即可达到"窥一斑可见全貌"的效果。而基本农田是由不同的耕地地类构成的，是自然和人类活动双重作用下的产物，具有不规则、相对不稳定性和复杂性特征，可以利用分形方法进行基本农田景观质量稳定性探讨。

（1）研究方法。分形理论用于研究复杂系统的自相似性。一般而言，分形结构有两个明显的特征：第一个特征是自相似性（self-similarity），第二个特征是缺乏平滑性（no-smoothing）。分形特征主要由分维值 D（fractal dimension）来定量描述，分维值推导主要依据 B. B. Mandelbrot 提出的表面积 $S(r)$ 与体积 $V(r)$ 的关系式（徐建华等，2003）：

$$S(r)^{\frac{1}{D}} \sim V(r)^{\frac{1}{3}} \qquad (6\text{-}19)$$

式中，$S(r)$ 为表面积；$V(r)$ 为体积；r 为度量尺度；D 为分形维数（fractal dimension），即分维值。

董连科（1991）用物理量纲分析方法对式（6-19）进行了推导，得出了适应于 n 维欧氏空间关系的分形公式：

$$S(r)\frac{1}{D_{n-1}} = k \times r^{\frac{(n-1-D_{N-1})}{D_{N-1}}} \times V(r)^{\frac{1}{n}} \qquad (6\text{-}20)$$

式中，令 $n = 2$，即可得到二维欧氏空间的面积与周长的分形公式；令 $A(r)$ 代表以 r 为量测尺度的图形面积，$P(r)$ 代表同一图斑的周长，则有式（6-21）：

$$P(r)^{\frac{1}{D}} = k \times r^{\frac{1-D}{D}} \times A(r)^{\frac{1}{2}} \qquad (6\text{-}21)$$

式中，$P(r)$ 为周长；$A(r)$ 为面积；k 为常数；D 为二维欧氏空间中的分形维数。

对式（6-20）予以变换，并同时取以 10 为底的常用对数，则得式（6-22），分形由分维值 D（fractal dimension）来定量描述。常用公式为

$$\ln A(r) = (2 / D)\ln P(r) + C \qquad (6\text{-}22)$$

式中，$A(r)$ 为某一斑块面积；$P(r)$ 为同一斑块周长；D 为分维值；C 为待定常数；该式即为土地利用类型分维公式。根据该式，如果研究区内的土地利用类型的分布具有分形结构，则 $\ln P(r) \sim \ln A(r)$ 散点在一定标度域内的一条直线上，如此就可以通过求取直线的斜率而得到各土地利用类型分维数 D 的值，即 $D = 2/k$（k 为直线斜率）。

（2）数据处理。将 ArcGIS 软件中耕地景观分布图的属性表导入到 Excel 中，可以得到不同坡度级内评价单元的面积和周长。然后将斑块面积和周长进行对数转换，以消除量纲的影响，并将转换后的周长值作为自变量，转换后的面积值作为因变量，根据评价单元的周长和面积统计资料，基于式（6-22），建立耕地各地类图斑周长-面积的双对数散点图，进行一元线性回归分析，得到其拟合直线和相关系数，从而可以用 2 除以直线的斜率得到分维数值，形成分析所需的数据基础。

分维 D 值取值在 $1 \sim 2$，D 值越大，代表图形形状越复杂；当 D=1.5 时，表示图形处于一种自相关为 0 的布朗随机运动状态，即最不稳定状态；D 值越接近 1.5，就表示该景观要素越不稳定。由此，可以定义各景观要素镶嵌结构稳定性指数 SK，SK 值越大，景观结构越稳定。

$$SK = |1.5 - D| \qquad (6\text{-}23)$$

（3）耕地景观类型分形统计结果分析。由表 6.10 统计可知，根据各地类周长-面积双对数图的双对数散点的分布趋势及相关的线性分析过程，可以得出各土地

利用类型的周长-面积的双对数散点在各自相对应的研究标度区间内存在着线性分布的趋势，各土地利用类型的分布具有分形结构，在各自相关的标度区间内，各地类的分维值为常数。对各耕地景观类型分形总体分析，旱地分维值最接近1.5，其次接近1.5分维值的耕地景观类型为菜地，分维值为1.628，相关系数为0.931，稳定性指数为0.128；相比较而言，水浇地和水田的分维值相对较小，分维值分别为1.253和1.108，相关系数分别为0.946和0.893，稳定性指数分别为0.247和0.392。从耕地景观类型总体上分析，旱地和菜地景观类型的平均分维值为1.6005，可见旱地和菜地分维值最大，稳定性指数最小，受到的人为干扰程度最弱；相反，水浇地和水田景观类型的平均分维值为1.1805，可见水浇地和水田的分维值最小，稳定性指数最大，反映其景观结构最稳定，受人为干扰程度最强。

表 6.10 凌源市各耕地景观类型分维值和稳定性指数统计

耕地类型	分维值	稳定性指数 SK	相关系数 R	拟合直线	样本数
水田	1.108	0.392	0.893	$y = 1.805x - 2.4758$	15
旱地	1.573	0.073	0.947	$y = 1.2715x + 0.9525$	3539
水浇地	1.253	0.247	0.946	$y = 1.5956x - 0.7065$	667
菜地	1.628	0.128	0.931	$y = 1.2282x + 1.8598$	55

分维值在1.30～1.70的各耕地类型的面积占全部耕地总面积的77.57%，这些数值说明当前凌源市耕地利用总的发展趋势仍是随机的，自然因素仍起着决定性的制约作用；而要改变目前这一耕地利用的随机趋势，就要求在进行耕地保护和划定基本农田时，要考虑加强基于自然地理条件的人为合理干涉措施和管理，以使得耕地利用按一定的方向合理、科学地发展，即在人为合理因素的干涉下，形成基于自然地理条件的规划科学、布局合理的各类人工分形体。按照不同坡度级范围耕地景观类型分维值和稳定性指数统计（表6.11），各坡度级范围内，由于大于2°的水田和菜地面积较小，地块零碎，各坡度级样本数量不足，分维值仅计算水浇地和旱地景观的数值。总体分析，在2°以上的四个坡度级中，旱地类型的分维值均大于水浇地景观类型，旱地类型的稳定性指数均小于水浇地景观类型，说明在该坡度级内人们对水浇地的干扰性大于旱地，对水浇地的改造和利用充分。在该四个坡度级范围内，旱地面积总计 29 585.66hm^2，水浇地面积总计 2687.02hm^2。

表 6.11 不同坡度级耕地景观类型分维值和稳定性指数统计表

坡度等级	耕地类型	分维值	稳定性指数 SK	相关系数 R	拟合直线	样本数
0°～2°	水田	1.055	0.445	0.709	$y = 1.896x - 3.3849$	9
	旱地	1.416	0.084	0.951	$y = 1.4182x + 0.1696$	861
	水浇地	1.285	0.215	0.940	$y = 1.5561x - 0.3226$	369
	菜地	1.546	0.046	0.948	$y = 1.2933x + 1.4339$	37

坡度等级	耕地类型	分维值	稳定性指数 SK	相关系数 R	拟合直线	样本数
2°～5°	水田	—	—	—	—	2
	旱地	1.490	0.010	0.963	$y = 1.342x + 0.5624$	415
	水浇地	1.240	0.260	0.938	$y = 1.6129x - 0.8234$	51
	菜地	—	—	—	—	3
5°～8°	水田	—	—	—	—	2
	旱地	1.533	0.033	0.965	$y = 1.3043x + 0.6742$	427
	水浇地	1.216	0.284	0.971	$y = 1.6451x - 1.0627$	74
	菜地	—	—	—	—	3
8°～15°	水田	—	—	—	—	1
	旱地	1.596	0.096	0.966	$y = 1.2535x + 0.9847$	671
	水浇地	1.318	0.182	0.945	$y = 1.5178x - 0.2489$	63
	菜地	—	—	—	—	4
大于 15°	水田	—	—	—	—	5
	旱地	1.596	0.096	0.961	$y = 1.2528x + 0.9104$	1165
	水浇地	1.298	0.202	0.960	$y = 1.5407x - 0.4913$	100
	菜地	—	—	—	—	8

在耕地各地类样本充足的 0°～2° 坡度级内,耕地各地类景观类型分维值排序为"菜地>旱地>水浇地>水田",稳定性指数排序为"水田>水浇地>旱地>菜地",说明水田和水浇地相对规则,受社会经济发展影响因素较大,菜地地块较小,分布零散,旱地主要受自然条件因素影响,人们对其的利用和改造主要考虑其地形、土壤等自然条件优劣,因此在该坡度级内水田和水浇地受人为干扰强度大于旱地和菜地。该区域水田主要分布在小城子镇,面积为 13.67hm²;水浇地主要分布在大王杖子乡、宋杖子镇、小城子镇,该坡度级范围内水浇地总面积 8603.6hm²,其中大王杖子乡水浇地面积 5164.35hm²,占该坡度级全部水浇地面积的 60.04%,宋杖子镇水浇地面积 690.15hm²,占该坡度级全部水浇地面积的 8.02%,小城子镇水浇地面积 2748.10hm²,占该坡度级全部水浇地面积的 31.94%;菜地主要分布在凌北镇,面积 451.12hm²。

从同一地类在不同坡度级的分维值和稳定性指数统计来看(表 6.11,图 6.18),水田和菜地仅在 0°～2° 有典型集中分布,水田和菜地总面积为 464.79hm²,占全区域水田和菜地总量的 72.23%,该坡度级内水田和菜地景观类型稳定性相对较高,人们对其利用充分,地块整理规则,投入较高,该坡度级内景观结构最稳定,受人为干扰程度最强,水田和菜地在其他坡度级内仅是随自然条件优劣呈自然零星布局,随机分布。水浇地在 0°～8° 三个坡度级范围内,分维值随坡度逐级减小,稳定性指数逐级增加,平均分维值为 1.247,该坡度级水浇地面积为 9627.05hm²,占全部水浇地总面积的 84.26%,而在 8° 以上的坡度级内,水浇地景观类型平均分维值为 1.308,面积为 1663.57hm²,占全部水浇地总面积的 14.73%,说明 8° 以下的坡度级内水浇地受社会发展因素影响较大,集约化规模化利用程度较高,地块规则。而旱地景观类型在2°～8°的两个坡度级范围内，旱地景观类型分维值最大，稳定性指数最小，该坡度级旱地景观类型平均分维值为1.512，旱地面积为11 797.25hm²，占全部旱地总面积的30.60%，旱地景观结构不稳定，旱地结构布局受自然条件影响较大，尤其是受地形坡度和土层厚度影响，人们对旱地的利用主要依赖于该坡度级内优越的自然条件，而人为对地块的规则程度影响较小，干扰强度较弱；其次在0°～2°坡度级范围内，旱地景观稳定性次之，稳定性指数为0.084，该坡度级旱地景观类型平均分维值为1.416，旱地面积为8964.08hm²，占全部旱地总面积的23.25%，该坡度级内自然条件优越，旱地利用主要受社会经济发展因素影响，人为利用程度较高，对旱地的投入产出的经济干扰程度强。而在大于8°的坡度级范围内的旱地景观分维值最小，均为1.596，稳定性指数最大，均为0.096，该坡度级旱地面积为17 790.17hm²，占全部旱地总面积的45.15%，其中8°～15°坡度级内旱地面积为7534.24hm²，占全部旱地总面积的19.55%，15°以上坡度级内旱地面积为10 254.93hm²，占全部旱地总面积的25.60%。由于该坡度级内旱地自然条件较差，因此在该坡度级内，人们对旱地地块选址、地块形状规则度等方面干扰较大，该区域主要是旱地自然条件影响人们的利用行为。

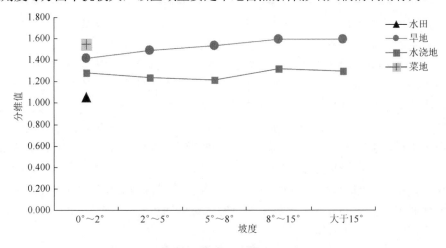

图6.18　不同坡度级耕地景观类型分维值对比

5. 耕地景观质量评价赋值

耕地景观格局稳定性评价作为耕地立地条件评价一部分，为了便于比较，与其他两个立地条件一样，需要建立量化标准，进行评价结果赋值。综合国内外文献研究，本章拟在基于生态利用景观生态指数理论和分形理论对耕地景观格局特征进行分析基础上，采用平均值法进行评价指标及评价结果赋值。主要步骤如下：

（1）分坡度级对各景观指数评价结果进行地类之间对比，以地类为标准赋值；

（2）对 0°～2°坡度级内实行景观指标级差式赋值，各地类赋值标准为[40，60，80，100]；

（3）对 2°以上坡度级内实行景观指标级差式赋值，各地类级差分值均小于 0°～2°坡度级值，各地类赋值标准为[20，40，60，80]；

（4）分坡度级采用平均值法计算各耕地地类景观质量分值。依据对耕地景观格局特征及稳定性的研究结果，具体赋值如表 6.12 所示。

表 6.12   景观格局特征评价分值统计

景观特征	景观指标	坡度级	水田	旱地	水浇地	菜地
耕地景观类型特征分析	耕地景观斑块类型面积、景观百分比及斑块数	0°～2°	40	100	80	60
		2°以上	40	100	80	60
	最大斑块指数	0°～2°	40	60	100	80
		2°以上	20	80	60	40
	斑块平均面积	0°～2°	40	60	100	80
		2°以上	20	80	60	40
耕地景观斑块类型异质性特征	斑块密度	0°～2°	40	100	80	60
		2°以上	20	80	60	40
	边缘密度	0°～2°	40	100	80	60
		2°以上	20	80	60	40
	平均最近距离	0°～2°	40	100	80	60
		2°以上	20	80	60	40
耕地景观类型分形	分维值和稳定性指数	0°～2°	100	60	80	40
		2°以上	20	60	80	40
平均值		0°～2°	48.57	82.86	84.71	62.86
		2°以上	22.86	80.00	64.71	42.86

6. 小结

（1）本章对于耕地景观格局评价研究，首先提出坡度是限制耕地利用的主要因素，影响了耕地景观特征以及景观质量稳定性，以此为基础利用 ArcGIS 和 Fragstats 软件，划分耕地坡度级，选取景观斑块的特征指数和景观异质性指数，分析耕地景观格局特征以及受人为干扰程度，并以分形理论为指导，研究分析耕地景观质量的稳定性，从耕地景观格局特征以及稳定性角度为基本农田划定提供技术指导和理论参考，并进行了实证研究分析。

（2）通过对耕地景观类型特征分析，在各坡度级范围内，耕地景观斑块类型面积、景观百分比及斑块数三项指标数值均为旱地最大，水浇地次之，因此各坡度级内旱地是耕地景观类型的主体类型，对耕地景观的贡献率最大。对于各坡度级内最大斑块指数统计分析，在 0°～2°坡度级范围内，最大斑块指数数值排序为"水浇地＞菜地＞旱地＞水田"，因此在该坡度级范围内水浇地为主要优势景观类型。在 2°以上其他四个坡度级内的耕地景观中，最大斑块指数数值排序为"旱地＞水浇地＞菜地＞水田"，因此旱地为 2°以上的耕地景观中的优势景观类型。对于各坡度级内斑块平均面积统计分析，在0°～2°坡度级范围内，斑块平均面积数值排序为"水浇地＞菜地＞旱地＞水田"，因此，在0°～2°坡度级范围内水浇地和菜地不但分布广、面积大而且连通性较好，构成的斑块面积普遍较大，在很大程度上控制着该区域耕地景观。而在2°以上其他四个坡度级内，耕地景观斑块平均面积数值排序为"旱地＞水浇地＞菜地＞水田"，说明水田和菜地分布较为破碎分散。

（3）通过对耕地景观斑块类型异质性特征分析，不同坡度级范围内，斑块密度指标数值大小排序均为"旱地＞水浇地＞菜地＞水田"，可见旱地的斑块密度均为最大，其斑块密度随着坡度的增加逐级增大，坡度越大，旱地越为细碎，在0°～2°坡度级范围内，耕地各景观类型斑块密度值有明显差异，异质性较强。不同坡度级范围内，边缘密度指标数值大小排序均为"旱地＞水浇地＞菜地＞水田"，并且随着坡度的增加逐级增大，各地类边缘密度整体呈现逐级减小趋势，在0°～2°坡度级范围内，各地类边缘密度最大，受人为干扰较大。不同坡度级范围内，平均最近距离最小值均为旱地地类景观，平均最近距离最大值多为菜地、水田地类景观，其原因主要是旱地数量大、分布广，且呈团聚分布，相互之间干扰作用较为明显，水田和菜地斑块面积较小，分布较为离散，相互之间干扰较小。

（4）通过对耕地景观类型分形分析，整体而言旱地和菜地景观类型分维值最大，分维值相对值接近1.5，稳定性指数最小，受到的人为干扰程度最弱；水浇地和水田景观类型的分维值最小，稳定性指数最大，反映其景观结构最稳定，受人为干扰程度最强。而分维值在1.30～1.70的各耕地类型的面积占全部耕地总面积的77.57%，说明目前凌源市耕地利用总的发展趋势仍是随机的，自然因素仍起着决定性的制约作用。在进行耕地保护和在划定基本农田时，要考虑加强基于自然地理条件的人为合理干涉措施，以使得耕地利用按一定的方向合理、科学地发展。

对于在不同坡度级的耕地地类分维值和稳定性指数统计分析，在0°～2°坡度级内，耕地各地类景观类型分维值排序为"菜地＞旱地＞水浇地＞水田"，稳定性指数排序为"水田＞水浇地＞旱地＞菜地"，水田和水浇地相对规则，受社会经济发展影响因素较大，菜地地块较小，分布零散，旱地主要受自然条件因素影响，在该坡度级内水田和水浇地受人为干扰强度大于旱地和菜地。在2°以上的四个坡度级内，菜地和水田样本数较少，不予统计，旱地类型的分维值均大于水浇地景观类型，旱地类型的稳定性指数均小于水浇地景观类型，在该坡度级内人们对水浇地的干扰大于旱地，对水浇地的改造和利用更充分。

对于同一地类在不同坡度级的分维值和稳定性指数统计而言，水田和菜地仅在0°～2°有典型集中分布，该坡度级内水田和菜地景观类型稳定性相对较大，人们对其利用充分，地块整理规则，受人为干扰程度最强，水田和菜地在其他坡度级内仅是随自然条件优劣呈自然零星布局，随机分布；水浇地在0°～8°三个坡度级范围内，分维值随坡度逐级减小，稳定性指数逐级增加，在8°以上的坡度级内，水浇地景观类型分维值较大,稳定性指数较小,说明 8°以下的坡度级内水浇地比 8°以上水浇地受社会发展因素影响更大,集约化规模化利用程度较高,地块规则;旱地景观类型在 2°~8°的两个坡度级范围内,旱地景观类型分维值最大,稳定性指数最小,其次在 0°~2°坡度级范围内,旱地景观稳定性次之,而在大于 8°的坡度级范围内的旱地景观分维值最小,稳定性指数最大,旱地在各坡度级范围内都呈随机分布状态,旱地开发利用主要由耕地自然条件要素决定。

6.4.4 耕地立地条件评价过程

本章前三节研究内容主要进行耕地立地条件中单一条件的评价,评价结果表明(表 6.13,表 6.14),各项立地条件在各地类及乡镇分析中优劣各有异同,用某单一条件评价结果不足以说明耕地综合立地条件的优劣,因此有必要建立综合的耕地立地条件评价体系,对耕地综合立地条件评价分析,能够保障划定的基本农田与周围立地环境条件的协调性。

表 6.13 分乡镇汇总凌源市立地条件单项指标评价

三项立地条件状况	分布乡镇
经济发展条件较好	三十家子镇、宋杖子镇和城关镇
连片度较好	三十家子镇、小城子镇、三家子蒙古族乡、北炉乡
景观质量稳定性较好	0°~2°坡度级内乡镇
经济发展条件较差	小城子镇、乌兰白镇、四官营子镇、松岭子镇、北炉乡、大王杖子乡、刀尔登镇、东城街道办事处、沟门子镇、凌北镇、四合当镇、瓦房店乡和万元店镇
连片度较差	四合当镇、松岭子镇和三家子蒙古族乡
景观质量稳定性较差	2°~5°坡度级内乡镇

表 6.14 分地类汇总凌源市立地条件单项指标评价

三项立地条件状况	地类	分布乡镇
经济发展条件较好	水浇地	宋杖子镇、四官营子镇、小城子镇和四合当镇
	旱地	四官营子镇、松岭子镇、小城子镇、沟门子镇、万元店镇和北炉乡
	菜地	城关镇和凌北镇
连片度较好	旱地	三十家子镇、小城子镇、北炉乡和三家子满族乡
	水浇地	小城子镇、三家子满族乡和万元店镇
	菜地	北炉乡、三家子满族乡和小城子镇
景观质量稳定性较好	水田>水浇地>旱地>菜地	0°~2°坡度级内乡镇
经济发展条件较差	水田	三道河子乡
连片度较差	旱地	四合当镇、松岭子镇和三家子满族乡
景观质量稳定性较差	水浇地>旱地>菜地>水田	2°~5°坡度级内乡镇

1. 耕地立地条件评价体系构建

本章中设定的耕地立地条件主要包括社会经济发展条件、耕地连片度条件、耕地景观格局条件。构建耕地立地条件评价体系实质是建立社会经济发展条件、耕地连片度条件和耕地景观格局条件综合评价体系，即社会经济发展条件、耕地连片度条件、耕地景观格局条件构成耕地立地条件评价体系的三项评价指标。对于耕地评价单元的各指标评价分值在上述三个指标评价研究中都已量化计算。

2. 耕地立地条件评价指标权重确定

耕地立地条件评价指标权重同样是由德尔菲法确定，权重结果如表 6.15 所示。

表 6.15　耕地立地条件评价指标权重

耕地立地条件评价指标	指标权重
社会经济发展指标	0.26
耕地连片度指标	0.41
耕地景观格局指标	0.33

3. 耕地立地条件评价方法构建

本章主要运用综合指数模型进行耕地立地条件评价，并以此评价分值结果对凌源市耕地立地条件分析研究。计算公式如下：

$$S_{ij} = \sum_{j=1}^{n} W_{ij}F_{ij} \tag{6-24}$$

式中，S_{ij} 为第 i 个评价单元第 j 个耕地立地条件指标综合评价分值；W_{ij} 为第 i 个评价单元第 j 个耕地立地条件评价指标的权重；F_{ij} 为第 i 个评价单元第 j 个耕地立地条件评价指标的分值。

应用该模型计算得到各评价单元耕地立地条件指标综合评价分值，按照等间距法，以 10 分为间距，将凌源市耕地立地条件划分为 7 个分值区间。各分值区间的耕地面积及在各乡（镇）分布如表 6.16、表 6.17、图 6.19 所示。

表 6.16　凌源市各乡镇耕地立地条件评价统计　　　　　单位：hm²

乡镇	20~30 分	30~40 分	40~50 分	50~60 分	60~70 分	70~80 分	大于 80 分	合计
北炉乡			164.13	77.93	61.80	468.63	1 203.28	1 975.77
大河北乡		119.33	775.65	905.79	3.39			1 804.16
城关镇		5.08	89.96	274.90	337.55	944.44	254.51	1 906.44
大王杖子乡			138.52	88.71	539.83	714.00		1 481.06
刀尔登镇	1.61		370.92	674.43	962.28	14.83		2 024.07
东城街道办事处			14.07	54.33	224.90			293.30

续表

乡镇	20～30分	30～40分	40～50分	50～60分	60～70分	70～80分	大于80分	合计
佛爷洞乡	5.07		607.02	384.03	78.58			1 074.70
沟门子镇		3.31	288.79	439.18	1 275.95	204.93	394.03	2 606.19
河坎子乡		362.16	707.41					1 069.57
凌北镇			194.17	188.93	1 323.54	133.98		1 840.62
刘杖子乡		38.47	407.03	552.15	111.87	22.83	4.56	1 136.91
牛营子乡		1.52	419.75	709.95	104.02			1 235.24
前进乡		29.23	374.38	203.62				607.23
热水汤街道办事处			79.45	95.23		168.80		343.48
三道河子乡	5.18	81.22	712.06	844.98	214.72			1 858.16
三家子蒙古族乡		67.30	887.28	143.42	41.37	1 154.08	790.83	3 084.28
三十家子镇			118.97	380.40	298.36	1 542.27	2 741.91	5 081.91
四官营子镇		3.74	162.69	180.44	654.74	1 692.02		2 693.63
四合当镇		2.83	625.80	534.31	717.89	1 319.64	285.42	3 485.89
松岭子镇			462.72	590.25	1 022.13		84.03	2 159.13
瓦房店乡		3.49	472.16	390.91	254.50	557.97		1 679.03
宋杖子镇			95.48	504.63	879.13	1 619.81	714.50	3 813.55
万元店镇			320.95	575.06	258.33	968.18	753.94	2 876.46
乌兰白镇		1.98	304.92	245.42	247.76	574.69		1 374.77
小城子镇			49.15	74.29		445.88	2 235.56	2 804.88
杨杖子镇		52.30	87.45	5.64				145.39
合计	11.86	771.96	8 930.88	9 118.93	9 612.64	12 546.98	9 462.57	50 455.82

表 6.17 凌源市耕地地类立地条件评价统计 单位：hm²

地类	20～30分	30～40分	40～50分	50～60分	60～70分	70～80分	大于80分	合计
水田	7.79	21.35	2.11		3.27			34.52
水浇地	5.07	81.44	1 140.41	1 100.41	2149	3 778.42	3 034.87	11 289.62
旱地		603.57	7667.9	7 931.33	7 244.51	8 671.73	6 431.7	38 550.74
菜地		65.6	124.46	94.19	219.86	102.83		606.94
合计	12.86	771.96	8 934.88	9 125.93	9 616.64	12 552.98	9 466.57	50 481.82

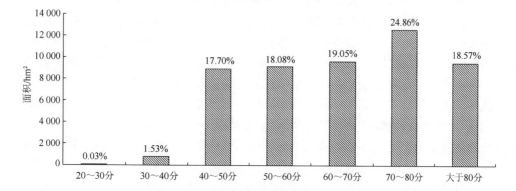

图 6.19 凌源市耕地立地条件评价统计

4. 耕地立地条件评价结果分析

（1）各乡镇耕地立地条件评价结果分析。通过对各乡镇耕地立地条件评价分值统计，耕地立地条件中综合分值大于 80 分的耕地，属于立地条件较优的耕地，该分值区间耕地面积为 9465.57hm²，占全部耕地面积的 18.75%，主要分布在三十家子镇、小城子镇和北炉乡，面积分别为 2741.91hm²、2235.56hm² 和 1203.28hm²，分别占该区间耕地总面积的 28.96%、23.62%和 12.71%；该分值区间耕地所占各乡镇比例较大的为小城子镇、北炉乡和三十家子镇，比例分别为 79.68%、60.90%和 53.95%。

耕地立地条件中综合分值 60～80 分的耕地，属于立地条件中等的耕地，其中耕地立地条件中综合分值 70～80 分的耕地面积为 12 552.98hm²，占全部耕地面积的 24.86%，主要分布在四官营子镇、宋杖子镇、三十家子镇和四合当镇，面积分别为 1692.02hm²、1619.81hm²、1542.27hm² 和 1319.64hm²，分别占该区间耕地总面积的 13.48%、12.90%、12.29%和 10.51%；该分值区间耕地所占各乡镇比例较大的为四官营子镇、城关镇、热水汤街道办事处、大王杖子乡、宋杖子镇和乌兰白镇，比例分别为 62.79%、49.54%、49.00%、48.24%、42.45%和 41.81%。耕地立地条件中综合分值 60～70 分的耕地面积为 9617.64hm²，占全部耕地面积的 19.05%，主要分布在凌北镇和沟门子镇，面积分别为 1323.54hm² 和 1275.95hm²，分别占该区间耕地总面积的 13.76%和 13.28%；该分值区间耕地所占各乡镇比例较大的为东城街道办事处、凌北镇和沟门子镇，比例分别为 75.42%、71.87%和 48.98%。

耕地立地条件综合分值小于 60 分的耕地，属于立地条件较差的耕地，该区间耕地立地条件分值集中分布在 40～50 分和 50～60 分，面积总计 18 848.63hm²，占凌源市全部耕地面积的 37.33%，而且该区间耕地在凌源市各个乡镇均有不同程度分布，耕地分布面积较大的乡镇主要有大河北乡和三道河子乡，面积分别为 1802.77hm² 和 1644.44hm²，分别占该区间耕地总面积的 9.56%和 8.72%；河坎子乡、杨杖子乡和前进乡耕地全部在该分值区间，比例为 100%，其次占各乡镇比例较大的还有大河北乡、佛爷洞乡、牛营子乡、三道河子乡和刘杖子乡，比例分别为 99.81%、92.69%、91.50%、88.40%和 87.75%，上述乡镇耕地立地条件均较差。

综合各乡镇耕地立地条件分析，耕地立地条件综合评价分值较高，耕地立地条件较优，耕地立地条件中的三项指标均较优或者至少两项指标较优，该区间立地条件中社会经济发展条件平均分值为 54.74 分，连片度条件平均分值为 100 分，景观质量稳定性平均分值为 82.27 分；而耕地立地条件综合评价分值较低，耕地立地条件较差，耕地立地条件中的三项指标分值均相对较低，三项指标中至少两项指标评价分值低于 65 分，该区间立地条件中社会经济发展条件平均分值为

41.28 分，连片度条件平均分值为 24.56 分，景观质量稳定性平均分值为 79.02 分。

（2）耕地地类立地条件评价结果分析。立地条件较优的耕地类型为旱地和水浇地，立地条件分值均为 80 分以上。其中，旱地面积为 6431.70hm²，占该分值区间耕地面积的 67.94%，占全部旱地面积的 15.68%，主要分布在三十家子镇、北炉乡和小城子镇，面积为 2699.51hm²、1177.12hm² 和 1067.31hm²，分别占该区间旱地面积的 41.97%、18.30% 和 15.59%；水浇地面积为 3034.87hm²，占全部水浇地面积的 25.88%，主要分布在小城子镇，面积为 1169.25hm²，占该区间水浇地总面积的 38.53%。

立地条件较差的耕地类型为水田、菜地、旱地和水浇地。其中，该分值区间水田面积 31.25hm²，占全部水田面积的 90.53%，比例最大，主要分布在三道河子乡，面积为 18.95hm²，占该分值区间水田总面积的 60.64%；其次为菜地，该分值区间菜地面积 285.25hm²，占全部菜地面积的 47.01%，主要分布在城关镇，面积为 139.12hm²，占该分值区间菜地总面积的 48.60%；而该分值区间旱地面积最大，为 16 202.8hm²，占全部旱地面积的 42.03%，占该分值区间耕地面积的 84.96%，主要分布在大河北乡、三道河子乡、四合当镇、三家子蒙古族乡、河坎子乡、松岭子镇和牛营子乡，面积总计 8064.30hm²，占该分值区间旱地面积的 49.78%；比例最小的为水浇地，该分值区间水浇地面积 2328.33hm²，占全部水浇地面积的 20.62%，主要分布在大河北乡、前进乡、刀尔登镇和三道河子乡，面积分别为 348.19hm²、331.41hm²、324.44hm² 和 304.89hm²，分别占该区间水浇地面积的 14.95%、14.23%、13.93% 和 13.09%。

综合耕地地类立地条件分析，耕地立地条件较优区间的水浇地和旱地，综合评价分值较高，耕地立地条件中的三项指标均较优或者至少两项指标较优，该区间旱地立地条件中社会经济发展条件平均分值为 57.54 分，连片度条件平均分值为 99.12 分，景观质量稳定性平均分值为 81.67 分；该区间水浇地立地条件中社会经济发展条件平均分值为 58.13 分，连片度条件平均分值为 94.49 分，景观质量稳定性平均分值为 84.73 分。

而耕地立地条件较差区间的各地类比较中，水田所占比例最高，水浇地所占比例最小，该区间面积规模最大的为旱地，综合评价分值较低，耕地立地条件较差，耕地立地条件中的三项指标分值均相对较低，三项指标中至少两项指标评价分值低于 50 分。该区间水田立地条件中社会经济发展条件平均分值为 37.36 分，连片度条件平均分值为 33.33 分，景观质量稳定性平均分值为 32.44 分；该区间菜地立地条件中社会经济发展条件平均分值为 54.75 分，连片度条件平均分值为 28.00 分，景观质量稳定性平均分值为 54.43 分；该区间旱地立地条件中社会经济发展条件平均分值为 40.85 分，连片度条件平均分值为 24.79 分，景观质量稳定性平均分值为 80.37 分；该区间水浇地立地条件中社会经济发展条件平均分值为

43.58 分，连片度条件平均分值为 32.52 分，景观质量稳定性平均分值为 71.64 分。

5. 小结

（1）耕地立地条件评价体系是在耕地社会经济条件、耕地连片度条件和耕地景观格局条件三个立地条件评价基础上构建的，主要采用综合指数模型方法开展的耕地立地条件综合评价，该评价结果是对耕地综合立地特征的评价分析，可以科学认识耕地立地环境优劣，并以此方法为指导进行了实证研究分析。

（2）通过对各乡镇耕地立地条件评价分值统计分析，立地条件较优的耕地主要分布在三十家子镇、小城子镇和北炉乡，耕地所占各乡镇比例较大的乡镇排序为小城子镇、北炉乡和三十家子镇。耕地立地条件中等的耕地主要分布在四官营子镇、宋杖子镇、三十家子镇和四合当镇，耕地所占各乡镇比例较大的乡镇排序为四官营子镇、城关镇、热水汤街道办事处、大王杖子乡、宋杖子镇和乌兰白镇。耕地立地条件较差的耕地在凌源市各个乡镇均有不同程度分布，耕地分布面积较大的乡镇主要有大河北乡和三道河子乡，而河坎子乡、杨杖子乡和前进乡耕地全部在该分值区间，其他各乡镇还有大河北乡、佛爷洞乡、牛营子乡、三道河子乡和刘杖子乡，立地条件较差的耕地比例也较大。

综合各乡镇耕地立地条件分析表明，较优的耕地立地条件，综合评价分值较高，耕地立地条件中的三项指标均较优或者至少两项指标较优，通过计算，立地条件中社会经济发展条件平均分值为 54.74 分，连片度条件平均分值为 100 分，景观质量稳定性平均分值为 82.27 分；而较差耕地立地条件，综合评价分值较低，通过计算，耕地立地条件中的三项指标分值均相对较低，三项指标中至少两项指标评价分值低于 65 分，该区间立地条件中社会经济发展条件平均分值为 41.28 分，连片度条件平均分值为 24.56 分，景观质量稳定性平均分值为 79.02 分。

（3）通过耕地地类立地条件分析表明，立地条件较优的耕地类型为旱地和水浇地，其中旱地主要分布在三十家子镇、北炉乡和小城子镇，水浇地主要分布在小城子镇。立地条件较差的耕地类型为水田、菜地、旱地和水浇地，所占各地类比例排序为水田>菜地>旱地>水浇地，其中水田主要分布在三道河子乡，菜地主要分布在城关镇，旱地主要分布在大河北乡、三道河子乡、四合当镇、三家子蒙古族乡、河坎子乡、松岭子镇和牛营子乡，水浇地主要分布在大河北乡、前进乡、刀尔登镇和三道河子乡。

综合耕地地类立地条件分析，通过计算，耕地立地条件较优区间的旱地立地条件中社会经济发展条件平均分值为 57.54 分，连片度条件平均分值为 99.12 分，景观质量稳定性平均分值为 81.67 分；水浇地立地条件中社会经济发展条件平均分值为 58.13 分，连片度条件平均分值为 94.49 分，景观质量稳定性平均分值为 84.73 分，总体比较水浇地立地条件优于旱地。

耕地立地条件较差区间的各地类，综合评价分值较低，耕地立地条件中的三项指标分值均相对较低，三项指标中至少两项指标评价分值低于 50 分。通过计算，耕地立地条件较差区间的水田立地条件中社会经济发展条件平均分值为 37.36 分，连片度条件平均分值为 33.33 分，景观质量稳定性平均分值为 32.44 分；菜地立地条件中社会经济发展条件平均分值为 54.75 分，连片度条件平均分值为 28.00 分，景观质量稳定性平均分值为 54.43 分；旱地立地条件中社会经济发展条件平均分值为 40.85 分，连片度条件平均分值为 24.79 分，景观质量稳定性平均分值为 80.37 分，水浇地立地条件中社会经济发展条件平均分值为 43.58 分，连片度条件平均分值为 32.52 分，景观质量稳定性平均分值为 71.64 分，总体比较水田立地条件最差，其次为菜地、旱地和水浇地。

6.5 耕地质量与立地条件综合评价

基本农田划定中既要考虑耕地自然因素条件，还要考虑耕地立地环境因素条件。通过耕地质量评价可以科学掌握耕地的自然质量条件，而通过耕地立地条件评价可以科学分析影响耕地稳定性的外界环境条件，因此开展耕地质量评价和立地条件评价综合研究分析，既可以了解和掌握耕地自然质量，又可以了解和掌握耕地立地环境特征，保障了划定的基本农田既具有良好的自然质量条件，又具有稳定协调的立地环境条件。

6.5.1 耕地质量与立地条件综合评价体系构建

耕地质量与立地条件综合评价体系主要是由耕地质量评价体系和立地条件评价体系两部分构成，这两个体系间权重比例关系可以灵活设定。该综合评价体系为不同的管理目标服务时，各地方在具体应用过程中可以根据自己的价值取向适当调整耕地质量评价体系和立地条件评价体系的权重比例，如 1∶3、1∶1、2∶1 等。例如，美国 LESA 体系用于耕地保护目时，LE 与 SA 分值按照 1∶2 的权重比例确定 LESA 分值。本章中耕地质量与立地条件综合评价体系可以由式（6-25）和式（6-26）描述。

$$F_{ij} = aF_i + bF_j \qquad (6\text{-}25)$$

$$a + b = 1 \qquad (6\text{-}26)$$

式中，F_{ij} 为耕地质量与立地条件综合评价分值；F_i 为耕地质量评价分值；F_j 为耕地立地条件评价分值，a 与 b 为权重值。

6.5.2　耕地质量与立地条件评价体系间的权重比例确定

耕地自然质量属于耕地基础质量，由土壤为主的自然因素决定，耕地立地条件属于耕地追加质量，由耕地外界环境条件决定。基本农田是"饭碗田"，划定基本农田目的之一是保障稳定的粮食生产能力，耕地质量和立地条件之间权重比例关系确定相对复杂，但耕地质量和立地条件都是为稳定粮食生产能力服务，因此，二者之间权重关系可以通过对粮食生产能力的影响确定。主要步骤如下：

（1）a 和 b 分别以 0.1 间隔在（0，1）之间逐一取值，测算 550 个样点在不同权重值下耕地质量与立地条件综合评价分值。

（2）利用回归分析法测算各综合分值与粮食产量之间的相关系数。

（3）选取相关系数最大值时的 a 和 b 权重系数。

由表 6.18 计算结果可以看出，a=0.6，b=0.4 时，二者之间的相关系数达到最大，相关系数为 0.8263，呈显著相关（图 6.20）。由此确定在该地区二者的最佳比例关系为 3：2。

表 6.18　不同权重下评价分值与粮食产量相关系数

序号	权重系数（a）	权重系数（b）	回归分析	相关系数
1	0.1	0.9	$Y = 5.9957x + 10.677$	0.7243
2	0.2	0.8	$Y = 5.5074x - 4.869$	0.8043
3	0.3	0.7	$Y = 7.6881x - 42.503$	0.7896
4	0.4	0.6	$Y = 7.7985x - 54.771$	0.8101
5	0.5	0.5	$Y = 7.7507x - 59.546$	0.8221
6	0.6	0.4	$Y = 7.5655x - 54.721$	0.8263
7	0.7	0.3	$Y = 7.2742x - 42.908$	0.8239
8	0.8	0.2	$Y = 5.9111x - 25.011$	0.8161
9	0.9	0.1	$Y = 5.5074x - 4.869$	0.8043

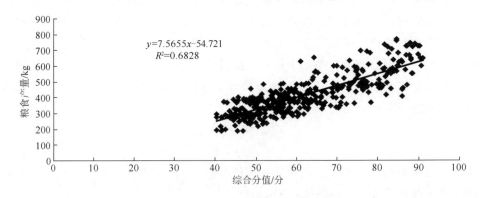

图 6.20　特定权重下评价分值与粮食产量相关系数

6.5.3 耕地质量与立地条件综合评价结果分析

在确定耕地质量体系和立地条件体系之间权重值基础上，应用该模型计算得到各评价单元耕地质量与立地条件综合评价分值，按照等间距法，以 10 分为间距，将凌源市综合评价分值划分七个分值区间。各分值区间耕地面积及在各乡（镇）分布如表 6.19、图 6.21 所示。

表 6.19　凌源市各乡镇耕地质量与立地条件综合评价统计　　单位：hm²

乡镇	30～40 分	40～50 分	50～60 分	60～70 分	70～80 分	80～90 分	大于 90 分	合计
北炉乡		48.85	64.29	260.36	382.28	1 218.99		1 974.77
大河北乡		635.96	780.32	353.70	34.18			1 804.16
城关镇		51.16	145.36	341.67	224.48	1 064.92	77.85	1 905.44
大王杖子乡		91.98	382.91	462.37	358.16	185.64		1 481.06
刀尔登镇	1.61	249.03	905.50	561.25	265.55	40.13		2 023.07
东城街道办事处				24.19	91.74	178.37		294.30
佛爷洞乡		118.67	320.40	339.97	295.66			1 074.70
沟门子镇		104.75	511.67	628.82	604.70	467.57	288.68	2 606.19
河坎子乡	70.34	535.87	270.86	175.17	14.33			1 066.57
凌北镇		37.16	399.10	245.60	358.34	800.42		1 840.62
刘杖子乡		142.92	281.05	359.83	353.11			1 136.91
牛营子乡		15.56	587.35	453.92	178.41			1 235.24
前进乡		175.67	170.15	180.63	80.78			607.23
热水汤街道办事处				98.23	77.45	168.80		344.48
三道河子乡	0.90	652.67	689.07	329.24	188.28			1 860.16
三家子蒙古族乡		294.67	443.84	523.21	334.00	1 150.81	338.75	3 085.28
三十家子镇		100.51	112.08	1 158.97	1 163.21	2 547.14		5 081.91
四官营子镇		25.35	285.92	895.97	330.85	1 153.54		2 691.63
四合当镇		120.36	498.06	510.06	757.70	1 374.77	227.94	3 488.89
松岭子镇		154.31	477.54	503.56	895.79	125.93		2 157.13
瓦房店乡		103.28	440.90	665.66	289.81	179.38		1 679.03
宋杖子镇		79.09	232.44	441.10	660.65	2 269.07	133.20	3 815.55
万元店镇		33.90	422.26	541.52	428.39	1 214.40	235.99	2 876.46
乌兰白镇		38.07	235.67	194.96	317.76	589.31		1 375.77
小城子镇			110.48	401.35	237.91	762.00	1294.14	2 805.88
杨杖子镇		43.13	92.20	4.74	5.32			145.39
合计	72.85	3 852.92	8 859.42	10 656.05	8 928.84	15 491.19	2 596.55	50 457.82

1. 各乡镇耕地质量与立地条件综合评价分析

通过对各乡镇耕地质量与立地条件综合评价分值汇总统计，综合分值大于 90 分的耕地面积总计 2596.55hm²，占全部耕地面积的 5.15%。该分值区间耕地主要

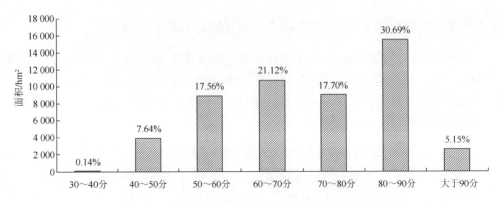

图 6.21 凌源市耕地质量与立地条件综合评价统计

分布在小城子镇，面积为 1294.14hm²，占该分值区间耕地面积的 49.84%，占该乡镇耕地面积的 46.12%。该分值区间耕地质量评价平均分值为 94.80 分，立地条件评价平均分值为 82.97 分，耕地质量条件较优，立地条件较优，该区间耕地主要分布在平地区，区位条件优势明显，基础设施条件完善，灌溉条件好，耕地连片度大，景观格局稳定。

80～90 分耕地面积总计 15 491.19hm²，占全部耕地面积的 30.70%。该分值区间耕地主要分布在三十家子镇和宋杖子镇，面积分别为 2547.14hm² 和 2269.07hm²，分别占该分值区间耕地面积的 16.44%和 14.65%。该分值区间各乡镇耕地所占各乡镇耕地总面积比例较大的区域主要分布在北炉乡、东城街道办事处、宋杖子镇、城关镇和三十家子镇，比例均占各乡镇耕地面积的 50%以上。该分值区间耕地质量评价平均分值为 91.80 分，立地条件评价平均分值为 74.62 分，该分值区间耕地质量条件较优，有一定基础设施条件，地形坡度小，立地条件中等，有一定区位条件优势，连片度大，景观格局相对稳定。

70～80 分耕地面积总计 8928.84hm²，占全部耕地面积的 17.70%。该分值区间耕地在各乡镇均有不同程度的分布，主要分布在三十家子镇，面积为 1163.21hm²，占该分值区间耕地面积的 13.03%。该分值区间耕地比例较大的区域主要分布在松岭子镇，占该乡镇耕地比例的 41.52%。该分值区间耕地质量评价平均分值为 83.96 分，立地条件评价平均分值为 61.03 分，耕地质量条件总体较优，但是有一定的障碍因素存在，地形坡度增加，土层厚度降低，耕地质量降低，立地条件对综合分值影响较大，有一定连片面积的耕地，连片面积规模降低，但是区位条件优势不明显，景观格局相对稳定。

60～70 分耕地面积总计 10 656.05hm²，占全部耕地面积的 21.12%。该分值区间耕地在各乡镇均有不同程度的分布，主要分布在三十家子镇和四官营子镇，面积分别为 1158.97hm² 和 895.97hm²，分别占该分值区间耕地面积的 10.88%和 8.41%。该分值区间耕地比例较大的区域主要分布在瓦房店乡，占该乡镇耕地比例的 39.68%。该分值区间耕地质量评价平均分值为 69.38 分，立地条件评价平均分值为 54.61 分，耕地质量与立地条件发生明显改变，尤其是耕地质量与上述分值区间差异明显，地形坡度较大，缺少基础设施条件，耕地利用障碍因素增加，受水资源条件和土壤条件影响较大，立地条件差，无区位条件优势，耕地连片度低，景观格局稳定性差。

50～60 分耕地面积总计 8859.42hm^2，占全部耕地面积的 17.56%。该分值区间耕地主要分布在刀尔登镇，面积为 905.50hm^2，占该分值区间耕地面积的 10.22%。该分值区间耕地比例较大的区域主要分布在杨杖子镇，占该乡镇耕地比例的 62.98%。该分值区间耕地质量评价平均分值为 53.92 分，立地条件评价平均分值为 44.57 分。

40～50 分耕地面积总计 3852.92hm^2，占全部耕地面积的 7.64%。该分值区间耕地主要分布在三道河子乡和大河北乡，面积分别为 652.67hm^2 和 635.96hm^2，分别占该分值区间耕地面积的 16.94% 和 16.51%。该分值区间耕地比例较大的区域主要分布在河坎子乡，占该乡镇耕地比例的 50.19%。该分值区间耕地质量评价平均分值为 47.99 分，立地条件评价平均分值为 43.96 分。

30～40 分耕地面积仅为 72.85hm^2，占全部耕地面积的 0.14%。该分值区间耕地主要分布在河坎子乡，面积为 70.34hm^2，占该分值区间耕地面积的 96.55%，占该乡镇耕地比例的 5.58%。该分值区间耕地质量评价平均分值为 42.24 分，立地条件评价平均分值为 34.68 分。

综合以上，60 分以下分值区间耕地质量和立地条件均较差，地形坡度较大，土层薄，有机质含量低，其他各项评价因素分值均较低，立地条件中无任何优势因素条件。

2. 耕地地类质量与立地条件综合评价分析

通过对耕地地类质量与立地条件综合评价分值汇总统计（表 6.20），综合分值大于 90 分的耕地面积为 2597.55hm^2，主要为水浇地，占该分值区间耕地面积的 77.88%，占全部水浇地面积的 17.92%，该分值区间水浇地主要分布在小城子镇，水浇地面积为 1081.54hm^2，占该分值区间水浇地面积的 41.62%。

表 6.20　凌源市耕地地类质量与立地条件综合评价统计　　　单位：hm^2

地类	30～40 分	40～50 分	50～60 分	60～70 分	70～80 分	80～90 分	大于 90 分	合计
水田	2.51	14.04	13.41	1.29	2.48	0.79		34.52
水浇地		463.74	768.73	862.53	1 420.12	5 752.40	2 023.10	11 290.62
旱地	70.34	3 310.53	8 034.25	9 760.92	7 280.08	9 519.17	574.45	38 549.74
菜地		69.61	48.03	34.31	234.16	221.83		607.94
合计	72.85	3 857.92	8 864.42	10 659.05	8 936.84	15 494.19	2 597.55	50 482.82

80～90 分耕地主要为旱地和水浇地，面积分别为 9519.17hm² 和 5752.40hm²，分别占该分值区间耕地面积的 61.44% 和 37.13%，占全部旱地和水浇地面积比例为 50.94% 和 24.69%。该分值区间菜地面积为 221.83hm²，占全部菜地的 35.43%。该分值区间旱地主要分布在三十家子镇，旱地面积为 2409.37hm²，占该分值区间旱地面积的 41.88%；水浇地主要分布在宋杖子镇，水浇地面积为 1444.17hm²，占该分值区间水浇地面积 24.12%。

70～80 分耕地主要为旱地和水浇地，面积分别为 7280.08hm² 和 1420.12hm²，分别占该分值区间耕地面积的 81.46% 和 14.89%，占全部旱地和水浇地面积比例为 18.88% 和 12.58%。该分值区间菜地面积为 234.16hm²，占全部菜地的 17.70%。该分值区间旱地主要分布在在三十家子镇，旱地面积为 1043.81hm²，占该分值区间旱地面积的 14.34%；水浇地主要分布在大王杖子乡和四合当镇，水浇地面积为 158.52hm² 和 147.25hm²，占该分值区间水浇地面积的 11.16% 和 10.37%。

60～70 分耕地主要为旱地和水浇地，面积分别为 9760.92hm² 和 862.53hm²，分别占该分值区间耕地面积的 91.57% 和 8.09%，占全部旱地和水浇地面积比例为 24.32% 和 7.64%。该分值区间旱地主要分布在三十家子镇和四官营子镇，旱地面积为 1112.94hm² 和 864.76hm²，占该分值区间旱地面积的 10.31% 和 9.44%；水浇地主要分布在前进乡，水浇地面积为 107.89hm²，占该分值区间水浇地面积的 12.51%。

60 分以下耕地主要为旱地，水浇地属于零星分布，面积分别为 11 415.12hm² 和 1232.47hm²，分别占该分值区间耕地面积的 89.21% 和 9.63%，占全部旱地和水浇地面积比例为 29.61 和 10.92%。该分值区间水田面积为 29.96hm²，占全部水田的 85.79%，零星分布三道河子乡、前进乡、刀尔登镇。该分值区间菜地面积为 117.64hm²，占全部菜地的 19.32%，零星分布在城关镇和杨杖子镇等乡镇。该分值区间旱地主要分布在大河北乡和三道河子乡，占该分值区间旱地面积的 11.40% 和 8.86%；水浇地主要分布在大河北乡，水浇地面积为 240.12hm²，占该分值区间水浇地面积的 19.48%。

6.5.4 小结

（1）耕地质量与立地条件综合评价体系是在借鉴美国 LESA 体系思想基础上，由耕地质量评价体系和立地条件评价体系组合构建的，该体系的关键问题是确认"组合式"体系之间权重系数比值。本章提出了要依据耕地保护的目标计算权重系数比值，并对研究区域耕地保护目标进行分析，确立了以促进粮食生产能力为主要目标的权重系数比值为 3∶2。以此为基础，建立了耕地质量与立地条件综合评价体系，进行了实证研究分析。

（2）通过耕地质量与立地条件综合评价体系，对各乡镇耕地质量与立地条件综合评价分值分析表明，综合分值大于 90 分的耕地主要分布在小城子镇；80～90分耕地主要分布在三十家子镇和宋杖子镇，比例较大区域主要分布在北炉乡、东城街道办事处、宋杖子镇、城关镇和三十家子镇；70～80 分耕地主要分布在三十家子镇，比例较大区域主要分布在松岭子镇；60～70 分耕地主要分布在三十家子镇和四官营子镇比例较大的区域主要分布在瓦房店乡；50～60 分耕地主要分布在刀尔登镇，比例较大的区域主要分布在杨杖子镇；40～50 分耕地主要分布在三道河子乡和大河北乡，比例较大的区域主要分布在河坎子乡；30～40 分耕地主要分布在河坎子乡，比例较大的区域主要分布在河坎子乡。

（3）通过对耕地地类质量与立地条件综合评价分值分析表明，综合分值大于90 分的耕地主要为水浇地，主要分布在小城子镇；80～90 分耕地主要为旱地和水浇地，旱地主要分布在三十家子镇，水浇地主要分布在宋杖子镇；70～80 分耕地主要为旱地和水浇地，旱地主要分布在在三十家子镇，水浇地主要分布在大王杖子乡和四合当镇；60～70 分耕地主要为旱地和水浇地，旱地主要分布在三十家子镇和四官营子镇，水浇地主要分布在前进乡；60 分以下耕地主要为旱地，旱地主要分布在大河北乡和三道河子乡，水田面积比例较大，但属于零星分布；菜地和水浇地均属于零星分布。

（4）总之，分值区间在 80 分以上的耕地质量条件较优，立地条件较优，该区间耕地主要分布在平地区，区位条件优势明显，基础设施条件完善，灌溉条件好，耕地连片度大，景观格局稳定。在 70～80 分，耕地质量条件总体较优，但是有一定的障碍因素存在，地形坡度增加，土层厚度降低，耕地质量降低，立地条件对综合分值影响较大，有一定连片面积的耕地，连片面积规模降低，但是区位条件优势不明显，景观格局相对稳定。在 60～70 分，耕地质量与立地条件发生明显改变，尤其是耕地质量与上述分值区间差异明显，坡度较大，缺少基础设施条件，耕地利用障碍因素增加，受水资源条件和土壤条件影响较大，立地条件差，无区位条件优势，耕地连片度低，景观格局稳定性差。60 分以下分值区间，耕地质量和立地条件均较差，坡度较大，土层薄，有机质含量低，其他各项评价因素分值均较低，立地条件中无任何优势因素条件。

综合上述，凌源市耕地综合分值由耕地质量评价分值和立地条件评价分值共同决定，说明在耕地立地条件较好地区，耕地质量的限制性因素能够得到有效克服，促进了耕地粮食生产能力的提高；而在耕地质量条件比较优越区，耕地立地条件对耕地的产出能力影响不够显著。因此，在研究区基本农田划定过程中，耕地质量因素应占主导地位。

6.6 基于耕地质量与立地条件综合评价
体系的基本农田划定

借鉴美国 LESA 体系思想构建的耕地质量与立地条件综合评价体系，其优点就是耕地质量评价与立地条件评价两个构成体系可以独立使用也可以结合起来使用，其中耕地质量的主导因素是以土壤为主要特征的自然因素，而立地条件主导因素则是以社会经济发展、地块连片度和景观格局为主要特征的立地环境因素。因此，划定基本农田既要考虑影响耕地基础质量的自然因素条件，又要考虑影响耕地稳定性的立地环境条件，而对耕地质量与立地条件综合评价体系中耕地质量和耕地立地条件的关系研究，选择科学的评价分值阈值范围就成为基本农田划定的关键性问题。

6.6.1 基本农田划定标准

（1）耕地质量稳定，划定基本农田的首要标准就是要保障其具有良好的质量条件，具有较好的生产功能特性。

（2）耕地立地条件可挖潜改变，在保障良好的自然条件特性基础上，还应考虑对基本农田立地环境条件的可改造和挖潜特性，如通过人为地整治，提高其连片度和景观格局稳定性，有利于基本农田的保护。

（3）列入基本农田的耕地评价分值具有一定的阈值范围，在该界限点范围，耕地质量与立地条件特征发生显著变化。

6.6.2 耕地质量评价分值与立地条件评价分值的阈值范围划定

综合上一章研究结果分析，耕地质量与立地条件综合评价分值在 60~70 分时，耕地质量评价平均分值为 70 分，立地条件评价平均分值为 55 分，在该平均分值界限点，耕地质量与立地条件特征分值变化比较明显，耕地质量评价分值大于 70 分的评价单元综合质量条件良好，耕地立地条件评价分值大于 55 分的评价单元具有一定的立地优势和可挖潜性。因此，依据评价结果，划定 70 分和 55 分为耕地质量条件与立地条件优劣的阈值临界点，以此临界点为界限，优质稳定的耕地可直接划入基本农田，列为现实基本农田区；具有较优的耕地质量条件，可通过对立地条件的挖潜改变的耕地，列为潜在基本农田区；具有较差的质量条件和立地条件的耕地，可列为低产田改造或生态退耕区；而对于具有较差的质量条件和较优的立地条件的耕地，可列为建设用地预留区。基本农田的划定体系及对耕地利用的分区，既能保障划定的基本农田永久稳定，又能满足经济建设发展的用地需求。基本农田划定标准如表 6.21 所示。

表 6.21 耕地利用区划分标准统计

耕地质量评价分值	耕地立地条件评价分值	耕地面积/hm²	划定利用区
≥70	≥55	25 925.06	现实基本农田区
≥70	<55	4 528.39	潜在基本农田区
<70	<55	10 647.06	低产田改造或生态退耕区
<70	≥55	9 371.31	建设用地预留区

6.6.3 基本农田划定结果分析

1. 基本农田划定结果统计分析

通过对耕地质量与立地条件评价分值阈值临界点内耕地利用方式分配综合研究，凌源市耕地中有 30 453.45hm² 的耕地可划定为基本农田，占全部耕地面积的 60.34%，其中现实基本农田面积 25 925.06hm²，潜在基本农田面积 4528.39hm²。基本农田分布和基础条件通过分乡镇和分地类进行统计分析。

（1）各乡镇基本农田划定的分布分析。通过对凌源市各乡镇基本农田分布统计分析（表 6.22），可划为现实基本农田的耕地主要分布在三十家子镇、宋杖子镇、四合当镇和小城子镇，面积分别为 3443.03hm²、3011.45hm²、2197.32hm² 和 2077.84hm²，分别占现实基本农田面积总和的 13.28%、11.62%、8.48%和 8.01%；各乡镇现实基本农田面积占耕地面积比例较大的主要有小城子镇、四官营子镇、三十家子镇和宋杖子镇，比例分别为 49.83%、49.33%、48.49%和 48.14%，另外，还有 11 个乡镇比例超过 40%。潜在基本农田的耕地主要分布在四合当镇、牛营子乡和大河北乡，面积分别为 434.63hm²、361.30hm² 和 335.57hm²，分别占潜在基本农田总面积的 9.60%、7.98%和 7.41%。

表 6.22 凌源市各乡镇基本农田分布统计 单位：hm²

乡镇名称	现实基本农田面积（耕地质量分≥70 立地条件分≥55）	潜在基本农田面积（耕地质量分≥70 立地条件分<55）	基本农田合计面积
北炉乡	1 565.34	93.00	1 658.34
城关镇	1 307.31	97.75	1 405.06
大河北乡	9.62	335.57	345.19
大王杖子乡	604.17	34.10	638.27
刀尔登镇	350.26	82.65	432.91
东城街道办事处	279.99	14.31	294.30

乡镇名称	现实基本农田面积（耕地质量分≥70 立地条件分≥55）	潜在基本农田面积（耕地质量分≥70 立地条件分＜55）	基本农田合计面积
佛爷洞乡	325.87	254.48	580.35
沟门子镇	1 504.93	153.13	1 658.06
河坎子乡	0.00	217.42	217.42
凌北镇	1 105.01	154.27	1 259.28
刘杖子乡	492.29	215.03	707.32
牛营子乡	62.84	361.30	424.14
前进乡	62.47	112.68	175.15
热水汤街道办事处	168.80	174.68	343.48
三道河子乡	272.72	205.96	478.68
三家子蒙古族乡	1 811.56	314.30	2 125.86
三十家子镇	3 443.03	107.84	3 550.87
四官营子镇	1 479.66	20.18	1 499.84
四合当镇	2 197.32	434.63	2 631.95
松岭子镇	1 028.63	173.20	1 201.83
宋杖子镇	3 011.45	115.47	3 126.92
瓦房店乡	324.00	300.23	624.23
万元店镇	1 671.03	290.40	1 961.43
乌兰白镇	768.92	214.38	983.30
小城子镇	2 077.84	7.14	2 084.98
杨杖子镇	0.00	44.29	44.29
合计	25 925.06	4 528.39	30 453.45

通过现实基本农田分布分析表明，现实基本农田主要特征为多分布在平原耕地区，地形坡度较小，基础设施条件完善，地块多分布在城镇村的周边，土层厚度多数大于90cm，表层土壤质地多为壤土，有机质含量在2%以上，地形坡度条件小于5°，障碍层次多数大于60cm，地表岩石露头度小于2%，耕地质量评价平均分值为88.00分；耕地立地条件评价分值为72.62分，其中社会经济发展条件平均分值为54.44分，连片度条件平均分值为77.31分，景观质量稳定性平均分值为81.11分，立地综合条件总体较优。耕地连片度高，分维值小，受人为干扰性强，耕地地块规则，耕地景观格局稳定性强。该区域耕地交通区位条件、市场区位条件、耕作便利度及投入条件差异明显。

潜在基本农田的耕地质量评价平均分值为81.02分，主要特征为分布在坡耕地和平原耕地区，有一定的地形坡度，地形坡度条件多数小于8°，基础设施条件相对完善，土层厚度多数大于60cm，表层土壤质地多为壤土，有机质含量在2%以上，障碍层次多数大于30cm，地表岩石露头度小于2%；耕地立地条件评价分值为47.67分，其中社会经济发展条件平均分值为44.89分，连片度条件平均分值为43.99分，景观质量稳定性平均分值为79.27分，立地综合条件总体较劣。

耕地连片程度低，耕地地块相对规则，具有一定的耕地景观格局稳定性。该区域耕地交通区位条件、市场区位条件、耕作便利度及投入条件均较差。

（2）各地类基本农田划定的分布分析。通过对凌源市各乡镇基本农田分布统计分析（表 6.23，表 6.24，图 6.22），可划为现实基本农田的耕地主要为水浇地、旱地和菜地，可划入现实基本农田的面积分别为 8928.14hm²、16 642.57hm² 和 357.08hm²，分别占现实基本农田总面积的 34.43%、64.18%和 1.38%，分别占各地类总面积的 84.81%、52.89%和 81.78%。

表 6.23　凌源市各地类基本农田分布统计　　　　单位：hm²

地类	现实基本农田面积	潜在基本农田面积	基本农田合计面积
水田	3.27	1.29	4.56
水浇地	8 928.14	647.77	9 575.91
旱地	16 642.57	3 745.42	20 387.99
菜地	357.08	140.91	497.99
合计	25 931.06	4 535.39	30 466.45

表 6.24　凌源市各地类质量评价与立地条件评价平均分值统计

地类	耕地质量评价平均分值	耕地立地条件评价平均分值			
		分值	社会经济发展条件	连片度条件	景观格局条件
水田	85.73	63.41	55.08	80.00	48.57
旱地	85.92	72.40	53.63	75.79	81.72
水浇地	90.34	73.62	55.00	78.87	80.98
菜地	91.52	64.07	59.75	69.47	60.75

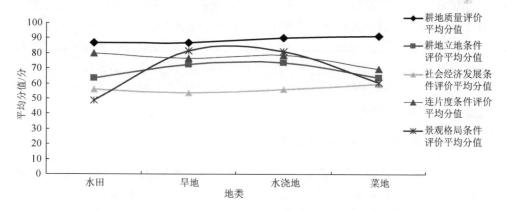

图 6.22　凌源市各地类质量评价与立地条件评价平均分值分布

水田面积较小，仅为 3.27hm²，所占比例较低，分布在万元店镇，但是该地块与其他耕地类型连接度高，连片性强，区位条件优势明显，所以可以划入现实基本农田。水田质量评价平均分值为 85.73 分，耕地质量总体较优；立地条件评价平均分值为 63.41 分，其中社会经济发展条件平均分值为 55.08 分，连片度条件平均分值为 80.00 分，景观质量稳定性平均分值为 48.57 分，立地综合条件总体较优，交通和市场区位条件优势明显，连片度高，由于地块面积小，分维值大，质量格局稳定性差。

水浇地主要分布在宋杖子镇和小城子镇，面积分别为 1618.92hm^2 和 1172.00hm^2，分别占现实基本农田中水浇地面积的 18.13% 和 13.13%，分别占各乡镇耕地面积的 42.43% 和 41.75%。水浇地质量评价平均分值为 90.34 分，耕地质量总体较优；立地条件评价平均分值为 73.62 分，其中社会经济发展条件平均分值为 55.00 分，连片度条件平均分值为 78.87 分，景观质量稳定性平均分值为 80.98 分，立地综合条件总体较优，交通和市场区位条件优势明显，耕作便利条件和投入条件差异较大，耕地连片度高，耕地景观分维值小，耕地质量格局稳定性较好。

旱地主要分布在三十家子镇、宋杖子镇和北炉乡，面积分别为 3204.26hm^2、1392.53hm^2 和 1390.57hm^2，分别占现实基本农田中旱地面积的 19.25%、8.37% 和 8.36%，分别占各乡镇耕地面积的 63.07%、35.50% 和 70.48%。旱地质量评价平均分值为 85.92 分，耕地质量总体较优；立地条件评价平均分值为 72.40 分，其中社会经济发展条件平均分值为 53.63 分，连片度条件平均分值为 75.79 分，景观质量稳定性平均分值为 81.72 分，立地综合条件总体较优，交通和市场区位条件优势明显，耕作便利条件和投入条件差异较大，耕地连片度高，耕地景观分维值小，耕地质量格局稳定性较好。

菜地在城关镇、东城街道办事处、凌北镇、三家子蒙古族乡、四官营子镇、万元店镇、宋杖子镇和小城子镇都有不同程度分布。菜地质量评价平均分值为 91.52 分，耕地质量总体较优；立地条件评价平均分值为 64.07 分，其中社会经济发展条件平均分值为 59.75 分，连片度条件平均分值为 69.47 分，景观质量稳定性平均分值为 60.75 分，立地综合条件总体相对较劣，交通和市场区位条件优势明显，耕作便利条件和投入条件差异较大，耕地连片度低，耕地景观分维值大，耕地质量格局稳定性较差。

2. 基本农田划定结果对比分析

通过开展凌源市耕地质量与立地条件评价研究，凌源市耕地中有 30 453.45hm^2 的耕地可划定为基本农田，占全部耕地面积的 60.34%，其中现实基本农田面积 25 925.06hm^2，潜在基本农田的面积 4528.39hm^2。

根据《凌源市土地利用总体规划大纲（2006～2020 年）》要求，凌源市规划期限内需要完成基本农田保护指标 45 203hm^2，该行政下达指标远大于本章测算指标，并且以行政指令下达的指标测算，该地区基本农田保护率将达到 89.54%。

凌源市近九成耕地划为基本农田，零散破碎、地形坡度大等质量差的耕地纳入基本农田，受经济建设发展压力大、被占用风险大的耕地纳入基本农田，不能达到基本农田标准和体现基本农田特征。

依据评价结果划定的基本农田面积为 30 453.45hm²，保护率为 60.34%，在基本农田划定的阈值临界点，将耕地划分为建设用地预留区和低产田改造或生态退耕区，划定的基本农田优质稳定，基本农田特征显著，还能满足经济建设发展用地需求和生态保护的需要。

若依据凌源市耕地质量与立地条件评价结果，完成行政指令所下达的基本农田保护面积，综合评价分值降低到 60 分以下的分值区间，其中耕地质量条件划分的界限点由 70 分降低至 55 分，耕地立地条件划分的界限点由 55 分降低至 45 分。划定的基本农田会包括无任何质量条件和立地条件优势的耕地，不仅会将评价结果列入现实基本农田区和潜在基本农田区的耕地划入基本农田，还会将评价结果列入低产田改造或生态退耕区的耕地全部划入基本农田，以及将一部分建设用地预留区的耕地划入基本农田，因此，行政指令划定的基本农田指标比例偏高，缺乏科学的评价，划定的基本农田标准模糊，不切合该区域实际条件，应适当降低基本农田保有量和保护率。

因此，根据研究评价结果，该区域适宜的基本农田划定比例为 60.34%。

6.6.4　小结

（1）本章在耕地质量与立地条件综合评价体系构建基础上，提出建立基本农田划定标准，关键问题是找出该体系中耕地质量条件与立地条件优劣的阈值临界点，主要方法是分析耕地质量评价分值与立地条件评价分值变化差异性，以此为依据划定基本农田，同时还可以为科学划分耕地利用区提供依据，并进行了实证研究分析。

（2）通过实证研究，耕地质量条件与立地条件比较综合分值在 60～70 分发生明显改变，因此依据评价结果确定 70 分和 55 分为耕地质量条件与立地条件优劣的阈值临界点，以此为依据划定现实基本农田区。耕地质量评价分值≥70 分且立地条件评价分值≥55 分的耕地首先划定为基本农田，耕地质量评价分值≥70 分且立地条件评价分值<55 分的耕地，可通过耕地立地环境改变，对耕地改造利用划定为基本农田潜力区，而耕地质量评价分值<70 分且立地条件评价分值<55 分的耕地划为低产田改造或生态退耕区，耕地质量评价分值<70 分且立地条件评价分值≥55 分的耕地具有良好的区位优势，可划为建设用地预留区。

（3）通过对耕地质量与立地条件评价分值阈值临界点内耕地利用方式分配综合研究，凌源市耕地中有 30 453.45hm² 的耕地可划定为基本农田，占全部耕地面积的 60.34%，其中现实基本农田面积 25 925.06hm²，潜在基本农田面积 4528.39hm²。现实基本农田的耕地主要分布在三十家子镇、宋杖子镇、四合当镇和小城子镇，各乡镇优质基本农田面积占耕地面积比例较大的主要有小城子镇、四官营子镇、三十家子镇和宋杖子镇。潜在基本农田的耕地主要分布在四合当镇、牛营子乡和大河北乡。

通过上述分析可划为现实基本农田的耕地主要为水浇地、旱地和菜地，水田面积较小，所占比例较低，分布在万元店镇；水浇地主要分布在宋杖子镇和小城子镇；旱地主要分布在三十家子镇、宋杖子镇和北炉乡。

（4）通过现实基本农田分布分析表明，入选现实基本农田的耕地主要特征为，分布在平原耕地区，地形坡度较小，基础设施条件完善，地块多分布在城镇村的周边，土层厚度多数大于 90cm，表层土壤质地多为壤土，有机质含量在 2%以上，地形坡度条件小于 5°，障碍层次多数大于 60cm，地表岩石露头度小于 2%，耕地质量评价平均分值为 88.00；耕地立地条件评价分值为 72.62 分，其中社会经济发展条件平均分值为 54.44 分，连片度条件平均分值为 77.31 分，景观质量稳定性平均分值为 81.11 分，立地综合条件总体较优，耕地连片程度高，分维值小，受人为干扰性强，耕地地块规则，耕地景观格局稳定性强，该区域耕地交通区位条件、市场区位条件、耕作便利度及投入条件差异明显。优质耕地中，按照地类对比，耕地质量条件排序为"菜地＞水浇地＞旱地＞水田"，耕地立地条件排序为"水浇地＞旱地＞菜地＞水田"，耕地立地条件中社会经济发展条件排序为"菜地＞水田＞水浇地＞旱地"，耕地连片度条件排序为"水田＞水浇地＞旱地＞菜地"，景观格局条件排序为"旱地＞菜地＞水田＞水浇地"。

潜在基本农田的耕地主要特征为分布在坡耕地和平原耕地区，有一定的地形坡度，地形坡度条件多数小于 8°，基础设施条件相对完善，土层厚度多数大于 60cm，表层土壤质地多为壤土，有机质含量在 2%以上，障碍层次多数大于 30cm，地表岩石露头度小于 2%；耕地立地条件评价分值为 47.67 分，其中社会经济发展条件平均分值为 44.89 分，连片度条件平均分值为 43.99 分，景观质量稳定性平均分值为 79.27 分，立地综合条件总体较劣，耕地连片程度低，耕地地块相对规则，具有一定的耕地景观格局稳定性，该区域耕地交通区位条件、市场区位条件、耕作便利度及投入条件均较差。

（5）通过与行政指令下达的基本农田保护面积对比分析，依据上级行政分配指标，凌源市基本农田保护面积为 45 203hm²，保护率为 89.54%，零散破碎、地形坡度大等质量差的耕地纳入基本农田，受经济建设发展压力大、被占用风险大的耕地纳入基本农田，不能达到基本农田划定标准和体现基本农田特征。行政指令下达的基本农田指标比例偏高，不切合该区域实际条件，应适当降低基本农田保有量和保护率。根据本章评价结果，该区域适宜的基本农田划定比例为60.35%。

6.7 研究结论与展望

6.7.1 研究结论

（1）基本农田应为优质、连片、永久、稳定的耕地，其功能特性应包括生产功能特性、农民就业和生存保障功能特性、社会安全保障功能特性、城镇化工业化的警戒线功能特性、生态景观服务功能特性五项功能特性。本章以基本农田功能特性为基础，借鉴美国重要农地划定的 LESA 体系思想，构建了基本农田划定的理论体系。

（2）本章构建了耕地质量评价体系、耕地立地条件评价体系以及耕地质量与立地条件综合评价体系。耕地质量评价指标主要由以土壤和地形坡度为主的自然因素条件构成，耕地立地条件评价指标主要由与耕地利用相关的社会经济发展条件、耕地连片度条件和耕地景观格局条件为主的立地因素条件构成，耕地质量与立地条件综合评价体系是由耕地质量评价体系和耕地立地条件评价体系组合构成，其模式为 $F_{ij} = a \times F_i + b \times F_j$，其权重比值因不同目标服务而异。

（3）本章以辽宁省凌源市为研究区域，开展了耕地质量与立地条件综合评价体系构建的实证研究分析。从基于促进粮食生产能力目标角度，确定了该评价体系中耕地质量和立地条件之间的权重比例，即 3：2，依据该比例关系建立了凌源市耕地质量与立地条件综合评价体系。结果表明该研究区域耕地自然因素条件对基本农田划定起主导作用。

（4）本章以耕地质量与立地条件综合评价结果为依据，开展了基本农田划定的实证研究分析。根据本章评价结果，该区域适宜的基本农田划定比例以 60.35% 为宜，保障了划定的基本农田既具有稳定的自然质量条件，又与社会经济发展相协调，基本农田保护永久稳定。

6.7.2 研究特色与创新

1. 基本农田划定理论层面的创新

本章借鉴 LESA 体系思想，构建了耕地质量与立地条件综合评价体系，在理论层面上提出基本农田划定是由耕地自然质量条件和耕地立地条件共同决定的，永久稳定的基本农田既要有良好的耕地自然质量条件，保障一定的粮食生产能力，还要有较优的耕地立地条件，保障与外界环境的协调发展。本章理论思想一方面突破了传统的基本农田划定是由耕地质量决定论的思想认识；另一方面更是对国家关于基本农田划定的法律政策指导思想具体细化，如"划近不划远，划优不划劣，集中优质连片"等政策要求，更具有指导意义以及可操作性和实践性。

2. 基本农田划定技术方法层面的创新

本章构建的耕地质量与立地条件综合评价体系，是由耕地质量评价体系和耕地立地条件评价体系按照一定权重比例关系组合在一起的，具有灵活性，可以为耕地保护和基本农田划定的不同目标服务。这两个体系既可以单一使用，也可以组合使用，这种"组合式"综合评价体系更是突破和弥补了传统的"单一式"综合评价模式及其不足，通过耕地质量评价可以科学掌握耕地的自然质量条件，而通过耕地立地条件评价可以科学分析影响耕地稳定性的外界环境特征。该评价体系对基本农田特征分析"一清二楚"，可以为决策基本农田的利用、整理改良等提供参考，保障划定的基本农田具有永久稳定性。

3. 基本农田划定实践推广层面的创新

本章构建划定基本农田的理论和技术方法体系，在实践推广中掌握基本农田耕地质量和立地条件两个属性特征，可以有针对性地为耕地利用的管理决策和实施综合整治措施提供重要参考。同时，对基本农田耕地质量和立地条件两个属性特征科学分析，既可以决定入选基本农田的耕地质量和立地条件阈值界限范围，又可以决定哪些耕地作为建设预留以及生态保护利用，在一定程度上满足了地方经济发展用地需求和生态环境保护目的，更重要的是在实践推广层面有效地破解和纠正了地方管理者害怕和规避基本农田的歪曲思想及频繁调整基本农田的错误行为，既保障了基本农田数量，又保障了基本农田质量，更保障了基本农田永久稳定。

6.7.3 研究展望

1. 立地条件的选取标准讨论

耕地质量与立地条件综合评价体系中，耕地质量是稳定的不易改变的，而立地条件是不稳定、易改变的。由于不同的地区，经济发展条件不同，耕地数量、质量及分布条件不同，以及基本农田保护的目标和分配的指标不同等，立地条件的外界环境因素对基本农田的影响程度是不一样的，有重有轻，有急有缓，因此，在立地条件因素选取上要在因地制宜的原则上选取，要有针对性。

2. 耕地质量与立地条件之间权重关系讨论

本章构建的耕地质量与立地条件综合评价体系，是由耕地质量评价体系和耕地立地条件评价体系按照一定权重比例关系组合在一起的，具有灵活性，这两个体系既可以单一使用，也可以组合使用。如美国 LESA 体系中，LE 和 SA 比例关系为 1∶2，更注重耕地的持续利用能力。本章中凌源市耕地质量评价体系和耕地立地条件评价体系权重比例为 3∶2，更注重基本农田的粮食生产能力，因此，耕地质量与立地条件之间权重关系在选择为不同目标服务时是不一样的。

3. 基本农田除了要有技术方法标准，还在于地方的法规政策完善

本章构建的耕地质量与立地条件综合评价体系是基本农田划定的科学方法体系，该方法体系在理论和实践操作层面是可行的，但是基本农田划定是由地方政府，尤其是县级政府具体负责执行和实施，因此，地方性的政策法规完善程度以及地方管理者对基本农田认知程度、执行力度等都影响到基本农田划定结果。

第7章 辽西北丘陵—平原过渡区
永久基本农田划定的实践

7.1 研 究 方 案

7.1.1 研究目标

通过借鉴美国的 LESA 模型方法，建立耕地自然质量及立地条件评价体系，进行耕地自然质量及立地条件评价，在评价结果的基础上，建立 LESA 综合评价模型，进行耕地质量综合评价，以综合评价结果为标准划分耕地利用类型，进行基本农田划定，从而保障划定的基本农田数量不减少，质量有提高。

本章的理论意义在于将美国的 LESA 模型方法运用到基本农田划定当中，深化 LESA 模型在耕地质量评价中的实用意义。本章的现实意义在于通过建立基本农田划定体系，确保基本农田数量及质量的稳定性，以期为基本农田划定和保护工作提供科学方法和参考。

7.1.2 研究内容

本章的研究内容主要分为以下三方面。

（1）耕地自然质量评价研究（LE）。根据研究区实际情况，采用灰关联分析方法，筛选对耕地自然质量影响显著的评价指标，建立耕地自然质量评价体系，对评价指标进行分级赋值，运用德尔菲法确定耕地自然质量评价指标权重，构建耕地自然质量评价模型，进行耕地自然质量评价。

（2）耕地立地条件评价研究（SA）。根据研究区自然条件及经济发展状况，选取区位条件、耕地空间形态两方面评价指标，建立耕地立地条件评价体系，对评价指标进行分级赋值。运用层次分析法确定耕地立地条件权重，构建耕地立地条件评价模型，进行耕地立地条件评价。

（3）LESA 综合评价及基本农田划定。在耕地自然质量与耕地立地条件评价结果的基础上，借鉴美国 LESA 模型，构建耕地自然质量与立地条件评价综合模型，根据粮食产量与耕地质量的关系，进行线性回归分析，确定 a 与 b 的数量关系，从而进行耕地质量综合评价，以评价结果为依据，划定基本农田并与规划基本农田进行对比分析。

7.1.3 技术路线

研究技术路线如图 7.1 所示。

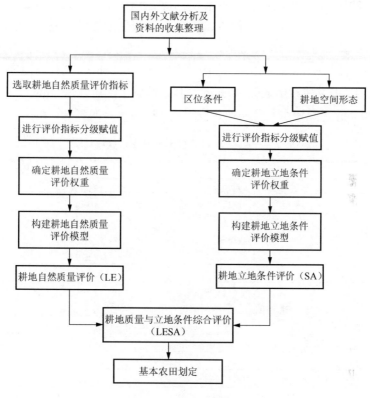

图 7.1 研究技术路线图

7.2 研究区域概况与数据来源

7.2.1 研究区域概况

彰武县地处辽宁省西北部，科尔沁沙地南缘，地理坐标为东经 121°53′～122°58′，北纬 42°07′～42°51′，东与法库、康平相邻，南接新民市，西临阜新蒙古族自治县，北与内蒙古库伦旗和科尔沁左翼后旗相接。彰武县地形像枫叶，地貌似簸箕。地势北高南低，东西部为低山丘陵区，中南部为地势平坦的平原区，北部毗邻科尔沁沙地，沙漠化比较严重，大体呈现"三丘、三沙、四平洼"的格局。彰武县地处温带季风气候区，早晚温差较大，春季多风，受自然环境及区位条件影响，彰武县四季分明，雨热同季，年平均气温为 7.2℃。彰武县干旱少雨，降雨多集中在农作物生长季节的 7～8 月，河流分布比较密集，水资源丰富，县域范围内主要河流共 4 条。

根据 2012 年土地利用变更数据，彰武县土地总面积 362 334hm²，其中，农用地 315 470hm²，占土地总面积的 87.07%；建设用地 30 745hm²，占土地总面积的 8.49%；其他土地 16 119hm²，占土地总面积的 4.45%。农用地中，耕地 185 638hm²，园地 3188hm²，林地 119 039hm²，牧草地 26hm²，其他农用地 7579 hm²。建设用地中，城乡建设用地 25 308hm²，其中城镇工矿用地 3303hm²，农村居民点用地 22 005hm²；交通水利及其他建设用地 5437hm²。如表 7.1 所示。

表 7.1   2012 年彰武县土地利用现状统计表

地　　类		面积/hm²	占总面积的比例/%
农用地	耕地	185 638	51.23
	园地	3 188	0.88
	林地	119 039	32.85
	牧草地	26	0.007
	其他农用地	7 579	2.09
	合计	315 470	87.07
建设用地	城乡建设用地　城镇工矿用地	3 303	0.91
	农村居民点用地	22 005	6.07
	合计	25 308	6.98
	交通水利及其他建设用地	5 437	1.5
	合计	30 745	8.49
其他土地		16 119	4.45
合　　计		362 334	100

7.2.2 资料来源与处理

研究收集的主要数据资料包括彰武县 2012 年土地利用变更数据，彰武县第二次全国土地调查数据，彰武县（2006～2020 年）土地利用总体规划文本、图件以及数据库资料，彰武县农用地分等定级文本、图件以及数据库资料，彰武县土壤普查数据，彰武县统计年鉴（2012 年），彰武县十二五规划等相关资料。

将数据进行分类整理，对于纸质、图片以及 CAD 等数据可以在 ArcGIS 软件中通过转化配准和矢量化等方法统一成 shape 格式，便于数据的分析处理；而对不同坐标系统的矢量数据，应将其统一转换为相同的空间参考系统，保存为西安 80 坐标系、高斯克吕格 41°带投影；对于其他经济相关资料，应将其与相应的空间属性图层连接，进行信息的录入，进而建立研究基础数据库。

7.3 耕地自然质量评价

7.3.1 评价指标的选取

在进行多指标综合评价时，指标选取的科学与否直接影响到评价结果的可信度。影响耕地自然质量的因素包括土壤有机质含量、表层土壤质地、土壤 pH、盐渍化程度、地表岩石露头状况、有效土层厚度、障碍层次、地形坡度、剖面构型、灌溉保证率等，这些影响因素中有些对耕地自然质量影响显著，有些则显著性较低。评价因素的选择并不是越多越好，显著性较低的评价因素对评价结果存在一定负影响，所以应排除冗余因素，择中选优。评价指标的选取方法大多运用最小均方差、阈值法、层次分析法、回归分析法等（杜俊慧，2012）。综合彰武县耕地自然质量评价数据可获取性及当地实际情况，采用灰色关联度分析方法对自然质量评价指标进行筛选。其具体步骤如下。

（1）选取参考指标序列。选择评价指标集中最为重要的指标作为参考序列，用 $A_0(k)$ 表示，其中 $k=1，2，3，\cdots，n$，n 为评价区数。

（2）确定比较指标序列。参考指标序列之外的指标即为比较指标序列，用 $A_i(k)$ 表示，其中 $k=1，2，3，\cdots，n$，$i=1，2，3，\cdots，w$，w 为评价指标总数减 1。

（3）对指标序列进行无量纲化。指标序列的无量纲化处理方法：将序列中最大值设为 1，其他值均以此值相除。

（4）计算比较指标序列所有指标与对应的参考序列所有指标的关联度。

关联度的计算运用到以下公式：

$$a_i(k) = \frac{m_i in m_k in \varDelta_i(k) + Y m_i ax m_k ax \varDelta_i(k)}{\varDelta_i(k) + Y m_i ax m_k x \varDelta_i(k)} \tag{7-1}$$

式中，$a_i(k)$ 为比较指标序列与对应的参考指标序列的关联度；$\varDelta_i(k) = \left| A_0(k) - A_i(k) \right|$，为指标 k 的绝对差；Y 为分辨系数，$0<Y<1$，一般取值 0.5。

（5）比较序列的关联度，为各比较序列的评价单元关联度的平均值。

$$\xi = \frac{1}{n} \sum_{k=1}^{n} a_i(k) \tag{7-2}$$

（6）比较序列的关联度排序，关联度越大，代表与参考序列越相关，该指标越重要。

根据以上步骤，以彰武县各行政区为单位，利用灰色关联度方法筛选耕地自然质量评价指标因素。《农用地质量分等规程》显示，土壤有效土层厚度对耕地自然质量的影响最大，所以选取有效土层厚度作为参考指标序列，其余指标组成比较序列。通过灰色关联度计算，得出下列计算结果（表 7.2）。

表 7.2　自然质量评价指标灰色关联度计算结果

比较指标	由行政分区得到的关联度
土壤有机质含量	0.825
表层土壤质地	0.923
土壤 pH	0.608
盐渍化程度	0.514
地表岩石露头状况	0.447
障碍层次	0.766
地形坡度	0.798
剖面构型	0.623
灌溉保证率	0.745

　　将各指标灰色关联度计算结果按照与参考序列土壤有效土层厚度指标的相关性大小从高到低进行排序，最终确定土壤有机质含量、表层土壤质地、土壤有效土层厚度、障碍层次、地形坡度、灌溉保证率作为耕地自然质量评价的最终指标因素。

7.3.2　评价指标分级赋值与分析

1. 土壤有机质含量

　　土壤有机质含量一般以有机质占干土重的百分数表示，是土壤中各种营养的重要来源，是体现土壤肥力高低的重要指标。借鉴《农用地分等定级规程》赋值标准并结合彰武县实际情况，将土壤有机质含量分为五级，≥4.0%为一级，4.0%～3.0%为二级，3.0%～2.0%为三级，2.0%～1.0%为四级，1.0%～0.6%为五级，有机质含量越高，相应的分值越大。对彰武县土壤有机质含量指标分级赋值如表 7.3 所示，其分值分布如图 7.2 所示。

表 7.3　土壤有机质含量分级及分值

级别	≥4.0%	4.0%～3.0%	3.0%～2.0%	2.0%～1.0%	1.0%～0.6%
分值/分	100	90	75	55	35

　　从图 7.2 可以看出，彰武县耕地土壤有机质含量主要分布在 2.0%～1.0% 和 1.0%～0.6% 这两个含量区间内，说明彰武县土壤有机质含量相对较低。其中土壤有机质含量在 2.0%～1.0% 的耕地主要分布在彰武县东北部地区，1.0%～0.6% 的耕地主要分布在彰武县东西部地区，区域分布差异比较明显，多成块状集中分布。只有少量的有机质含量在 4.0%～3.0% 的耕地分布在彰武县冯家镇。

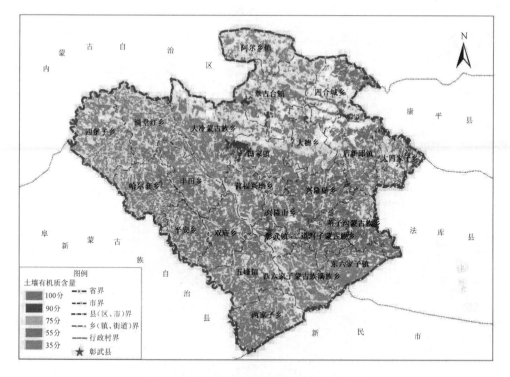

图 7.2　彰武县耕地土壤有机质含量分值图

2. 表层土壤质地

彰武县表层土壤质地分为壤土、黏土、砂土以及砾质土。壤土的土壤孔隙度适中、保水保肥力较好，适宜大部分作物的生长，分值最高。相反，砾质土土粒中间空位较多但保水力差，在无雨季节，容易变得干旱，保肥力亦差，养分容易被冲走，砾质土分值最低。借鉴《农用地分等定级规程》赋值标准并结合彰武县实际情况，对彰武县表层土壤质地指标分级赋值如表 7.4 所示，其分值分布如图 7.3 所示。

表 7.4　土壤表层土壤质地分级及分值

级别	壤土	黏土	砂土	砾质土
分值/分	100	80	60	40

从图 7.3 可以看出，彰武县耕地表层土壤质地中壤土与砂土所占的比例较大。壤土主要分布在彰武县中南部及其他地势较为平坦的地区，壤土保水保肥、通气透光性好，适宜农作物的生长，土壤自然肥力较高；砂土主要分布在彰武县北部及县域河流两岸滩涂地带，由于自然环境影响，砂土的保肥力较差，但通气透水性较好，较易耕作。少量的黏土分布在彰武县中北部冯家镇、后新邱镇、兴隆堡乡；少量的砾质土分布在彰武县东西两侧的丘陵地区，适耕性较差。

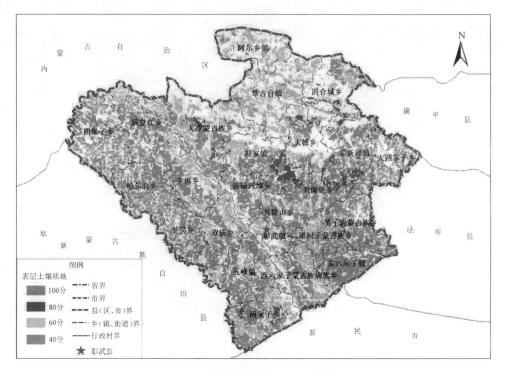

图7.3　彰武县耕地表层土壤质地图

3. 有效土层厚度

有效土层厚度是土壤层和松散的母质层之和，能够直接反映土壤的发育程度，是鉴别土壤肥力的重要指标（王绍强等，2001），对农作物的生长及产量影响很大。有效土层厚度越大，分值越高。借鉴《农用地分等定级规程》赋值标准并结合彰武县实际情况，彰武县有效土层厚度共分为五个等级。对彰武县有效土层厚度指标分级赋值如表7.5所示，其分值分布如图7.4所示。

表7.5　有效土层厚度分级及分值

级别	≥150cm	100～150cm	60～100cm	30～60cm	≤30cm
分值/分	100	90	75	60	30

从图7.4可以看出，彰武县有效土层厚度绝大部分在60cm以上，平均分值大于75分。有效土层厚度大于150cm的耕地主要分布在彰武县中部地区，有效土层厚度在100～150cm的耕地分布其两侧，东西部少数地区有效土层厚度在60cm以下，这部分耕地土质瘠薄，空间分布零散稀疏，抗风蚀能力较弱，水土流失风险较大。

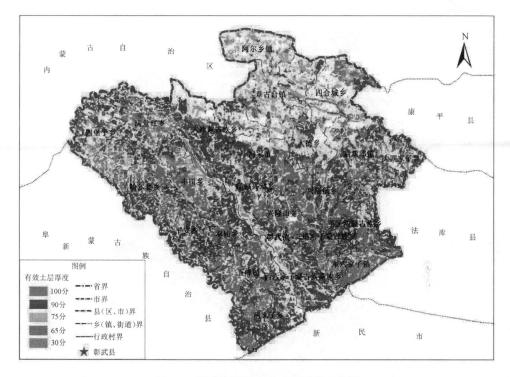

图 7.4　彰武县耕地有效土层厚度分值图

4. 障碍层次

障碍层次即土壤障碍层距地表的距离，直接影响作物根系的生长和养分的吸收，是造成农田中低产的主要原因。障碍层次越深，表示土壤障碍层对作物生长发育的影响越小。彰武县障碍层次分为 60～90cm、30～60cm、<30cm 三个级别，借鉴《农用地分等定级规程》赋值标准并结合彰武县实际情况，对彰武县障碍层次指标分级赋值如表 7.6 所示，其分值分布如图 7.5 所示。

表 7.6　障碍层次分级及分值

级别	60～90cm	30～60cm	<30cm
分值/分	100	90	75

从图 7.5 可以看出，彰武县障碍层次在 30～60cm 的耕地最多，主要分布在彰武县大部分地区，障碍层次在 60～90cm 的耕地主要分布在彰武县北部地区，障碍层次小于 30cm 的耕地主要分布在彰武县东西部低山丘陵区哈尔套镇、大四家子乡及中南部地区的五峰镇、西六乡、二道河子乡。

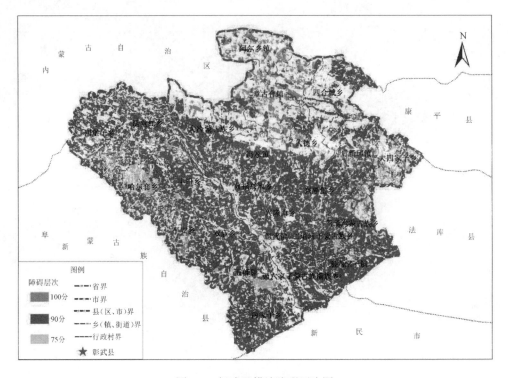

图 7.5   彰武县耕地障碍层次图

5. 地形坡度

地形坡度是影响农业耕作的主要限制性因素，坡度越大水土流失越严重。根据彰武县 DEM 影像图，提取坡度数据，借鉴《农用地分等定级规程》赋值标准并结合彰武县实际情况，将彰武县地形坡度分为五个级别，对彰武县地形坡度指标分级赋值如表 7.7 所示，其分值分布如图 7.6 所示。

表 7.7   地形坡度分级及分值

级别	≤2°	2°~5°	5°~8°	8°~15°	≥15°
分值/分	100	90	70	45	10

从图 7.6 可以看出，彰武县耕地大部分处于地势平坦的平原地带，坡度小于2°，几乎无水土流失现象发生，土层深厚，农业耕作便利，自然环境良好。少部分耕地坡度在 2°~5°，主要分布在彰武县东部丘陵地区。5°以上耕地零星分布在彰武县东部丘陵地区，随着坡度的增高，耕地发生水土流失、土壤侵蚀现象的几率逐渐增大，直接影响土层厚度、土壤肥力等土壤自然理化性质，同时还成为农业耕作的主要限制因素，造成"农耕机械上山难"的困境。

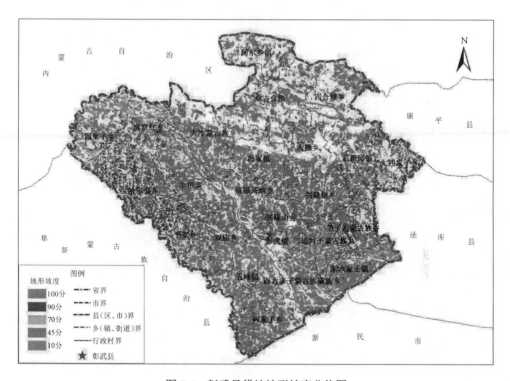

图 7.6　彰武县耕地地形坡度分值图

6. 灌溉保证率

灌溉保证率是体现作物生长需水要求的量度指标，是灌溉工程设计的重要标准。彰武县灌溉保证率分为充分满足、基本满足、一般满足、无灌溉条件四个级别，借鉴《农用地分等定级规程》赋值标准并结合彰武县实际情况，对彰武县灌溉保证率指标分级赋值如表 7.8 所示，其分值分布如图 7.7 所示。

表 7.8　灌溉保证率分级及赋值

级别	充分满足	基本满足	一般满足	无灌溉条件
分值/分	100	80	60	35

从图 7.7 可以看出，彰武县地处辽西地区，气候干旱少雨，且主要种植旱地，大部分耕地无灌溉条件，节水滴灌技术落后，灌溉保证率水平整体较差。只有彰武县北部少部分地区的灌溉条件达到充分满足的标准，中南部的二道河子乡、苇子沟乡灌溉保证率能够达到基本满足的标准，这部分地区地下水资源较为充足，位于水源地、水库周边，能够基本达到灌溉要求。

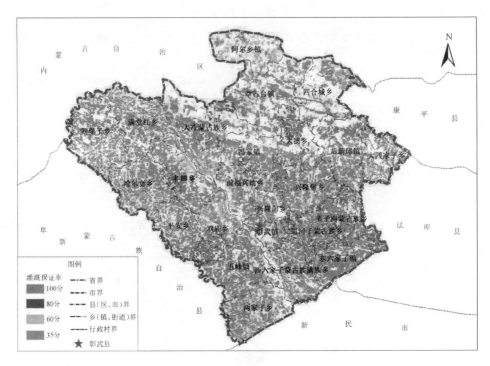

图 7.7　彰武县耕地灌溉保证率分值图

7.3.3　评价指标权重确定及评价模型建立

由于耕地自然质量评价指标较少且存在于同一评价体系中，故采用德尔菲法确定各指标权重值。根据三轮专家打分结果，得出耕地自然质量指标权重值如表 7.9 所示。

表 7.9　耕地自然质量评价指标权重

评价指标	有效土层厚度	表层土壤质地	土壤有机质含量	障碍层次	地形坡度	灌溉保证率
权重	0.22	0.2	0.18	0.12	0.16	0.12

耕地各自然质量指标分值确定后，需要对各指标分值进行综合评价，得出各评价单元耕地自然质量综合评价分值。本章运用多级加权求和模型求取耕地自然质量指标综合分值，多级加权求和模型的计算公式为

$$F = \sum_{i=1}^{n} f_i w_i \tag{7-3}$$

式中，f_i 为耕地自然质量指标因子 i 的作用分值；w_i 为耕地自然质量指标因子 i 的权重；n 为评价因子的个数；F 为评价单元的总分值，值越大说明耕地自然质量指标因子的分值越高，耕地自然质量越好。

7.3.4 自然质量评价结果分析

经计算，彰武县耕地自然质量分值分布在 34～98 分，按照 10 分的间距将耕地质量评价分值划分为七个区间，其中 60～80 分耕地面积最多，占耕地总面积的 57.81%，80 分以上耕地次之，占耕地总面积的 37.14%，60 分以下耕地最少，仅占耕地总面积的 5.05%。彰武县耕地自然质量评价分值大部分在 60 分以上，说明耕地自然质量总体良好，如图 7.8 所示。各分值区间耕地面积统计情况如表 7.10。

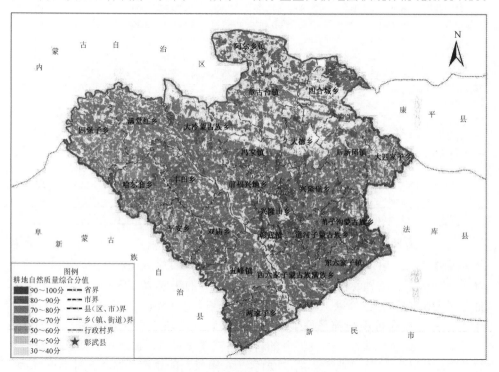

图 7.8 彰武县耕地自然质量评价分值图

表 7.10 彰武县耕地自然质量评价表 单位：hm²

行政区名称	合计	30～40分	40～50分	50～60分	60～70分	70～80分	80～90分	90～100分	占耕地总面积比例/%
阿尔乡镇	4 680.22		0.41	40.16	3 379.90	588.23	669.50	2.02	2.44
大德乡	5 360.17	0.40	23.19	20.27	842.07	2 684.24	1 741.98	48.02	2.80
大冷蒙古族乡	12 294.52			20.61	939.54	7 187.82	4 144.90	1.65	6.42
大四家子乡	5 184.33	47.11	215.07	798.44	1 861.55	1 544.21	682.17	35.78	2.71
东六家子镇	8 218.94		5.91	178.20	293.42	1 607.25	6 125.65	8.51	4.29
二道河子蒙古族乡	6 203.07	0.93	4.30	119.88	115.31	2 854.58	3 097.58	10.49	3.24

行政区名称	合计	30～40分	40～50分	50～60分	60～70分	70～80分	80～90分	90～100分	占耕地总面积比例/%
丰田乡	8 816.32		53.33	8.86	1 244.29	4 362.84	3 147.00		4.60
冯家镇	8 105.08		4.38	7.41	1 061.62	3 057.05	3 897.16	77.46	4.23
哈尔套乡	10 040.20	8.25	411.92	1 064.15	442.58	5 144.23	2 928.29	40.78	5.24
后新邱镇	9 290.92	13.42	328.24	340.18	1 374.51	3 244.64	3 785.42	204.51	4.85
两家子乡	10 402.06		24.20	77.95	277.83	6 287.53	3 721.08	13.47	5.43
满堂红乡	9 218.77		94.31	167.10	894.20	5 590.22	2 472.94		4.81
平安乡	6 558.51	18.86	427.84	572.06	9.96	4 179.22	1 350.57		3.42
前福兴地乡	6 674.61	0.08	13.80	0.44	783.88	3 588.03	2 258.81	29.57	3.48
双庙乡	8 973.79			5.85	164.18	5 404.62	3 399.14		4.68
四堡子乡	10 183.30		64.92	961.21	1 527.69	6 253.66	1 375.82		5.31
四合城乡	6 763.43		4.03	982.23	625.88	2 559.78	2 294.40	297.11	3.53
苇子沟蒙古族乡	8 430.93	9.09	292.16	212.25	980.75	2 435.80	4 490.09	10.79	4.40
五峰镇	11 088.24		11.21	1 334.91	443.97	4 653.01	4 645.14		5.79
西六家子蒙古族满族乡	8 439.94			323.59	490.08	5 413.16	2 213.11		4.40
兴隆堡乡	9 684.24	0.49	51.40	125.52	364.15	3 153.14	5 945.06	44.48	5.05
兴隆山乡	4 592.69				17.86	791.35	3 770.95	12.53	2.40
章古台镇	9 733.21		0.29	185.98	5 664.71	2 814.55	945.05	122.63	5.08
彰武镇	2 683.23			0.46	324.11	1 255.97	1 022.02	80.67	1.40
合计	191 620.72	98.63	2 030.91	7 547.71	24 124.04	86 655.13	70 123.83	1 040.47	100.00

彰武县耕地自然质量综合分值大于 80 分的耕地面积共 71 164.30 hm²，占耕地总面积的 37.14%，这一分值区间的耕地属于优质耕地。其中 90 分以上耕地 1040.47 hm²，占耕地总面积的 0.54%；80～90 分的耕地 70 123.83 hm²，占耕地总面积的 36.60%。80 分以上耕地主要分布在东六家子镇、兴隆堡乡、五峰镇、苇子沟蒙古族乡等中南部平原地区，地势平坦，土壤有机质含量高、土壤自然质量较优。综合分值在 60～80 分的耕地自然质量良好，属于中等质量耕地，共 110 779.17hm²，占耕地总面积的 57.81%，一半以上的耕地分布在此分值区间内，其中 60～70 分耕地共 24 124.04 hm²，占耕地总面积的 12.59%，70～80 分耕地共 86 655.13 hm²，占耕地总面积的 45.22%。60～80 分耕地主要分布在大冷蒙古族乡、彰古台镇，此区域的耕地本底质量虽不如 80 分以上耕地良好，但通过土壤改良等技术措施，可以在一定程度上提高耕地质量，满足耕作要求。

综合分值在 60 分以下的耕地共 9677.25hm²，占耕地总面积的 5.05%，属于劣等质量耕地。其中 50～60 分耕地面积 7547.71hm²，占耕地总面积的 3.94%，40～50 分耕地面积 2030.91hm²，占耕地总面积的 1.06%，30～40 分耕地面积 98.63hm²，占耕地总面积的 0.05%。60 分以下耕地大多分布在哈尔套镇、五峰镇，大多为坡耕地，土层较薄、土壤有机质含量低，土壤理化性质较差，不适宜耕作。

7.4 耕地立地条件评价

7.4.1 评价指标选取处理与分级赋值

根据前人的研究与界定，耕地立地条件主要指除耕地自然质量影响因素以外的其他影响耕地质量的外部环境因素，主要反映农地的可持续利用性及与外界环境的适宜性。本章重点强调耕地自身的稳定性，所以选取耕地空间形态、耕地区位条件两方面影响因素对耕地立地条件进行评价。

1. 耕地空间形态

在基本农田划定过程中，往往忽略"集中连片"、"规整"的方针，容易造成片面追求基本农田的优质性，即只要达到等级的农地都划为基本农田，导致基本农田细碎化、零散分布的现象比较严重。为了保护优质集中的耕地，质量相近且优质连片、田块形状规整的耕地应优先划入基本农田。所以本章选取耕地连片度及田块规整度指标对耕地空间形态进行评价。

（1）耕地连片度。连片度（connectivity）表示地块之间的相连程度。绝对相连是指某一地块与其周边地块拥有共同的边界或边界点（周尚意等，2008）。

在 ArcGIS 中利用 Buffer Wizard 工具对耕地图斑进行 10m 缓冲区分析，得到耕地 10m 缓冲区图，然后利用 intersect 工具将耕地 10m 缓冲区图层与耕地图斑进行叠加分析，得到耕地连片面积（图 7.9）。

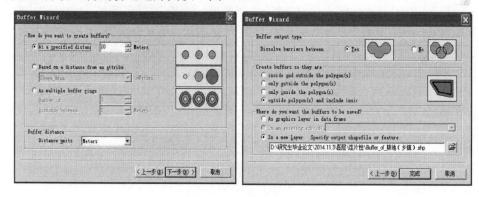

图 7.9　建立耕地缓冲区

使用 Buffer Wizard 工具进行耕地缓冲区分析时，注意选择 outside polygon（s）and include inside 选项，这样可以将重叠的地块自动融合在一起，就省去了 Merge 合并的步骤。

经过耕地缓冲区分析，彰武县耕地图斑变为 3478 块，原耕地图斑为 2 6361 块，其中最大耕地连片图斑面积为 19 172.458 1 hm²，最小耕地连片图斑面积为 0.1001 hm²。运用 ArcGIS 中 Classification Nature Break 命令，将耕地连片面积自然划分为五个等级，按照各等级进行等间距赋分值，各等级分值如表 7.11 所示。

表 7.11　耕地连片面积分级及分值

连片面积/hm²	>9624.85	4150.03～9624.85	1579.42～4150.03	375.74～1579.42	≤375.74
分值/分	100	80	60	40	20

（2）田块规整度。田块规整度是描述田块几何形状复杂性的度量指标，其理论范围为 1.0～2.0（蔡海生等，2007）。田块越规整，越有利于规模化、机械化耕作。其具体计算公式为

$$PD = 2\ln(p/4)\ln A \qquad (7-4)$$

式中，PD 为田块规整度；P 为田块的周长；A 为田块面积（张正峰等，2004）。

按照以上公式计算彰武县耕地田块规整度，利用 Classification Nature Break 命令，将田块规整度自然划分为五个等级，各等级分值如表 7.12 所示。

表 7.12　田块规整度分级及分值

级别	≤1.06	1.06～1.21	1.21～1.42	1.42～1.76	>1.76
分值/分	100	80	60	40	20

2. 区位条件

《基本农田保护条例》规定："分布于铁路、公路等交通沿线，城市和村庄、集镇建设用地区周边的耕地，应当优先划入基本农田保护区。"经过咨询专家及考虑彰武县实际情况，决定选取至农村居民点距离、至主干道距离以及至城镇距离三个指标要素来衡量彰武县耕地的区位条件，为耕地划入基本农田提供有力的依据。

对彰武县耕地区位条件的研究运用到缓冲区分析的方法，对于不同类型的地理实体缓冲区分为点、线、面三种类型（图 7.10）。本章所分析的地理实体为农村居民点、主干道、城镇，均为面状图斑，即为面的缓冲区分析。

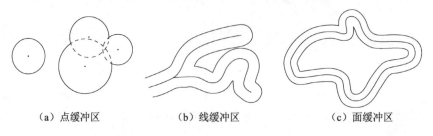

（a）点缓冲区　　　　　（b）线缓冲区　　　　　（c）面缓冲区

图 7.10　三种目标的缓冲区生成结果

（1）至农村居民点距离。农村居民点是农村人口生产、生活、居住的载体（姜广辉等，2007），具有综合功能，其最重要的职能是进行耕作业生产（乔伟峰等，2013），耕地至农村民居点距离越小，农民的田间作业和管理越便捷，效率越高。

结合彰武县实际情况，距农村居民点距离在 500m 内认为农民耕作最便利，大于 1500m 时认为农民耕作非常不方便，不利于耕作。根据彰武县 2012 年土地利用现状图，通过 Selection By Attributes 工具提取农村居民点图斑，然后利用 ArcToolbox-Spatial Analyst Tools-Distance-Euclidean Distance，即选择欧几里得距离对农村居民点图斑按照 500m 的间隔进行缓冲区分析（图 7.11），划分等级及确定分值，分级赋值如表 7.13 所示。

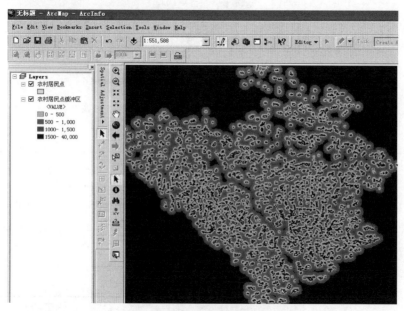

图 7.11　农村居民点缓冲区分析

表 7.13　耕地距农村居民点距离及分值

距离/m	<500	500～1000	1000～1500	≥1500
分值/分	100	75	50	25

（2）至主干道距离。至主干道距离是指耕地至道路主干道的最短距离。交通条件扩大了农产品的市场范围，距离主干道越近，农产品的运输越便利，能够在降低运输成本的同时保证农产品的新鲜程度。距主干道距离小于 1km 时，耕地的交通条件好，而大于 5km 时，耕地的交通条件差（程雄等，2002；李轶平，2008）。同样运用欧几里得距离按照 1km 的间隔对至主干道距离进行缓冲分析（图 7.12），划分等级及确定分值，分级赋值如表 7.14 所示。

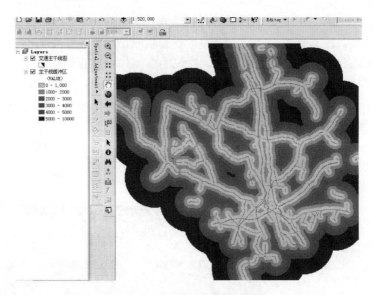

图 7.12　至主干道距离缓冲区分析

表 7.14　耕地到道路主干线距离及其分值

距离/km	<1	1~2	2~3	3~4	4~5	≥5
分值/分	100	85	70	55	40	25

（3）至城镇距离。至城镇距离是指耕地至城镇的最短距离，至城镇距离越近，越便于农作物的销售。结合彰武县实际情况，按照 3km 的间隔对耕地至城镇距离进行缓冲区分析（图 7.13），划分等级及确定分值，分级赋值如表 7.15 所示。

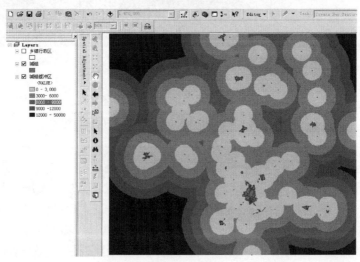

图 7.13　至城镇距离缓冲区分析

表 7.15　耕地到城镇距离及其分值

距离/km	<3	3~6	6~9	9~12	≥12
分值/分	100	80	60	40	20

7.4.2　评价指标权重确定及模型建立

耕地立地条件的评价主要从耕地空间形态、区位条件两方面进行，所以本章选择层次分析法来确定耕地立地条件的权重。耕地立地条件评价指标权重值如表 7.16 所示。

表 7.16　耕地立地条件评价指标权重

目标层 A	准则层 B		指标层 C	
	因素	权重	因素	权重
耕地立地条件	耕地空间形态	0.45	耕地连片性	0.5
			田块规整度	0.5
	耕地区位条件	0.55	至农村居民点距离	0.38
			至主干道距离	0.34
			至城镇距离	0.28

在耕地空间形态、区位条件评价的基础上，综合立地条件评价指标权重，运用多级加权求和模型求取立地条件评价综合分值，多级加权求和模型的计算公式为

$$F = \sum_{i=1}^{n} f_i w_i \qquad (7\text{-}5)$$

式中，f_i 为耕地立地条件指标因子 i 的作用分值；w_i 为耕地立地条件指标因子 i 的权重；n 为评价因子的个数；F 为评价单元的总分值，该值越大说明耕地立地条件指标因子的分值越高，耕地外界环境条件越好。

7.4.3　立地条件评价结果分析

经计算，耕地立体条件评价分值分布在 30~97 分，按照 10 分的间距将耕地立地条件评价分值划分为七个区间。其中 60~80 分耕地面积最多，占耕地总面积的 66.74%，80 分以上耕地次之，占耕地总面积的 18.37%，60 分以下耕地最少，仅占耕地总面积的 14.89%。彰武县立地条件评价分值大部分在 60 分以上，说明耕地所在区域外界环境条件较优，基本农田稳定性较好（表 7.17，图 7.14）。

表 7.17 彰武县耕地立地条件评价分值表   单位：hm²

行政区名称	合计	30~40分	40~50分	50~60分	60~70分	70~80分	80~90分	90~100分	占耕地总面积比例/%
阿尔乡镇	4 679.23	43.49	574.28	1 565.72	1 788.22	650.35	57.17		2.44
大德乡	5 359.18	37.78	291.78	1 612.93	1 664.61	1 373.42	363.04	15.62	2.80
大冷蒙古族乡	12 293.51	90.49	228.00	1 378.35	4 945.97	4 859.65	738.57	52.48	6.42
大四家子乡	5 185.32	11.29	539.23	1 865.26	1 728.06	839.41	198.04	4.03	2.71
东六家子镇	8 220.95		29.60	461.19	2 420.08	3 659.11	1 451.61	199.36	4.29
二道河子蒙古族乡	6 204.06			173.82	1 234.21	3 484.71	1 220.58	90.74	3.24
丰田乡	8 817.32		1.11	87.27	787.30	3 233.54	4 079.61	628.49	4.60
冯家镇	8 102.09		25.92	454.74	3 201.84	3 734.77	630.27	54.55	4.23
哈尔套乡	10 039.20		49.79	687.38	2 270.14	2 734.01	3 447.61	850.27	5.24
后新邱镇	9 293.93	3.63	223.39	722.20	2 913.01	3 797.07	1 472.76	161.87	4.85
两家子乡	10 401.06		44.71	500.13	2 360.08	4 033.45	3 089.83	372.86	5.43
满堂红乡	9 215.77	214.20	475.69	2 080.62	3 972.69	1 845.41	599.44	27.72	4.81
平安乡	6 558.52	62.83	223.65	1 824.20	2 883.45	1 008.33	513.26	42.80	3.42
前福兴地乡	6 674.62		7.79	449.74	2 033.10	3 292.05	848.27	43.67	3.48
双庙乡	8 973.80	0.28	17.75	225.11	2 555.37	4 624.06	1 462.55	88.68	4.68
四堡子乡	10 182.30	115.26	1 148.39	3 327.05	4 117.21	1 424.53	49.86		5.31
四合城乡	6 765.44	7.03	157.42	990.71	2 881.45	2 464.18	260.53	4.12	3.53
苇子沟蒙古族乡	8 428.93		87.21	825.91	2 617.67	3 518.05	1 294.71	85.38	4.40
五峰镇	11 088.23		54.01	277.56	2 513.35	3 449.16	3 664.26	1 129.89	5.79
西六家子蒙古族满族乡	8 435.94		95.23	1 185.19	2 660.45	3 104.84	1 265.84	124.39	4.40
兴隆堡乡	9 685.23			64.58	2 004.32	6 081.98	1 434.34	100.01	5.05
兴隆山乡	4 592.69			0.09	702.30	1 652.21	1 850.64	387.45	2.40
章古台镇	9 734.21	63.62	441.03	2 261.65	5 117.18	1 621.97	225.17	3.59	5.08
彰武镇	2 684.23		14.89	122.92	510.36	1 518.65	455.35	62.06	1.40
合计	191 615.76	649.90	4 730.87	23 144.32	59 882.42	68 004.91	30 673.31	4 530.03	100.00

彰武县耕地立地条件综合分值大于 80 分的耕地面积共 35 203.34 hm²，占耕地总面积的 18.37%，属于耕地立地条件较优耕地。其中 90 分以上耕地 4530.03 hm²，占耕地总面积的 2.36%；80~90 分的耕地 30 673.31 hm²，占耕地总面积的 16.00%。立地条件 80 分以上耕地主要分布在丰田乡、五峰镇、哈尔套镇。哈尔套镇地理位置优越，区位条件良好，101 国道从镇中穿过，是国家小城镇经济综合开发试点镇，有集农、牧、工为一体化的综合性大市场，是全国闻名的农副产品集散地；丰田乡与哈尔套镇毗邻，都处于彰武县西部经济区范围内，耕地大多集中连片，南接国道 101 线，生态环境良好，基础设施完善。五峰镇是彰武县的重点镇之一，五峰镇地处大郑铁路沿线，交通较为便捷，耕地多呈集中连片分布。

综合分值在 60~80 分的耕地立地条件良好，属于中等质量耕地，共 127 887.33 hm²，占耕地总面积的 66.74%，三分之二的耕地分布在此分值区间内，

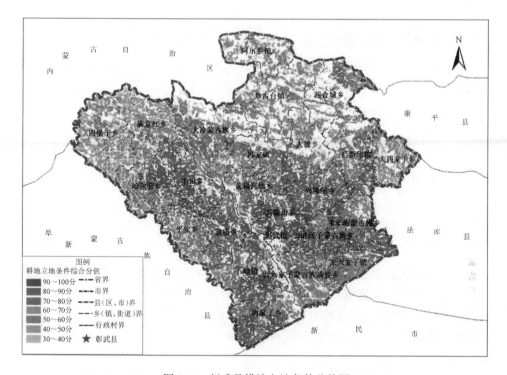

图 7.14 彰武县耕地立地条件分值图

其中，60～70 分耕地共 59 882.42 hm²，占耕地总面积的 31.25%，70～80 分耕地共 68 004.91 hm²，占耕地总面积的 35.49%。60～80 分耕地主要分布在大冷蒙古族乡、兴隆堡乡、双庙乡，这一区域的耕地基数较大，耕地连片性及规整度逐渐降低，农民耕作半径加大，距城镇及主干道距离较远，出现部分限制性因素。

立地条件综合分值在 60 分以下的耕地共 28 525.09 hm²，占耕地总面积的 14.89%，其中 50～60 分耕地面积 23 144.32 hm²，占耕地总面积的 12.08%，40～50 分耕地面积 4730.87 hm²，占耕地总面积的 2.47%，30～40 分耕地面积 649.90 hm²，占耕地总面积的 0.34%。60 分以下耕地大多分布在四堡子乡、章古台镇、满堂红乡、大四家子乡等县域边缘的乡镇，这些乡镇距离城区较远，区位条件较差，交通网路不发达，耕地零散细碎，不适宜农业耕作。

7.5 LESA综合评价

在耕地质量与立地条件评价的基础上，借鉴 LESA 模型方法，通过运用 SPSS 软件分析粮食产量与耕地质量的关系，确定 LE 与 SA 权重值，进行耕地综合评价并划定基本农田。

7.5.1 综合评价模型的建立

耕地质量与立地条件综合评价模型的建立是借鉴美国的 LESA 模型方法，即通过建立模型关系的方法将 LE（耕地质量评价）及 SA（立地条件评价）联系在一起，从而对耕地进行综合评价。

$$f_{ij} = aF_i + bF_j \qquad (7\text{-}6)$$

$$a + b = 1 \qquad (7\text{-}7)$$

式中，f_{ij} 为耕地综合评价分值；F_i 为耕地质量评价分值；F_j 为立地条件评价分值；a、b 为权重。

7.5.2 LE 与 SA 权重的确定

耕地质量的高低直接关系到我国的粮食安全问题，是实现粮食安全的基础和保障。所以粮食产量能够直接反映耕地质量情况，运用 SPSS 软件将粮食产量与不同 a、b 权重值下的耕地综合质量分进行线性回归分析，确定在何种 a、b 权重组合下，耕地综合质量与粮食产量的相关性最大，从而确定 LE 与 SA 最终的权重值。具体步骤如下。

（1）按照 $a+b=1$ 的关系，将 a 与 b 分别从 $0.1 \sim 0.9$ 按照 0.1 的等间隔进行取值，如 $a=0.1$、$b=0.9$，$a=0.2$、$b=0.8$。

（2）在耕地质量评价及立地条件评价的基础上，根据自然质量与立地条件评价分值，计算不同 a、b 权重组合下的耕地综合质量分。

（3）以村行政区为单位，选取各行政村内的样点，测算其粮食产量。经统计，本章共测算 506 个粮食产量样点。

（4）在 SPSS 软件中分别进行不同 a、b 权重组合下的耕地综合质量与样点粮食产量的相关性分析。得出综合质量与粮食产量的相关性函数，判断两者之间的相关性，选取与粮食产量最相关的 a、b 权重组合作为耕地质量综合评价的最终权重值（表 7.18）。

表 7.18　不同权重下评价分值与利用等系数

序号	权重系数（a）	权重系数（b）	回归分析	相关系数
1	0.1	0.9	$y=83.25-0.028x$	0.342
2	0.2	0.8	$y=80.20+0.028x$	0.398
3	0.3	0.7	$y=77.15+0.029x$	0.454
4	0.4	0.6	$y=74.09+0.029x$	0.505
5	0.5	0.5	$y=71.04+0.030x$	0.547
6	0.6	0.4	$y=67.99+0.031x$	0.578

续表

序号	权重系数（a）	权重系数（b）	回归分析	相关系数
7	0.7	0.3	$y=64.93+0.031x$	0.566
8	0.8	0.2	$y=61.88+0.030x$	0.572
9	0.9	0.1	$y=58.85+0.029x$	0.54

通过计算，当 $a=0.6$，$b=0.4$ 时，粮食产量与耕地综合质量的相关性最大，可以看出耕地自然质量对粮食产量的影响更大，最终确定 a 与 b 的比例关系为 3：2。

7.5.3　综合评价结果分析

在耕地自然质量与立地条件评价的基础上，引用 LESA 综合评价模型，对耕地进行综合评价，评价分值结果按照 10 分的间距进行分级，评价结果如表 7.19 和图 7.15 所示。

表 7.19　彰武县耕地质量综合评价分值表　　　　　　单位：hm²

行政区名称	合计	40～50分	50～60分	60～70分	70～80分	80～90分	90～100分	占耕地总面积比例/%
阿尔乡镇	4 679.22	0.40	911.39	2 804.69	922.55	40.19		2.44
大德乡	5 358.17	9.78	305.19	1 463.97	3 174.17	405.06		2.80
大冷蒙古族乡	12 292.52	0.75	325.24	2 242.36	8 858.79	865.38		6.42
大四家子乡	5 185.32	114.66	1 094.38	2 299.07	1 609.68	67.53		2.71
东六家子镇	8 220.95		4.14	511.16	6 027.70	1 677.95		4.29
二道河子蒙古族乡	6 204.06		38.94	298.09	3 930.01	1 929.10	7.92	3.24
丰田乡	8 816.30		15.16	367.11	5 791.24	2 638.59	4.20	4.60
冯家镇	8 103.10		75.94	1 295.40	5 710.48	1 020.78	0.50	4.23
哈尔套乡	10 040.21	4.14	522.21	1 444.07	5 111.44	2 907.29	51.06	5.24
后新邱镇	9 290.92	35.55	554.64	1 527.11	5 564.73	1 608.29	0.60	4.85
两家子乡	10 401.07		1.08	1 674.59	6 250.55	2 474.85		5.43
满堂红乡	9 217.77	0.62	545.33	3 251.07	5 200.79	219.96		4.81
平安乡	6 558.51	29.90	882.28	1 269.45	4 009.43	367.45		3.42
前福兴地乡	6 674.62		8.08	887.89	4 968.68	809.97		3.48
双庙乡	8 975.79		0.98	992.58	6 909.94	1 069.78	2.51	4.68
四堡子乡	10 182.31	4.84	1 374.15	4 364.93	4 414.35	24.04		5.31
四合城乡	6 764.43	12.40	444.54	1 894.76	3 368.96	1 039.17	4.60	3.53
苇子沟蒙古族乡	8 430.93	29.44	397.91	1 339.40	5 145.59	1 517.94	0.65	4.40
五峰镇	11 089.25		33.79	2 215.78	6 309.16	2 528.59	1.93	5.79
西六家子蒙古族满族乡	8 438.94		192.62	2 444.49	4 964.33	837.50		4.40
兴隆堡乡	9 687.24	0.12	104.39	493.47	6 554.37	2 530.55	4.34	5.06
兴隆山乡	4 590.68			99.91	2 114.83	2 351.41	24.53	2.40
章古台镇	9 734.21	8.94	1 229.55	5 813.63	2 514.60	167.49		5.08
彰武镇	2 683.23		71.34	387.19	1 394.79	824.95	4.96	1.40
合计	191 619.75	251.54	9 133.27	41 382.17	110 821.16	29 923.81	107.80	100.00

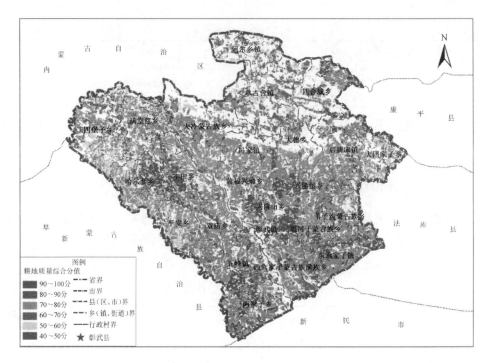

图 7.15 彰武县耕地自然质量与立地条件综合评价图

耕地综合评价结果分值分布在 40～94 分，共分为六个分值区间，80 分以上耕地共 30 031.61 hm²，占耕地总面积的 15.67%，为优质耕地。其中，综合评价分值在 90 分以上的耕地面积 107.80 hm²，占耕地总面积的 0.06%，主要分布在哈尔套镇，面积为 51.06 hm²，占该区间耕地面积的 45.50%；综合分值在 80～90 分的耕地面积共 29 923.81 hm²，占耕地总面积的 15.62%，主要分布在哈尔套乡、丰田乡、两家子乡，分别占此区间耕地总面积的 9.71%、8.82%以及 8.27%。综合分值在 80 分以上的耕地质量最好，地势平坦，区位条件优越，交通四通八达，耕地集中连片且规整，无论是耕地自然质量还是耕地立地条件均为最优。

综合评价分值在 60～80 分的耕地共 152 203.33 hm²，占耕地总面积的 79.43%，属于中等质量耕地。其中，分值在 70～80 分的耕地总面积为 110 821.16 hm²，占耕地面积的 57.83%，占耕地面积的一半之多，主要分布在大冷蒙古族乡，面积为 8858.79 hm²，占该区间耕地总面积的 7.99%。分值在 60～70 分的耕地总面积为 41 382.17 hm²，占耕地总面积的 21.60%，主要分布在四堡子乡、满堂红乡等东西部低山丘陵区，面积分别为 4364.93 hm²、3251.07 hm²，分别占此区间耕地总面积的 10.55%、7.86%。这一区域耕地面积比例最大，限制性因素逐渐显现。

综合分值在 60 分以下的耕地共 9384.81 hm²，占耕地总面积的 4.90%，为劣质耕地。其中，50～60 分的耕地面积为 9133.27 hm²，占耕地总面积的 4.77%，主要分布在四堡子乡、章古台镇、大四家子乡，耕地面积分别为 1374.15 hm²、1229.55 hm²、

1094.38 hm²，占这一分值区间耕地总面积的 14.03%、13.45%、11.98%；40～50分的耕地面积为 251.54 hm²，仅占耕地总面积的 0.13%，主要分布大四家子乡，耕地面积分别为 114.66 hm²，占这一区间耕地面积的 44.62%。这一区间的耕地综合质量最差，大多位于彰武县北部风蚀荒漠化地区，大多以风沙土为主，土壤贫瘠，自然环境恶劣，耕地生产力低下，生态环境比较脆弱，同时耕地分布细碎化程度严重，区位条件优势不明显，基本农田耕作限制性最大。

7.6 基本农田划定结果分析

7.6.1 基本农田划定阈值范围的确定

根据彰武县耕地综合评价结果可知，综合评价分值分布在 30～100 分，平均综合分值为 72 分，运用累积曲线分级法，根据曲线的拐点划分综合评价的阈值临界点，发现综合分值在 65～75 分时耕地质量综合评价分值有显著变化，此区间内的耕地自然质量平均分值为 74 分，立地条件平均分值为 68 分。根据耕地自然质量平均分可将彰武县耕地分为高质量（high quality，HQ）和低质量（low quality，LQ）两种类型；根据立体条件平均分值可将彰武县耕地分为高度稳定（high stability，HS）和低度稳定（low stability，LS）两种类型。将县域内耕地按照耕地自然质量及立地条件两个评价体系进行划分，运用四象限法确定彰武县耕地利用方向为：高质量且高度稳定（high quality and high stability，HQHS）作为优先划定型耕地、高质量但低度稳定（high quality and low stability，HQLS）作为潜在调入型耕地、低质量但高度稳定（low quality and high stability，LQHS）作为建设预留型耕地、低质量且低度稳定（low quality and low stability，LQLS）作为生态退出型耕地四种类型（图 7.16）。

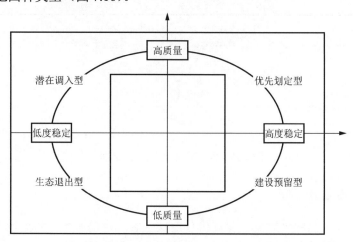

图 7.16 彰武县基本农田划定原理图

四种利用方向的耕地占全县耕地面积百分比依次为43.21%、20.96%、19.35%、16.47%。其中，优先划定型及潜在调入型耕地主要位于彰武县中南部地区；建设预留型耕地主要分布在西南部分地区及中部城乡建设用地扩展区域，生态退出型耕地主要位于北部生态环境较恶劣的地区（表7.20，图7.17）。

表7.20　彰武县耕地利用类型划分

耕地自然质量综合分值	耕地立地条件综合分值	面积/hm²	面积比例/%	耕地利用方向
≥74	≥68	82 811.24	43.21	优先划定型
≥74	<68	40 172.22	20.96	潜在调入型
<74	≥68	37 090.01	19.35	建设预留型
<74	<68	31 572.25	16.47	生态退出型
合计		191 645.72	100.00	—

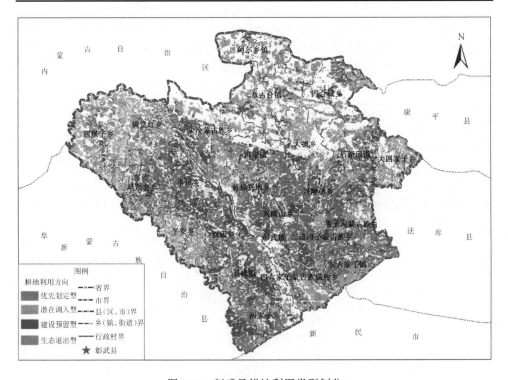

图7.17　彰武县耕地利用类型划分

7.6.2　基本农田划定

通过对彰武县耕地质量综合评价分值阈值临界点的研究，将全域耕地分为四种利用类型，统计各乡镇不同利用类型的耕地面积情况（表7.21）。

表 7.21　彰武县各乡镇耕地利用类型面积

乡镇	面积合计 /hm²	优先划定型		潜在调入型		建设预留型		生态退出型	
		面积 /hm²	面积比例/%	面积/hm²	面积比例/%	面积/hm²	面积比例/%	面积/hm²	面积比例/%
阿尔乡镇	4 678.23	244.93	0.30	655.96	1.63	782.76	2.11	2 994.58	9.49
大德乡	5 360.17	1 379.35	1.67	2 281.12	5.68	691.50	1.86	1 008.20	3.19
大冷蒙古族乡	12 293.51	4 501.72	5.44	3 284.91	8.18	2 609.51	7.04	1 897.37	6.01
大四家子乡	5 186.33	444.39	0.54	1 460.89	3.64	904.00	2.44	2 377.05	7.53
东六家子镇	8 219.95	5 829.52	7.04	1 734.97	4.32	543.13	1.46	112.33	0.36
二道河子蒙古族乡	6 203.07	4 389.82	5.30	964.50	2.40	674.44	1.82	174.31	0.55
丰田乡	8 817.32	4 942.72	5.97	299.13	0.74	3 362.30	9.07	213.17	0.68
冯家镇	8 104.10	4 064.83	4.91	1 814.19	4.52	1 211.13	3.27	1 013.95	3.21
哈尔套乡	10 040.21	6 098.52	7.36	1 762.50	4.39	1 580.66	4.26	598.53	1.90
后新邱镇	9 293.93	4 231.04	5.11	1 989.37	4.95	1 862.19	5.02	1 211.33	3.84
两家子乡	10 402.06	5 092.26	6.15	639.76	1.59	3 311.68	8.93	1 358.36	4.30
满堂红乡	9 217.77	2 233.61	2.70	3 414.58	8.50	1 075.93	2.90	2 493.65	7.90
平安乡	6 557.52	1 772.20	2.14	3 698.85	9.21	324.09	0.87	762.38	2.42
前福兴地乡	6 674.62	3 968.74	4.79	1 357.94	3.38	1 003.00	2.70	344.94	1.09
双庙乡	8 973.78	4 314.88	5.21	1 143.90	2.85	2 589.06	6.98	925.94	2.93
四堡子乡	10 184.31	1 337.44	1.62	4 982.12	12.40	822.70	2.22	3 042.05	9.64
四合城乡	6 765.43	2 329.04	2.81	1 854.19	4.62	1 284.60	3.46	1 297.60	4.11
苇子沟蒙古族乡	8 429.93	4 337.55	5.24	1 741.20	4.33	1 415.59	3.82	935.58	2.96
五峰镇	11 088.23	5 415.68	6.54	1 009.34	2.51	3 964.15	10.69	699.06	2.21
西六家子蒙古族满族乡	8 438.94	2 795.56	3.38	1 338.44	3.33	2 310.06	6.23	1994.88	6.32
兴隆堡乡	9 686.23	7 249.36	8.75	911.05	2.27	1 331.55	3.59	194.27	0.62
兴隆山乡	4 590.68	3 625.03	4.38	328.11	0.82	554.63	1.50	82.91	0.26
章古台镇	9 734.21	704.93	0.85	1 369.03	3.41	2 177.98	5.87	5482.27	17.37
彰武镇	2 685.22	1 502.12	1.81	132.15	0.33	698.40	1.88	352.55	1.12
合计	191 625.75	82 805.24	100.00	40 168.21	100.00	37 085.04	100.00	31 567.26	100.00

1. 优先划定型

这一类型耕地自然质量及立地条件方面质量均为最好，是入选基本农田的最优选择。此类型耕地共 82 805.24 hm²，占耕地总量的 43.21%，主要分布在兴隆堡乡、哈尔套镇、东六家子等乡镇，占该类型耕地总面积的 8.75%、7.36%、7.04%，极少部分分布在阿尔乡镇、章古台镇等生态环境较为恶劣的地区。优先划定型耕地有着良好的自然优势，地势平坦，坡度小，基础设施齐全完备；区位条件良好，交通四通八达，以县域内的沈通高速、铁阜高速为轴线，3 个高速公路出口为辐射点呈集中连片分布，地块形态规整、没有限制性因素，是粮食主产区。基于以上特点，优先划定型耕地最适宜划定为基本农田，是全县耕地的精华，是粮食综合生产能力的根本保障区。

2. 潜在调入型

这一类型耕地自然质量相对较好，多分布于优先划定型耕地周边。此类型耕地共 40 168.21 hm^2，占耕地总量的 20.96%，主要分布在四堡子乡、平安乡、满堂红乡、大冷蒙古族乡等东西部丘陵地区，占该类型耕地总面积的 12.40%、9.21%、8.50%、8.18%，这一类型的耕地分布相对分散，交通条件相对较差，其限制性因素为基础设施不完备。虽然在区位条件、田块规整度等方面较优先划定型耕地弱，但由于耕地本底质量良好，且这一类型耕地处于优先划定型与建设预留型及生态退出型耕地之间，属于缓冲带，起到保护优先划定型耕地的作用，可以将其划为基本农田，使其与优先划定型耕地相协调。并采取土地整治、增施有机肥、增强配套基础设施建设等措施，使耕地质量达到周边优先划定型耕地的质量水平，再通过潜在调入型耕地进行布局、权属的调整，使其能够与优先划定型耕地集中连片，统一管理。

3. 建设预留型

建设预留型耕地自然质量相对较差，不适宜划入基本农田。这一类型的耕地面积为 37 085.04 hm^2，占耕地总量的 19.35%，主要分布在五峰镇、丰田乡及两家子乡，分别占该类型耕地总面积的 10.69 %、9.07 %、8.93 %。这一类型耕地多为坡耕地，土壤有机质量含量、有效土层厚度等土壤自然质量因子质量较差，但周边环境适宜性相对较好，区位条件优越，多分布在城镇、主干道路与河流两侧，与周边环境适应性相对较好。由于其本底质量较差，自然质量通过改良成为优质耕地的难度较大，所以不适宜划入基本农田，可为建设预留用地，不仅能提高城乡建设用地的规模效益，促进建设用地的集约节约利用，还能有效防止建设占用优质耕地的现象，是最为灵活的耕地类型，符合弹性规划的理念。

4. 生态退出型

此类耕地无论在耕地自然质量及立地条件方面，都是质量最差的耕地。这一类型的耕地面积共 31 567.26 hm^2，占耕地总量的 16.47%，主要分布在章古台镇、阿尔乡镇等北部沙荒区域，占该类型耕地总面积的 17.37%、9.49%。此类型耕地大多位于彰武县北部沙漠延伸地带，受自然条件、区位条件、耕作条件、空间形态等各方面因素限制，土壤养分较低、水土流失严重、生态系统脆弱，抗干扰能力差，基础设施不完善，等级公路网密度低，水资源无法满足灌溉条件，给农民耕作出行带来诸多不便。随着《彰武县北部四乡镇生态移民项目规划》的实施，彰武县北部地区的发展重点即为生态保护，逐步进行退耕还林、草原植被恢复等工作，所在这一地区的耕地不适宜划入基本农田。

根据对上述四类耕地的特点及利用方向的阐述，确定可划入基本农田的耕地类型为优先划定型及潜在调入型耕地，这两类耕地面积总面积共 122 973.45 hm^2，占 2012 年耕地总量的 64.17%，到 2020 年彰武县规划耕地面积不低于 140 649 hm^2，则本章划定的基本农田保护率为 87.43%。具体分布情况如表 7.22 所示。

表 7.22　彰武县划定基本农田面积统计　　　　　单位：hm^2

乡镇	划定基本农田合计	优先划定型基本农田	潜在调入型基本农田
阿尔乡镇	900.89	244.93	655.96
大德乡	3 660.47	1 379.35	2 281.12
大冷蒙古族乡	7 786.63	4 501.72	3 284.91
大四家子乡	1 905.28	444.39	1 460.89
东六家子镇	7 564.49	5 829.52	1 734.97
二道河子蒙古族乡	5 354.32	4 389.82	964.50
丰田乡	5 241.85	4 942.72	299.13
冯家镇	5 879.02	4 064.83	1 814.19
哈尔套乡	7 861.02	6 098.52	1 762.50
后新邱镇	6 220.41	4 231.04	1 989.37
两家子乡	5 732.02	5 092.26	639.76
满堂红乡	5 648.19	2 233.61	3 414.58
平安乡	5 471.05	1 772.20	3 698.85
前福兴地乡	5 326.68	3 968.74	1 357.94
双庙乡	5 458.78	4 314.88	1 143.90
四堡子乡	6 319.56	1 337.44	4 982.12
四合城乡	4 183.23	2 329.04	1 854.19
苇子沟蒙古族乡	6 078.76	4 337.55	1 741.21
五峰镇	6 425.02	5 415.68	1 009.34
西六家子蒙古族满族乡	4 134.00	2 795.56	1 338.44
兴隆堡乡	8 160.41	7 249.36	911.05
兴隆山乡	3 953.14	3 625.03	328.11
章古台镇	2 073.96	704.93	1 369.03
彰武镇	1 634.27	1 502.12	132.15
合计	122 973.45	82 805.24	40 168.21

7.6.3　划定成果与规划基本农田对比分析

对于基本农田划定成果的科学性、实用性没有统一的评价标准，但耕地数量、质量及耕地连片度是验证基本农田划定成果的关键因素。在耕地数量、质量及耕地连片度三方面对本章划定的基本农田成果与土地利用总体规划中规划基本农田进行对比分析，从而判断本章基本农田划定的科学性及实用性。

1. 基本农田数量的对比分析

彰武县本轮土地利用总体规划下达的基本农田保护任务为 121 236 hm²，基本农田保护率 85.20%。本章划定的基本农田数量为 122 973.45 hm²，保护率为 87.43%。基本农田数量及保护率两方面高于规划基本农田，达到了划定的基本农田"确保数量"的要求，保障了划定的基本农田数量不低于规划基本农田保护任务。

2. 基本农田质量的对比分析

耕地利用等能够反映耕地的综合质量情况，分别将本章划定的基本农田图层、土地利用总体规划基本农田图层与耕地利用等图层进行叠加，分析划定与规划基本农田利用等分布情况，对两种结果进行对比分析可知：规划基本农田耕地主要分布在中等质量的Ⅶ～Ⅸ等地，在此区间的耕地面积占规划基本农田总面积的 70.02%；而质量较低的Ⅴ～Ⅵ等地占规划基本农田总面积的 8.50%；质量较好的Ⅹ～ⅩⅢ等地占规划基本农田总面积的 21.47%。本章划定的基本农田中，中等质量的Ⅶ～Ⅸ等地占划定的基本农田总面积的 62.11%，而质量较低的Ⅵ等地仅占划定的基本农田总面积的 5.66%；质量较好的Ⅹ～ⅩⅣ等占划定的基本农田总面积的 32.23%（表 7.23）。

表 7.23　彰武县划定基本农田与规划基本农田质量对比分析

利用等别	本章划定的基本农田		规划基本农田	
	面积/hm²	比例/%	面积/hm²	比例/%
Ⅴ			1 004.05	0.83
Ⅵ	6 957.80	5.66	9 304.00	7.67
Ⅶ	24 091.43	19.59	29 653.44	24.46
Ⅷ	27 067.81	22.01	30 228.72	24.93
Ⅸ	25 228.53	20.51	25 011.04	20.63
Ⅹ	17 801.22	14.47	12 219.84	10.08
Ⅺ	10 120.67	8.23	8 218.83	6.78
Ⅻ	6 478.80	5.27	3 199.09	2.64
ⅩⅢ	3 183.64	2.59	2 394.98	1.98
ⅩⅣ	2 053.56	1.67		
总计	122 983.46	100.00	121 233.99	100.00

对比本章划定成果与规划基本农田，对于利用等在Ⅹ等以上的质量较好的耕地，本章划定的成果所占比例更高，对于利用等在Ⅵ等以下的质量较低的耕地，本章划定的成果所占比例更少，说明本章划定的基本农田综合质量要优于规划基本农田。

3. 基本农田连片度的对比分析

根据本章对耕地连片度的研究，将规划基本农田图层与耕地连片度分值图层进行叠加，对规划基本农田连片度指标分值进行加权平均计算，其连片度平均分值为 55 分，运用同样的方法，将本章划定的基本农田图层与耕地连片度分值图层进行叠加，得出本章划定基本农田耕地连片度平均分值为 57 分，表明本章划定的基本农田连片度比规划基本农田连片度好，更有利于耕地集中连片，统一管理，更能提高耕地农业生产力及推广规模农业的利用。

通过对本章基本农田划定成果与规划基本农田进行对比分析可知，规划基本农田往往片面地考虑基本农田保护任务，在数量达到政策要求即可，而忽略了"优质连片"的重要性，结果将自然质量较低、零散分布、稳定性差的耕地划为了基本农田，而依据评价结果划定的基本农田是基于其本底质量及其稳定性进行的科学划定，避免了主观随意性，是客观科学的划定结果。

7.7　研究结论与展望

7.7.1　研究结论

（1）本章通过借鉴美国 LESA 思想，以阜新市彰武县为研究区域，选取土壤有机质含量、有效土层厚度、表层土壤质地、障碍层次、地形坡度、灌溉保证率六个评价指标建立耕地自然质量评价体系，进行耕地自然质量评价；选取耕地空间形态（耕地连片度、田块规整度）、区位条件（至农村居民点距离、至主干道距离、至城镇距离）两方面指标建立耕地立地条件评价体系，进行立地条件评价。

（2）本章按照 LESA=aLE＋bSA 的计算模型，利用耕地质量与粮食产量的关系进行线性回归分析，确定 a 与 b 最终权重值为 3∶2，在此基础上结合耕地自然质量与立地条件评价结果进行耕地质量综合评价。

（3）本章在综合评价成果的基础上，运用累积曲线分级法，确定综合评价分值的阈值临界点，按照四象限法，以耕地质量综合分值为判断依据，将耕地利用方向划分为优先划定型、潜在调入型、建设预留型、生态退出型四类耕地。根据四类耕地的本质特点，将优先划定型、潜在调入型耕地作为划定为基本农田，最终划定的基本农田数量为 122 973.45 hm^2，基本农田保护率为 87.43%，超过了国家要求的基本农田保护率标准。将划定结果与规划基本农田在数量、质量以及连片度方面进行对比分析，得出本章利用 LESA 模型方法划定的基本农田更加客观真实。

7.7.2　展望

1. 耕地自然质量与立地条件评价指标的选取

进行耕地自然质量及立地条件评价的基础是建立耕地自然评价及立地条件评价体系，建立科学评价体系的关键即为评价指标的选取，评价指标选取的合理与否直接影响到耕地综合评价结果，在耕地自然质量与立地条件多因素指标可选的前提下，探索一种针对研究区实际情况的评价指标的筛选方法及模型成为本章需要进一步完善的地方。

2. 耕地自然质量及立地条件之间权重值的确定

基于美国的 LESA 思想，耕地自然质量及立地条件之间的权重值比较灵活，可根据不同区域的特点，按照耕地自然质量与立地条件对于研究区某一服务功能的影响性确定两者之间的权重值。现今耕地自然质量及立地条件权重的确定方法大多围绕在与粮食产量相关性方面，其他服务功能是否同样影响两者之间的权重，怎样通过理论、数据模型等分析确定两者权重值，还有待进一步研究。

3. 基本农田划定的管护

在运用科学的方法划定基本农田的基础上，基本农田划定的后期管护工作显得尤为重要。基本农田的管理和保护是促进农业增效、农民增收的"助推器"，严格控制建设用地非法占用基本农田，监管、动态巡查、目标考核、广泛宣传将成为基本农田划定后期管护的重点。本章对这一方面的研究偏少，还有待进一步探索和研究。

第8章 辽河平原区永久基本农田划定的实践

8.1 研究方案

8.1.1 研究目标

通过科学地分析城市边缘区基本农田的特性，引入美国 LESA 体系考虑耕地质量和立地条件，借鉴农用地分等成果，构建城市边缘区永久基本农田划定指标体系，进行耕地质量和立地条件综合评价，划定城市边缘区永久基本农田。将耕地质量好，受经济冲击影响小的耕地划定为永久基本农田。保证划定的永久基本农田优质稳定，既具有优良的自然质量条件又能与城市边缘区快速的经济发展趋势相协调。

8.1.2 研究内容

研究内容主要分为以下三部分。

（1）沈北新区位于沈阳城市边缘区，耕地质量优越，易受社会经济条件影响。从耕地质量和立地条件两方面综合划定城市边缘区永久基本农田，引入美国 LESA 体系考虑耕地质量和社会经济（立地）条件，LE 与 SA 共同决定永久基本农田的划定结果。共选取 16 个指标构建永久基本农田划定指标体系，包括反映自然质量条件和基础设施条件的 8 个 LE 指标：土壤有机质含量、表层土壤质地、剖面构型、土壤污染状况、灌溉保证率、排水条件、道路网密度、林网密度；反映区位条件、耕作条件和政策条件的 8 个 SA 指标：耕地到交通主干道距离、耕地到河流水系距离、耕地到中心城镇距离、耕作半径、连片性、破碎度、耕地斑块形状指数、是否曾被划定为基本农田。构建沈阳城市边缘区沈北新区永久基本农田划定指标体系。

（2）计算 LE 和 SA 分值、比例及 LESA 综合分值，根据计算结果进行耕地质量与立地条件综合评价。

（3）根据评价结果，将耕地分级，等级越高，耕地的质量及立地条件越好，越适宜划为永久基本农田。本章划定的一、二、三级耕地综合评价结果最优,既具有较高的耕地质量,又不受社会经济冲击,可以作为永久基本农田长久保护。

8.1.3　研究方法

（1）文献综述法。在参阅国内外关于基本农田的相关文献基础上,科学全面分析基本农田的功能特性,选取可量化的指标,构建基于 LESA 的城市边缘区永久基本农田划定指标体系。

（2）数学模型法。文章在构建基于 LESA 的城市边缘区永久基本农田划定指标体系时,主要利用层次分析法、因子分析法和回归分析法等进行对比分析,最终确定指标权重;在指标体系综合评价中,主要是采用综合评价法(刘敬贤,2011)。

（3）实证分析法。以辽宁省沈阳市城市边缘区——沈北新区为实证研究区域,在收集整理该区现有图件、数据、文字等资料,获取土壤、区位、交通和土地利用等基础数据和野外实际调查的基础上,开展研究区域永久基本农田划定的实证分析,增强了本章的科学性和可行性。

（4）ArcGIS 软件作为最基本的技术支撑手段,划分耕地评价单元,建立评价单元的空间属性与数据库属性,并建立数据评价分析模型,量化耕地质量评价结果,分析耕地利用的社会经济条件。同时凭借该软件的空间分析功能,探讨划定的基本农田空间分布特征（钱凤魁,2011）。

8.1.4　技术路线

本章技术路线如图 8.1 所示。

8.2　研究区域概况与数据来源

8.2.1　研究区域概况

沈北新区地处沈阳市区北郊（图 8.2),位于大连、沈阳、长春、哈尔滨"东北城市走廊"中部,南靠沈阳市区,北隔辽河,与铁岭、法库县相望,东与抚顺市、铁岭县毗邻,西接辽西走廊,与新民市、于洪区相连,是连接东三省的黄金通道和"东北城市走廊"的枢纽重地。沈北新区地理坐标介于东经 123°16′～123°48′,北纬 41°54′～42°11′,全境东西长 45km,南北宽 32.5km,辖区总面积 892.60km²。

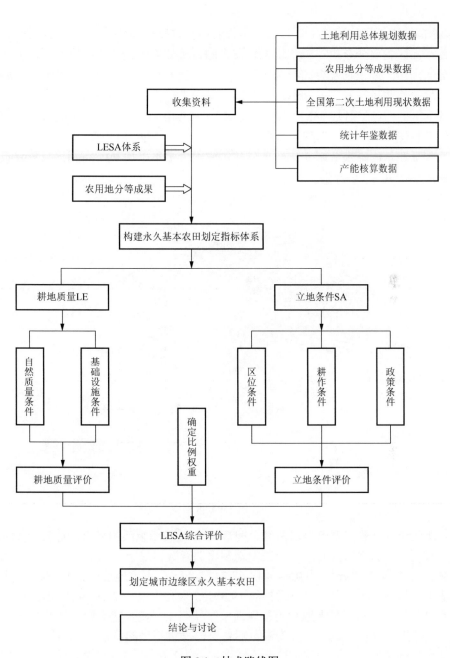

图 8.1　技术路线图

沈北新区地势平坦开阔，平均海拔 58m，地势自东向西倾斜，东部为低山丘陵，最高海拔 426m，中、西部为冲积平原，最低海拔 47.3m。根据第二次土壤普查资料，沈北新区主要分布有棕壤土、草甸土、水稻土、风沙土和沼泽土五个土类。东部低山石质丘陵区主要分布由酸性岩石灰岩残积物和坡积物发育的棕壤土，中部平原区主要分布由黄土状堆积物发育的棕壤和潮棕壤，西部沿河平原地区主要分布由河流冲积物发育的草甸土和水稻土。沈北新区地处中北纬度地带，属半湿润大陆性季风气候区，四季比较分明，夏季炎热多雨，冬季寒冷干燥，日照充足，全年平均日照射数 2662.8h；光能总辐射量 540.83KJ/cm^2；年平均气温 7.7℃，≥10℃积温 3469.6℃，日照百分率 59%，无霜期多年平均 163d。由于季风气候作用，年际和年内降水分配变化较大，长年降水量多年平均 794.3mm，全年降水量的 80%集中在 6～9 月份。

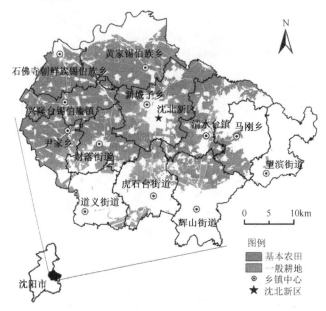

图 8.2　沈阳市沈北新区平原区位图

沈北新区有着丰富的自然资源，拥有 4.67 万 hm^2 肥沃的良田，是名副其实的"鱼米之乡"。沈北新区第二次全国土地利用调查数据显示（图 8.3），沈北新区土地总面积 89 260.13hm^2，农用地面积 67 742.54hm^2，占土地总面积 75.89%；建设用地 17 840.76 hm^2，占土地总面积的 19.99%；未利用地 3675.83hm^2，占土地总面积的 4.12%。沈北新区土地利用呈现地域差异明显，城乡建设用地南北分异，建设用地扩张较快和土地利用程度高，后备资源严重不足的特点。

沈北新区多为平原地貌，水土条件优越，自 2006 年成立以来，城市化的步伐加快，使得城市边缘区不断向外延伸，受城市和人类干扰的强度大，社会经济条件有强代表性。而目前该地区对城市边缘区本身独特地理优势的了解不够深入，永久基本农田划定的研究较为缺乏，因此本章选择在沈北新区平原地区开展研究具有代表性和指示性。

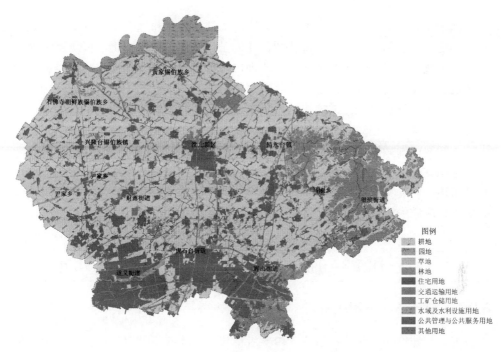

图 8.3 沈北新区土地利用现状图

8.2.2 数据来源

1. 资料来源

空间数据：原始资料主要包括 2013 年沈阳市沈北新区土地利用现状数据库、2013 年沈阳市沈北新区耕地质量评价更新成果数据库、沈阳市沈北新区土地利用总体规划（2006～2020 年）相关图件等。图件数据来源于沈阳市规划和国土资源局沈北新区分局。图件处理经过数据格式进行数字化转换，最终统一到 ArcGIS 格式。

社会经济数据：主要包括 2013 年沈阳市沈北新区统计年鉴数据、农经部门土地投入产出数据、工商管理局农贸市场经营数据、交通局各级道路统计数据等。

补充调查数据：主要指无法直接从部门收集的数据资料，包括耕地的灌溉状况、部分统计年鉴缺失数据。通过调查问卷进行补充。

2. 划分评价单元

评价单元是能够反映一致或相对一致的地貌类型、土壤条件、土地类型及其利用现状，是具有耕地质量和立地条件，属性相对一致的独立耕地单元。划分的目的是为客观地反映耕地的空间差异性。

在进行耕地质量评价过程中，一般可以采用详查图斑法、叠置法、地块法三种方法来划分评价单元：①土地利用详查图斑法，就是将原有土地利用详查图经逐年变更订正得到评价年份的现状图，作为工作底图，选取评价区域所有耕地，用每个与统计台账相对应的图斑作为耕地质量评价单元；②叠置法，就是将同比例尺的相关图件进行叠加，形成封闭图斑，并对小于上图面积的图斑进行合并，即得耕地质量评价单元；③地块法，依据底图上明显的地物界线或权属界线，将耕地质量评价因素相对均一的地块，划成封闭单元，即为耕地质量评价单元（王洪波，2004；郧文聚，2005）。

考虑数据资料的完整性、技术方法的可行性、沈北新区地貌类型的一致性以及城市边缘区的特殊地理位置，本章结合沈北新区农用地分等成果，以农用地分等中平原区域的耕地图斑为评价单元，得到沈北新区评价单元 6479 个。

8.3 基于LESA的永久基本农田划定指标体系构建

8.3.1 指标选取及赋值标准

为增强评价的客观性，借鉴国内学者构建的基本农田划定指标体系，引入美国重要农地划定中的 LESA 体系，将耕地质量和立地条件纳入永久基本农田划定中，参照国内农用地分等成果，分别进行耕地质量评价和立地条件评价，在此基础上，构建基于 LESA 的城市边缘区永久基本农田划定指标体系。

LESA 由耕地质量（LE）和立地条件（SA）两部分组成，因此，本章所构建的城市边缘区永久基本农田划定指标体系，包括反映 LE 和 SA 两方面的指标。根据沈北新区实际情况，选取反映自然质量条件和基础设施条件的 8 个 LE 指标，反映区位条件、耕作条件和政策条件的 8 个 SA 指标。

依据农用地分等标准、土地利用总体规划数据，采用直接赋值法为定量指标赋值，采用经验法为政策指标赋值，对于面状指标的分值采用以下公式计算：

$$f_i = 100(E_i - E_{\min}) / (E_{\max} - E_{\min}) \tag{8-1}$$

对于点状和线状指标的分值采用以下公式计算：

$$f_i = M^{(1-r)}, (r = d_i / d) \tag{8-2}$$

其中，对于点状指标采用以下公式计算：

$$d = \sqrt{\frac{s}{n\pi}} \tag{8-3}$$

对于线状指标采用以下公式计算：

$$d = \frac{s}{2L} \tag{8-4}$$

为增强数据的科学性，将指标数据进行无量纲化处理。

1. 耕地质量指标选取及赋值标准

我国耕地质量的评价受美国农业部土壤保持局的土地潜力分类系统（Klingebiel and Montgomery，1961；Davidson，1989）和联合国粮农组织的土地适宜性评价体系（FAO，1976）的影响较大。本章基于耕地质量评价，并依据农用地分等成果选取能体现耕地特点及品质的耕地质量指标，这些指标能直接体现耕地质量的好坏并间接影响作物的生长发育。选取反映自然质量条件和基础设施条件的 8 个 LE 指标：x1 土壤有机质含量、x2 表层土壤质地、x3 剖面构型、x4 土壤污染状况、x5 灌溉保证率、x6 排水条件、x7 道路网密度、x8 林网密度。

（1）土壤有机质含量：土壤单位面积中有机质含量，可从农用地分等定级成果中获得，直接赋值即可。按土壤有机质含量的多少，可以分为 6 类，当土壤有机质含量≥4.0%时，分值最高，为 100 分；当土壤有机质含量在 4.0%～3.0%时，分值为 90 分；当土壤有机质含量在 3.0%～2.0%时，分值为 80 分；当土壤有机质含量在 2.0%～1.0%时，分值为 70 分；当土壤有机质含量在 1.0%～0.6%时，分值为 60 分；当土壤有机质含量<0.6%时，分值最低，为 45 分。

（2）表层土壤质地：可由农用地分等定级成果获得，直接赋值即可，指拥有耕性的耕层土壤的质地，分为壤土、黏土、砂土和砾质土 4 类，其中以壤土为最佳，砾质土最次，设定分值依次为 100 分，80 分，60 分和 35 分。

（3）剖面构型：土壤剖面中不同质地的土层排列次序，可以从农用地分等定级成果中获取，直接赋值即可。当剖面构型为通体壤、壤/砂/壤时，土壤最优，分值 100 分；当剖面构型为壤/黏/壤时，分值为 90 分；当剖面构型为砂/黏/砂，壤/黏/黏，壤/砂/砂时，分值为 70 分；当剖面构型为砂/黏/黏，黏/砂/黏时，分值为 60 分；当剖面构型为通体黏，黏/砂/砂时，分值为 50 分；当剖面构型为通体砂，通体砾时，土壤最差，分值为 35 分。

（4）土壤污染状况：可由农用地分等定级成果中获得，直接赋值即可。凡是妨碍土壤正常功能，降低农作物产量和质量，通过粮食、蔬菜、水果等间接影响人体健康的物质都叫做土壤污染物。当土壤中有害物质过多，超过土壤的自净能力，引起土壤的组成、结构和功能发生变化，微生物活动受到抑制，有害物质或其分解产物在土壤中逐渐积累，通过"土壤→植物→人体"，或通过"土壤→水→人体"间接被人体吸收，达到危害人体健康的程度，就是土壤污染。按土壤污染的程度，可以分为 6 类：当土壤污染程度为 1 时，分值最高，为 100 分；当土壤污染程度为 2 时，分值较高，为 90 分；当土壤污染程度为 3 时，分值为 70 分；当土壤污染程度为 4 时，分值最高，为 60 分；当土壤污染程度为 5 时，分值为 30 分；当土壤污染程度为 6 时，分值最低，为 10 分。

（5）灌溉保证率：是指灌溉所需水量在多年灌溉中能够充分满足需要的年数

所出现的机率，可以从农用地分等定级成果中获得，直接赋值即可。其分为充分满足、基本满足、一般满足和无灌溉条件 4 种，设置分值依次为 100 分、90 分、70 分和 40 分。

（6）排水条件：排除与处理多余水量的措施条件，是用于保障作物高产稳产的重要措施，可以从农用地分等定级成果中获得，直接赋值即可。其可以分为 4 级，各等级分值依次设定为 100 分，90 分，70 分和 30 分。

（7）道路网密度：某行政区内土地上拥有的道路长度。道路网密度以 km/km^2 表示。依道路网内的道路中心线计算其长度，依道路网所服务的用地范围计算其面积。可以从土地利用现状图中获得。分值计算采用的公式同式（8-1）。

（8）林网密度：某一行政区内土地上拥有的林带面积。林网密度以 km/km^2 表示。可以从土地利用现状图中获得。分值计算采用的公式同式（8-1）。

2. 立地条件指标选取

SA 用于评价耕地的社会经济条件，一方面，条件良好可以给耕地带来更优质的基础设施条件，从而能够获得更好的耕地质量和粮食产量；另一方面，过于优越的经济条件通常伴随着快速的经济发展，而经济发展又会给耕地质量和粮食产量带来负面的影响。如何进行社会经济因素指标的创新，从而合理分配不同地类下的社会经济指标，是立地评价中需要重点解决的一个理论与实践问题。

选取反映区位条件、耕作条件和政策条件的 8 个 SA 指标：x9 耕地到交通主干道距离、x10 耕地到河流水系距离、x11 耕地到中心城镇距离、x12 耕作半径、x13 连片度、x14 破碎度、x15 耕地斑块形状指数、x16 是否曾被划定为基本农田。

（1）耕地到交通主干道距离：交通主干道包括的范围很广，包括高速公路、铁路、公路、内河航运、海运线路、空运航线等，暂不考虑高速公路、铁路、内河航运、海运线路、空运航线等对耕地的影响不大。本章中主干道只包含公路，对交通主干线进行缓冲区分析（euclidean distance），可以获得关于交通主干线的缓冲区数据，将耕地分布图与缓冲区分析图叠加分析，采用交集运算可以获得每一块耕地距离交通主干线的距离数据。沈北新区平原区域交通主干道总长 423.35km，影响半径为 1.06km。分值采用式（8-2）计算。

（2）耕地到河流水系距离：对水系进行缓冲区分析（euclidean distance），可以获得关于水系的缓冲区数据，将耕地分布图与缓冲区分析图进行叠加分析，采用交集运算可以获得每一块耕地距离水系的距离数据。河流水系总长 347.97km，影响半径为 1.28km。分值采用式（8-2）计算。

（3）耕地到中心城镇距离：对城镇进行缓冲区分析（euclidean distance），可以获得关于城镇的缓冲区数据，将耕地分布图与缓冲区分析图进行叠加分析，采用交集运算可以获得每一块耕地距离城镇的距离数据。中心城镇 12 个，影响半径为 4.87km。分值采用式（8-2）计算。

（4）耕作半径：即耕地到农村居民点距离，对农村居民点进行缓冲区分析
（euclidean distance），可以获得关于农村居民点的缓冲区数据，将耕地分布图与缓
冲区分析图进行叠加分析，采用交集运算可以获得每一块耕地距离农村居民点的
距离数据。沈北新区平原区域共有农村居民点 937 个，影响半径为 0.55km。分值
采用式（8-2）计算。

（5）连片度：地块之间在空间上一定阈值范围内的相对邻接度，即相邻程度，
可由土地利用现状图中获得。耕地的连片程度通过耕地的面积来衡量，面积大则
耕地的连片程度也高，面积小说明耕地的连片程度低。阈值范围参考第二次土地
调查技术规程，对于所有评价单元生成 10m 缓冲区。分值计算采用式（8-1）。

（6）破碎度：耕地被分割的破碎化程度，反映景观空间结构的复杂性。从
区域整体格局来看，可从土地利用现状图中提取斑块数与面积。分值计算采用
式（8-1）。

（7）耕地斑块形状指数：可以作为衡量耕地耕作便利度的指标，如果一块耕
地的形状相对比较规则，有利于实施机耕以及各种形式的劳作，从而间接提高在
该块土地的生产投入与利用效率，其产量自然得到提升。可从土地利用现状图中
提取出斑块面积和周长。分值计算采用式（8-1）。

（8）是否曾被划定为基本农田：该地块是否位于下列耕地根据土地利用总体
规划划入基本农田保护区中：①经国务院有关主管部门或者县级以上地方人民政
府批准确定的粮、棉、油生产基地内的耕地；②有良好的水利与水土保持设施的
耕地，正在实施改造计划及可以改造的中、低产田；③蔬菜生产基地；④农业科
研、教学试验田；⑤国务院应当划入基本农田保护区的其他耕地。该指标可从土
地利用总体规划数据中获得，属于政策性指标，采用经验法赋值。

8.3.2　确定指标权重

权重值反映了评价指标影响程度，确定权重是耕地质量评价的一个关键问题，
关系着评价结果的科学性和准确性。权重赋值主要有主观赋值法和客观赋值法，
两者各有偏重，各有利弊。因此应用中常常需要对主、客观赋权方法进行集成
（刘彦琴，2003）。

由于对于土地内部各要素之间的相关关系尚未真正了解，因此，专家的经验
和理性判定对权重的确定起着重要作用（刘瑞平，2004），由于本章中耕地质量评
价指标相对较少，利用德尔菲法比较合适。

综上所述，构建的耕地质量评价指标体系和立地条件评价指标体系如表 8.1
和表 8.2 所示。

表 8.1　耕地质量评价指标体系

目标层	准则层	指标层	计算方法	赋值标准	指标权重
LE （耕地 质量）	自然质量条件	土壤有机质含量	农用地分等成果	直接赋值	0.14
		表层土壤质地	农用地分等成果	直接赋值	0.11
		剖面构型	农用地分等成果	直接赋值	0.10
		土壤污染状况	农用地分等成果	直接赋值	0.14
	基础设施条件	灌溉保证率	农用地分等成果	直接赋值	0.15
		排水条件	农用地分等成果	直接赋值	0.09
		道路网密度	$E=L/S$	$f_i = 100(E_i - E_{min})/(E_{max} - E_{min})$	0.16
		林网密度	$E=L/S$	$f_i = 100(E_i - E_{min})/(E_{max} - E_{min})$	0.11

式中，E_i 为评价单元因子实际值；E_{min} 为评价单元因子最小值；E_{max} 为评价单元因子最大值；f_i 为因子 i 的作用分值；S 为面积；L 为长度。

表 8.2　立地条件评价指标体系

目标层	准则层	指标层	计算方法	赋值标准	指标权重
SA （立地 条件）	区位条件	耕地到交通主干道距离	GIS 缓冲区	$f_i = M^{1-r}, (r = d_i / d)$	0.11
		耕地到河流水系距离	GIS 缓冲区	$f_i = M^{1-r}, (r = d_i / d)$	0.12
		耕地到中心城镇距离	GIS 缓冲区	$f_i = M^{1-r}, (r = d_i / d)$	0.13
		耕作半径	GIS 缓冲区	$f_i = M^{1-r}, (r = d_i / d)$	0.10
SA （立地 条件）	耕作条件	连片度	GIS 缓冲区	$f_i = 100(E_i - E_{min})/(E_{max} - E_{min})$	0.11
		破碎度	$E_i = (N_t - 1)/N_c$	$f_i = 100(E_i - E_{min})/(E_{max} - E_{min})$	0.20
		耕地斑块形状指数	$E_{Si} = \dfrac{4S_i}{L_i}$	$f_i = 100(E_i - E_{min})/(E_{max} - E_{min})$	0.14
	政策条件	是否曾被划定为基本农田	土地利用总体规划数据	经验赋值	0.09

式中，E_i 为评价单元因子实际值；f_i 为因子 i 的作用分值；$M=100$；r 为相对距离；d_i 为单元距扩散源的实际距离；d 为扩散源的影响半径；S_i 为单元面积；L_i 为单元周长；L 为长度；N_t 为斑块总数；N_c 为研究区总面积与最小斑块面积的比值。

8.3.3　耕地质量和立地条件评价

1. LE 和 SA 分值计算

利用综合指数模型分别计算 LE 分值和 SA 分值，公式为

$$\mathrm{LE}_{ij} = \sum_{j=1}^{n} W_{ij} f_{ij} \tag{8-5}$$

$$SA_{ij} = \sum_{j=1}^{n} W_{ij} f_{ij} \tag{8-6}$$

式中，LE_{ij} 为耕地质量指标中第 i 个评价单元第 j 个指标的总评价分值；SA_{ij} 为立地条件指标中第 i 个评价单元第 j 个指标的总评价分值；W_{ij} 为第 i 个评价单元第 j 个指标评价因子的权重；f_{ij} 为第 i 个评价单元第 j 个指标的分值。

式（8-5）和式（8-6）计算结果表明，沈北新区 LE 分值介于 35.88～80.60 分，加权平均值为 59.94 分。LE 的差异主要表现在表层土壤质地、剖面构型和道路网、林网密度的差异，评价结果显示道义街道、黄家锡伯族乡和兴隆台锡伯族镇的 LE 较高，只要重视保护，可以形成优质稳定的永久基本农田。

SA 分值介于 4.51～64.61 分，加权平均值为 34.78 分。SA 的差异主要表现在耕作半径和破碎度的差异，主要受沈北新区经济发展、建设的影响，评价结果显示马刚乡、黄家锡伯族乡和新城子乡的 SA 较好，虎石台街道较差。

2. 永久基本农田指标体系构建

在耕地质量评价和立地条件评价的基础上，构建城市边缘区永久基本农田划定指标体系（表 8.3）。

表 8.3　城市边缘区永久基本农田划定指标体系

目标层	准则层	方案层	指标层
基本农田划定指标体系	LE（耕地质量）	自然质量条件	土壤有机质含量
			表层土壤质地
			剖面构型
			土壤污染状况
		基础设施条件	灌溉保证率
			排水条件
			道路网密度
			林网密度
	SA（立地条件）	区位条件	耕地到交通主干道距离
			耕地到河流水系距离
			耕地到中心城镇距离
		耕作条件	耕作半径
			连片度
			破碎度
			耕地斑块形状指数
		政策条件	是否曾被划定为基本农田

3. 权重系数确定

LESA 可以灵活运用于不同领域，LE 与 SA 的权重系数可依据应用目的的不同，应用区域的不同而改变（钱凤魁，2011）。

美国 1983 年出版的 LESA 手册中，将 LE 与 SA 的分值按照 1∶2 的权重比例确定 LESA 综合分值；国内学者采用专家打分法（张丹丹，2012），直接赋值法（刘瑞平等，2005；单傲，2014；刘媛媛等，2013）和标准粮产量法（钱凤魁，2011；刘瑞平等，2005；李团胜等，2010；赵丹，2007；胡伟静，2014）确定 LE 与 SA 的权重系数。其中，标准粮产量法为当前主流趋势，为大多数学者所应用，本章采用标准粮产量法。为保证城市边缘区耕地质量，保障耕地不受城市和乡村的双重冲击，将 LE 与 SA 的权重系数 a 与 b 在 0～1 以 0.1 为间隔逐一取值，计算不同权重系数下的 LESA 综合分值，运用 SPSS17.0，计算综合分值与标准粮产量的相关系数，当相关系数最大时，既能确定 LE 与 SA 之间的最佳权重系数。LESA综合分值计算公式为

$$LESA = aLE_{ij} + bSA_{ij},(a+b=1) \qquad (8\text{-}7)$$

根据综合分值和标准粮产量的回归分析，得到最佳相关系数（表 8.4）。

表 8.4 不同权重下综合评价分值与标准粮产量回归结果及相关系数

序号	LE 权重系数(a)	SA 权重系数（b）	回归分析	相关系数	拟合系数
1	0.1	0.9	$y=0.631-0.008x$	0.469	0.220
2	0.2	0.8	$y=0.692-0.009x$	0.487	0.237
3	0.3	0.7	$y=0.756-0.010x$	0.502	0.252
4	0.4	0.6	$y=0.817-0.011x$	0.511	0.261
5	0.5	0.5	$y=0.865-0.012x$	0.510	0.261
6	0.6	0.4	$y=0.891-0.011x$	0.498	0.248
7	0.7	0.3	$y=0.887-0.011x$	0.474	0.225
8	0.8	0.2	$y=0.855-0.010x$	0.440	0.194
9	0.9	0.1	$y=0.803-0.009x$	0.400	0.160

表 8.4 表明，当 a=0.4，b=0.6 时，相关系数最大，值为 0.511，查表得，可以通过显著性检验。这与 LESA 手册中规定的 1∶2（SCS，1983），以及其他学者基于 LESA 体系划定基本农田的研究结果不一致[河南省南阳市卧龙区为 3∶2（刘瑞平等，2005）；陕西省咸阳市泾阳县为 7∶3（张帆等，2011）；辽宁省凌源市为 3∶2（钱凤魁，2011）]，主要是由于其他研究中，研究区均为耕地质量优越，远离城市的地区，受城市化扩张影响小，所以 LE 因素占主导地位。而沈阳市整体发展的优势，必然带来边缘区的快速发展，沈北新区位于沈阳市北郊，地势相对平坦，虽然 LE 优越，但受城市经济发展建设、乡村集聚的冲击较大。因此，SA 因素占主导地位。

4. LESA 综合分值计算

根据式（8-7）计算结果表明，沈北新区 LESA 综合分值最高分为 70.02 分，

最低分为 23.44 分，加权平均值为 44.44 分。按照等间距法，以 10 分为等间距，将沈北新区的综合分值划分为五个级别：一级最好，二级较好，三级一般，四级较差，五级最差。综合分值统计结果见表 8.5。

表 8.5　综合评价分值统计表

级别	综合分值范围/分	评价单元数量/个	耕地面积/hm²	所占比例/%
一	>60	146	1 238.65	2.72
二	60～50	1 984	17 214.55	37.79
三	50～40	2 443	17 057.30	37.44
四	40～30	1 792	9 398.10	20.63
五	<30	114	650.08	1.43

当综合分值大于 60 分时，平均分为 61.80 分，单元数较少，只有 146 个评价单元，耕地面积为 1238.65hm²，占耕地总面积的 2.72%；LE 平均分为 74.98 分，土壤多为壤土，有机质含量高，灌排条件好，道路网、林网完整；SA 平均分为 53.01 分，耕作半径适中，受中心城镇影响小，曾被划定为基本农田，主要分布在黄家锡伯族乡。

当综合分值为 50～60 分时，平均分为 54.27 分，评价单元数为 1984 个，耕地面积为 17 214.55hm²，占耕地总面积的 37.79%；LE 平均分为 65.33 分，土壤多为壤土，有机质含量高，灌排条件较好，道路网、林网基本完整；SA 平均分为 45.23 分，耕作半径适中，受中心城镇影响小，斑块形状规整，破碎度低，曾被划定为基本农田，主要分布在新城子乡和黄家锡伯族乡。

当综合分值为 40～50 分时，平均分为 44.89 分，略低于 LESA 加权平均值 44.44 分，评价单元数为 2443 个，耕地面积为 17 057.30hm²，占耕地总面积的 37.44%；LE 平均分为 58.76 分，土壤多为壤土、黏土混合状况，有机质含量较高，灌排条件好；SA 平均分为 34.64 分，耕作半径适中，受中心城镇影响较小，斑块形状较规整，连片度一般，多数地块曾被划定为基本农田，主要分布在新城子乡和清水台镇。

当综合分值为 30～40 分时，平均分为 35.18 分，低于 LESA 加权平均值 44.44 分，评价单元数为 1792 个，耕地面积为 9398.10hm²，占耕地总面积的 20.63%；LE 平均分为 54.02 分，土壤多为壤土，有机质含量较高，但受到一定的污染，灌排条件好，但道路网、林网不全；SA 平均分为 24.29 分，受中心城镇影响较大，斑块形状较不规整，破碎度较高，只有少数地块曾被划定为基本农田，主要体现在尹家乡。

当综合分值小于 30 分时，平均分为 28.35 分，单元数较少，评价单元数为 114 个，耕地面积为 650.08hm²，占耕地总面积的 1.43%；LE 平均分为 47.97 分，土壤多为砂土、黏土混合状态，灌溉条件好，排水条件较差，道路网、林网不全；

SA 平均分为 14.28 分，受中心城镇、交通、河流影响大，斑块形状不规整，破碎度高，没有地块曾被划定为基本农田，主要体现在道义街道。

8.4 永久基本农田划定

8.4.1 本章基本农田划定的原则和依据

1. 划定原则

本章的基本农田划定通过科学的分析城市边缘区基本农田的特性，引入美国LESA 体系考虑耕地质量和立地条件，借鉴农用地分等成果，构建城市边缘区永久基本农田划定指标体系，进行耕地质量和立地条件综合评价。其具体要求是：①依据国土资源部要求对北京、沈阳、厦门等特大、省会城市率先开展城市周边永久基本农田划定工作，将现有易被占用的优质耕地优先划为永久基本农田。②主要考虑经济建设和城镇建设的必然性，并非所有的基本农田都能实行永久保护。③将耕地质量好，受经济冲击影响小的耕地划定为永久基本农田。保证划定的永久基本农田优质稳定，既具有优良的自然质量条件又能与城市边缘区快速的经济发展趋势相协调。④最大限度保证耕地面积的稳定，优化永久基本农田布局，防止乡村聚集，抑制大城市无限扩张，保障城市边缘区基本农田在未来经济发展中优质稳定，保障国家的粮食安全。

2. 划定依据

本章基本农田的划定依据有：①《关于进一步做好永久基本农田划定工作的通知》[国土资、农业部发（2014）]；②《关于切实做好 106 个重点城市周边永久基本农田划定工作有关事项的通知》[国土资发（2015）]；③《新一轮土地利用总体规划修编（2006～2020 年）》[国土资发（2006）]；④《沈阳市沈北新区土地利用总体规划（2006～2020 年）》[沈国土资发（2006）]；⑤《沈阳市沈北新区耕地质量评价更新成果》[沈国土资发（2013）]；⑥《基本农田划定技术规程》（TD/T 1032—2011）；⑦《基本农田数据库标准》（TD/T 1018—2009）。

3. 划定要求

永久基本农田的划定和管护，必须采取行政、法律、政策、经济、技术等综合手段，不断加强管理，实现永久基本农田的质量、数量、生态的综合全面管护。①完善基本农田保护制度。②做好三个结合。一是与各类规划相结合；二是与农用地分等定级的成果以及第二次土地调查的数据相结合；三是与土地整理项目相结合。③建立永久基本农田保护补偿机制。④建立永久基本农田保护监管体系。⑤守住耕地红线和永久基本农田红线。

8.4.2 基于 LESA 的永久基本农田划定

根据 LESA 综合分值结果可知，综合分值大于 40 分的耕地，相对于综合分值小于 40 分的耕地，土壤有机质含量相对较高，污染较少，灌排条件较好，道路网、林网基本完整，耕作半径适中，耕地受中心城镇、河流、交通影响较小，斑块形状较规则，破碎度较低，大多数地块曾被划定为基本农田。其既能保证城市边缘区的区位优势，耕作优势，避免受到城市向乡村扩张的辐射，乡村向城市集聚的冲击；又能满足基本农田划定的自然和基础设施条件要求；即一、二、三级耕地既具有良好的 LE，又具有与周围环境相协调的 SA。根据基本农田的定义和基本农田内涵的要求，LE 和 SA 综合最优的耕地应该优先划定为基本农田（廖克等，2006）。

因此，取 LESA 综合分值大于 40 分的耕地，入选沈阳市城市边缘区——沈北新区平原区域的永久基本农田，评价单元数量为 4573 个，面积为 35 510.50hm²，占平原耕地总面积的 77.94%。而四、五级耕地 LE 与 SA 均相对较差，不能达到永久基本农田要求，不宜划定为永久基本农田。沈北新区平原区域永久基本农田分布图见图 8.4。

图 8.4 沈北新区平原区域永久基本农田分布图

8.4.3 划定结果与讨论

从划定的永久基本农田分布图看，永久基本农田多数分布在沈北新区的西部和北部，少数分布在东部和南部。与沈北新区现有的基本农田相比，西部和北部的永久基本农田避开了城市发展的轨迹，东部和南部的永久基本农田相对增加。集中连片的永久基本农田有益于农业生产，能体现耕地的自然和社会经济属性，在保证永久基本农田稳定的情况下，又避免城市扩张的波及，主要分布在新城子乡和黄家锡伯族乡；少数永久基本农田位于沈北边缘区及中心城镇周边，在一定程度上可以规范城市开发边界，加大存量土地挖潜力度，以望滨街道、道义街道为代表。

这样划定的结果趋于理性，既能保证划定的耕地质量优越，又能保证不受城市未来发展的影响，保障耕地质量和国家粮食安全的同时，合理抑制了大城市的无线扩张，防止"大城市病"的发生，符合国家优先划定城镇周边永久基本农田的要求。

（1）相比现有基本农田划定方法，以已有基本农田保护成果为基础，综合运用土地利用现状调查成果与农用地分等成果，开展基本农田划定工作。本章通过科学地分析城市边缘区基本农田的特性，引入美国 LESA 体系考虑耕地质量和立地条件，借鉴农用地分等成果，构建城市边缘区永久基本农田划定指标体系，进行耕地质量和立地条件综合评价，划定城市边缘区永久基本农田。将耕地质量好，受经济冲击影响小的耕地划定为永久基本农田。

（2）相比大多数地区，在划定基本农田时为使得基本农田集中连片程度更好，划定后基本农田平均质量等级高于划定前的平均质量等级，优先保留了原有基本农田中的高等级耕地，集中连片耕地。本章划定的永久基本农田，不但按照一定的耕地质量等级划定，而且综合考虑地力条件、水利条件和区位条件等因素，考虑城市边缘区的空间、人口和产业结构受城市和乡村双重特征影响，相对于其他地区，具有更频繁的结构变动，更复杂的人类活动，更特殊的社会经济条件，更注重社会经济因素。

（3）相比部分地区在划定基本农田保护区时，着重于地区经济的发展，为扩大城市建设尽可能地预留土地，将部分优质耕地划入建设用地，使得优质耕地急剧减少，成为中国大城市"城乡失衡"，反而抑制了中国城市化进程的加快。本章以保证基本农田优质稳定为前提，综合国内外学者的划定方式，在一定程度上缩减了城市建设的空间。但这样划定的永久基本农田优质稳定，符合国家现有的优先划定城镇周边永久基本农田的发展策略。

（4）相比较大多数学者，在划定基本农田时，依据有关法律法规和土地利用总体规划，只是将评价单元对应的评价分值按从大到小的顺序排列，使得划定的基本农田面积不低于土地利用总体规划确定的基本农田保护面积指标，即当面积累加满足 80%时，是为理想的基本农田保护区。沈北新区平原区域现有基本农田 33 639.96hm²，依据本章评价分值划定的永久基本农田面积为 35 510.50hm²，占平原耕地总面积的 77.94%。因为本章主要考虑了经济建设和城镇建设的必然性，并非所有的基本农田都能实行永久保护，所以不能达到国家规定的基本农田保护率指标要求。但这样划定的永久基本农田优质稳定，能够保证既具有较优的 LE，又具有较好的 SA，受经济冲击影响小，能够起到防止乡村聚集，抑制大城市无限扩张的作用。

8.5　研究结论与展望

8.5.1　结论

本章在较为系统地分析永久基本农田划定指标体系，在美国 LESA 体系的相关理论支撑下，重点考虑立地条件，借鉴农用地分等成果，构建了城市边缘区永久基本农田划定指标体系，选取沈阳市沈北新区为研究区域，对城市边缘区永久基本农田的划定进行了实证研究，进而对城市边缘区永久基本农田划定成果进行了探讨，符合国家政策对于基本农田保护，及特大城市、省会城市周边优先划定永久基本农田的要求，符合城市边缘区受城市扩张和城边冲击，社会经济功能作用逐步高于土地生产功能的趋势。主要获得以下研究结论。

（1）沈北新区的 LE 与 SA 共同决定永久基本农田的划定结果。共选取 16 个指标构建永久基本农田划定指标体系，包括反映自然质量条件和基础设施条件的 8 个 LE 指标：土壤有机质含量、表层土壤质地、剖面构型、土壤污染状况、灌溉保证率、排水条件、道路网密度、林网密度；反映区位条件、耕作条件和政策条件的 8 个 SA 指标：耕地到交通主干道距离、耕地到河流水系距离、耕地到中心城镇距离、耕作半径、连片度、破碎度、耕地斑块形状指数、是否曾被划定为基本农田。

（2）由于城市边缘区特殊的地理位置，整体的发展优势，必然带来快速的经济发展，沈北新区位于沈阳市北郊，地势相对平坦，虽然 LE 优越，但受城市经济发展建设、乡村集聚的冲击较大，SA 因素占主导地位，LE 与 SA 的比例系数为 2∶3。

（3）按照等间距法，以 10 分为等间距，将沈北新区的 LESA 综合分值划分为五个级别，一级最好，五级最差。其中，一、二、三级耕地综合评价结果最优，主要分布在新城子乡和黄家锡伯族乡，作为永久基本农田长久保护，面积为 35 510.50hm²，占平原耕地总面积的 77.94%。本章划定的永久基本农田优质稳定，能够保证既具有较优的 LE，又具有较好的 SA，能够起到抑制大城市无限扩张，防止"大城市病"发生的作用。对今后土地规划的调整完善、"多规合一"试点与永久基本农田划定工作的衔接具有理论和现实意义。

8.5.2　展望

科学划定永久基本农田是一项比较复杂的任务，需要综合分析多方面因素的影响，鉴于资料、技术条件和个人学识经验等限制，本章对城市边缘区永久基本农田划定研究尚有不足之处，对此作以下说明。

（1）永久基本农田划定指标体系的建立，涉及众多学科且需要对评价系统有足够的认识，如何建立一套科学的评价系统是研究的重点和难点，研究中采用了专家咨询法和德尔菲法选取指标和计算权重，但存在一定的局限性，有待进一步完善。

（2）本章由于时间和数据来源的限制，对于 SA 因素只研究了区位条件、耕作条件和政策条件的影响。而优质连片的永久基本农田，必然会具有一定的政策导向和景观文化价值。完善对 SA 因素的研究，将是今后研究的重点。

第9章 基于土地利用冲突判别的 城乡结合部基本农田划定

9.1 研 究 方 案

9.1.1 研究目标

本章的目的在于针对耕作和建设两种利用方式对耕地需求的利用冲突，探索从土地适宜性角度出发，建立多目标评价系统，通过比较耕作和建设适宜性构建潜在土地利用冲突判别方法体系，并以沈北新区为例对潜在土地利用冲突进行判别研究实证。在此基础上，探讨潜在土地利用冲突判别成果在基本农田划定中的应用。

研究的理论意义在于丰富和完善土地利用冲突的研究视角，延伸土地适宜性研究的应用范围，探索基本农田划定的新方法。研究的现实意义是为土地利用冲突预防和缓解、土地利用总体规划修编中基本农田划定、部门制定相关政策及决策提供科学方法和参考。

9.1.2 研究内容

研究内容主要分为三部分：一是潜在土地利用冲突判别方法体系的构建研究；二是潜在土地利用冲突判别的实证研究；三是潜在土地利用冲突判别成果的应用研究。

（1）潜在土地利用冲突判别方法体系的构建研究。通过分析土地利用冲突的产生机制，提出以多目标适宜性评价作为判别潜在土地利用冲突的方法基础。首先针对耕作和建设两种利用方式对耕地需求的利用冲突，从评价单元划分、评价指标体系建立、单因子作用分赋值、单元总分值计算及适宜性级别划分等几方面建立耕地耕作及建设两种利用方式的多目标适宜性评价系统，其次通过比较耕作和建设适宜性构建潜在土地利用冲突判别矩阵,建立潜在土地利用判别方法体系。

（2）潜在土地利用冲突判别的实证研究。选择沈阳市沈北新区为研究区，采用上述方法体系对其潜在土地利用冲突判别实证研究，结合实际情况进行分析验证潜在土地利用冲突判别方法体系的可行性和科学性。

（3）潜在土地利用冲突判别成果的应用研究。在上述研究成果的基础上，探讨潜在土地利用冲突判别成果在基本农田划定中的应用研究。

9.1.3　技术路线

技术路线如图 9.1 所示。

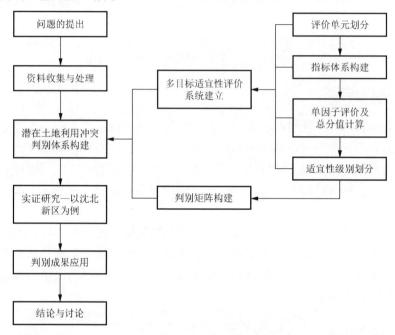

图 9.1　研究技术路线图

9.2　潜在土地利用冲突判别体系的构建

9.2.1　原理及方法

土地利用冲突的发生机制表明：土地资源的多宜性和土地供给的有限性是冲突产生的根本原因，而人口及其需求的增长则是冲突发生与发展的主要驱动力（于伯华和吕昌河，2006）。土地资源的供需矛盾是土地利用冲突产生的根源。在土地资源总量有限、各种利用方式对土地资源需求均高速增长的情况下，土地利用冲突主要取决于土地资源本身的适宜性。若地块只适宜某特定利用方式，则仅有特定方式土地需求者会对其加以利用；但若某地块适宜多种土地利用方式且其适宜性相当并较高时，由于需求者对土地资源需求的增长则潜在导致不同利用方式对该地块进行争夺，即潜在土地利用冲突。

因此，土地多宜性是土地利用冲突的前提条件，土地适宜性评价（多目标适宜性评价）为我们判别潜在土地利用冲突提供了方法基础。本章拟采用加权指数和法，通过对具有多宜性的耕地分别确定其耕作适宜性评价体系和建设适宜性评价体系建立多目标评价系统。在适宜性评价基础上，通过比较耕作和建设适宜性构建潜在土地利用冲突判别矩阵，建立潜在土地利用冲突判别方法体系。

9.2.2 多目标适宜性评价系统建立

1. 适宜性评价方法

本章采用加权指数和法，通过对具有多宜性的耕地分别确定其耕作适宜性评价体系和建设适宜性评价体系建立多目标评价系统。加权指数和法根据不同评价因素对土地质量的作用或限制强度的不同，给定与该因素作用相对应的权重和作用指数，然后利用评价因素资料确定该单元各评价因素的评价指数，以加权指数和求得各评价单元的总分值，根据总分值的大小来确定各评价单元的适宜等级（许倍慎等，2008）。

2. 评价单元的划分

评价单元是土地适宜性评价的基本单位。在同一评价单元中，土地的基本属性具有一致性，不同的评价单元中具有明显的差异性和比较性。评价单元的划分依据有评价对象的变形程度、评价目标的精确要求、土地调查所能达到的程度等。在实际工作中，必须综合考虑这些因素的具体情况选择划分单元，常用的评价单元划分方法有叠置法、网格法、地块法（刘黎明，2005）。

叠置法，即多边形法，就是将同比例尺的土壤图、土地利用现状图、地形图等相关图件进行叠加，形成封闭图斑，如果图斑面积小于上图面积，则依据实际情况进行适当的归并。这些具有一定地形地貌特征、土壤性质和土地类型的图斑即为评价单元。叠置法适用于土地利用现状类型繁多、地貌类型相对较为复杂的地区。

网格法，就是用一定大小的方格构成网格作为评价单元，网格大小确定的前提是能区分不同特征的地块，可采用固定的网格，也可以采用动态的网格。网格法工作量较大，适用于各因素变化不明显的地区。

地块法，是在工作底图上有明显权属界线、地物界线和重要线状地物为其单元边界，将空间相对独立的、主导特性相对较均质的地块，划分为同一评价单元，也可直接采用现有土地利用现状图中的地类图斑作为评价单位（荆新全，2011）。该法便于面积量算，节省时间，提高工作效率，且评价单元权属不变并能准确详尽地表现土地利用现状、面积和空间分布，群众便于接受，有利于进行土地利用结构调整和土地利用规划实施等土地管理工作（王兆君和李想，1999），比较适用于平原区和土地利用类型简单地区（马仁会等，2002）。

本章采用地块法划分评价单元，直接选择 1：10 000 土地利用现状图中的耕地图斑作为评价单元，耕作适宜性和建设适宜性评价采用相同的评价单元。

3. 评价指标体系的建立

评价指标体系的建立主要包括评价因子的选择、评价因子权重的确定。

（1）评价指标选择的原则。评价因子的选择是进行土地适宜性评价的基石，因子是否具有较好的地区及不同利用方式的代表性，将会影响评价的后续过程及结果。因子选择原则如下。

主导性原则。选取对特定土地利用方式适宜性影响最大的主要因子，使评价结果既符合客观实际，又减少工作量。因子选取不宜过多，否则不仅会增加工作量，而且可能会掩盖主要矛盾，影响评价结果的科学性（王秋兵，2003），如有效铁、有效锰等因子对土地适宜性影响不大，可不作为指标因子。

差异性原则。选取的因子在评价区域内具有明显差异，便于划分适宜性的等级。有些因子虽然重要，但在所评价的区域内无明显变化，作为评价因子则没有意义，如半干旱地区的降雨量是影响作物生长和土地利用方式的重要因子，但在评价地域范围较小时，降雨量差异不大，且难以获取各评价单元的降雨量数据，则不能作为评价因子。

稳定性原则。选取在时间序列上应具有相对稳定性的评价因子，如土壤质地、有机质含量、剖面构型等，使评价结果相对稳定，在较长时间内具有应用价值。

现实性原则。土地资源评价与生产力发展水平有关，土地资源评价的深度又受当地所拥有的资料和技术水平的限制。因此，在选取评价因子时，应根据当地条件，尽量从现有资料（如土壤普查、土地利用现状调查、农业区划等）成果中选取，必要时做一些适当的野外补充调查和室内分析工作（王秋兵，2003）。另外，在因子选取时要注意因地制宜并尽量采用最近的现势性较好的数据。

（2）评价因子的选择方法。评价因子选择中应尽量选取影响最显著、最稳定、最准确的数据。同时要因地制宜地考虑区域具体特点、研究区域大小、评价的目的和评价精度与尺度等确定参评因子。所选评价因子不宜过多，避免事倍功半。本章中，我们采取专家咨询法确定评价因子，首先收集整理常用的土地适宜性评价因素与因子，再结合研究区实际以及资料收集情况，通过与相关领域及熟悉研究区域状况的专家教授反复咨询交流，最终确定评价因子。

（3）评价因子权重的确定。权重是一个相对的概念，表示因子在评价过程中对评价目标所起作用的相对重要程度。权重可突出主要因子，压缩次要因子，避免均衡评断产生的误差，使之更加与实际情况相吻合，一组评价指标体系相对应的权重组成了权重体系（李萍，2005）。常用的权重分析方法主要有等权重法、经验法、等差法、回归系数法、灰色关联度分析法、主成分分析法和层次分析法（刘黎明，2005）。

本章运用层次分析法确定权重。层次分析法（analytic hierarchy process，AHP）是将决策总是有关的元素分解成目标、准则、方案等层次，在此基础之上进行定性和定量分析的决策方法。其基本原理是把所研究的复杂问题看做一个大系统，通过对系统的多个因素的分析，划分出各因素间相互联系的有序层次；再请专家对每一层次的各因素进行客观的判断后，相应地给出相对重要性的定量表示，进而建立数学模型，计算出每一层次全部因素的相对重要性的权重值，并加以排序（刘黎明，2005）。

4. 单因子评价与总分值计算

单因子评价就是相对于特定土地利用对各评价因子分别进行赋分，以表现出单个评价因子的强度变化对土地利用适宜程度的影响（刘德忠，1999）。

本章根据各评价因子的属性不同，采用以下三种不同的方式进行单因子评价和作用分赋值：

（1）等级赋分法：对于表层土壤质地、灌溉保证率等定性描述因子，结合实际情况对不同性状划分不同级别，对于有机质含量、地下水埋深等定量表示因子，根据数据分布情况划分不同级别，然后根据其影响程度对各级别赋予相应的作用分，如表 9.1、表 9.2 所示。

表 9.1　灌溉保证率等级赋分示意表

因子实际值	充分满足	基本满足	一般满足	无灌溉条件
等级	I	II	III	V
分值/分	100	80	60	0

表 9.2　土壤有机质含量等级赋分示意表

因子实际值/%	≥4.0	4.0～2.0	2.0～1.0	1.0～0.6	<0.6
等级	I	II	III	IV	V
分值/分	100	80	65	45	27

（2）扩散赋分法：对于道路通达度、中心城镇影响等扩散性因子，分别对扩散源赋予相应的功能分，并通过线性或指数衰减模型计算单元因子作用分。评价单元受多重级别多扩散源影响时，同级扩散源取作用分最大值，不同级别作用分累加。线性及指数衰减模型如下：

线性衰减模型为

$$f_i = M(1 - r) \tag{9-1}$$

指数衰减模型为

$$f_i = M^{(1-r)} \tag{9-2}$$

式中，$r=d/D$；f_i 为因子 i 的作用分值；M 为扩散源的功能分；r 为相对距离；d 为单元距扩散源的实际距离；D 为扩散源的影响半径。

（3）数据标准化法：对于作用突变不明显且无显著作用区间的评价因子，尤其是社会经济因子（如人均 GDP）采用此法。其模型为

$$f_i = 100 \left(X_i - X_{\min} \right) / \left(X_{\max} - X_{\min} \right) \tag{9-3}$$

式中，f_i 为因子 i 的作用分值；X_i 为评价单元因子实际值；$X_{\max}$ 为该因子最大值；$X_{\min}$ 为该因子最小值。

在 ArcGIS 桌面系统中，根据各评价单元的因子属性数据，结合上述作用分赋值方法，计算确定各评价单元的单因子作用分，然后运用加权指数模型计算单元总分值，其计算公式为

$$F = \sum_{i=1}^{n} (f_i \times w_i) \tag{9-4}$$

式中，f_i 为因子 i 的作用分值；w_i 为因子 i 的权重；n 为评价因子的个数；F 为评价单元的总分值，该值越大说明相应目标适宜性越高。

5. 适宜性级别的划分

本章采用总分频率直方图法划分适宜性级别，在 SPSS 软件中分析统计耕作和建设适宜性评价总分值分布情况，制作总分频率直方图，选择频率直方图的空白区或低值区作为级别划分的临界值，建立适宜性级别划分总分区间表，确定各评价单元的适宜性级别。耕作适宜性分为高度适宜（S1）、中度适宜（S2）、低度适宜（S3）三级；建设适宜性分为高度适宜（M1）、中度适宜（M2）、低度适宜（M3）三级。

9.2.3 潜在土地利用冲突判别矩阵构建

1. 判别矩阵构建

在土地供给有限的现实情况下，土地利用冲突是否发生主要取决于地块的适宜性，假设地块只适宜特定利用方式而不适宜其他方式，则理性人只会对其进行特定方式的利用；但当该地块适宜多种利用方式且其适宜性相当并较高时，由于外部需求的增长则导致不同利用方式对该地块进行争夺，即土地利用冲突。因此

依据耕作和建设适宜性评价结果，通过比较耕作和建设适宜性级别，构建潜在土地利用冲突判别矩阵，如表 9.3 所示。

表 9.3　潜在土地利用冲突判别矩阵

建设/耕作适宜性	高度适宜（S1）	中度适宜（S2）	低度适宜（S3）
高度适宜（M1）	C_1（S1M1）	J_1（S2M1）	J_2（S3M1）
中度适宜（M2）	N_1（S1M2）	C_2（S2M2）	J_3（S3M2）
低度适宜（M3）	N_2（S1M3）	N_3（S2M3）	NJ（S3M3）

2. 潜在土地利用冲突判别

前述分析表明，当某个单元的耕作适宜性和建设适宜性相当并较高时，其潜在发生土地利用冲突。由此可见，存在两种潜在发生冲突的情况，即潜在冲突 C_1（耕作高度适宜且建设高度适宜）、潜在冲突 C_2（耕作中度适宜且建设中度适宜）。其余七类区域为无冲突区，分别是三种耕作优势的无冲突区域，即 N_1（耕作高度适宜且建设中度适宜）、N_2（耕作高度适宜且建设低度适宜）、N_3（耕作中度适宜且建设低度适宜）；三种建设优势的无冲突区域，即 J_1（耕作中度适宜且建设高度适宜）、J_2（耕作低度适宜且建设高度适宜）、J_3（耕作低度适宜且建设中度适宜）；一种耕作、建设适宜性均低的无冲突区，即 NJ（耕作低度适宜且建设低度适宜）。

9.3　实　证　研　究

9.3.1　研究区域及数据处理

1. 研究区选择

选择沈北新区开展潜在土地利用冲突区判别。研究主要基于以下几方面考虑：首先沈北新区位于下辽河平原核心区，水土及自然资源禀赋高，耕作适宜性高，同时其建设适宜性也较高，两种适宜性的高度叠加为土地利用冲突的产生储备了自然条件。其次，近年来沈北新区以建设生态新城为发展目标，经济社会迅猛发展，尤其是在沈阳经济区上升为国家战略的背景下，作为其中的核心节点，未来沈北新区经济社会加速发展将拉动建设用地需求的强烈增长。同时，作为下辽河重点产粮区，其粮食生产保障能力及耕地保护压力亦不断增加，以耕地和建设用地需求矛盾为主的土地利用冲突日益尖锐，耕地保护形势严峻。最后沈北新区位于大都市郊区，属于土地利用冲突表现突出的城乡过渡带，有效判别其潜在土地利用冲突并进行应用及预防具有典型性和示范性（图 9.2）。

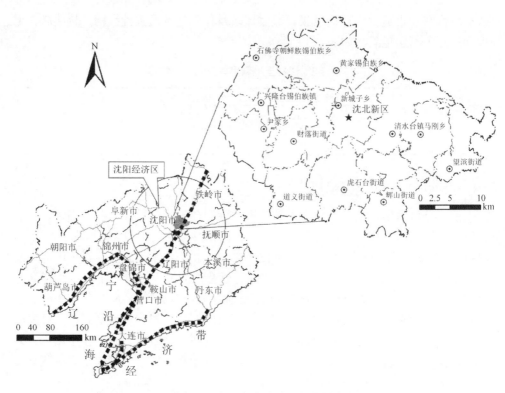

图 9.2 沈阳市沈北新区区位图

2. 资料收集与处理

研究收集的主要数据资料包括：1∶10 000 沈北新区第二次全国土地调查数据库；1∶10 000 沈北新区影像图；沈北新区水文地质图；1∶50 000 沈北新区土壤图；1∶50 000 沈北新区数字高程图（DEM）；沈北新区农用地分等定级文本、图件及数据库资料（包括沈北新区土壤质地、灌溉保证率、排水条件、有效土层厚度、地形坡度、土壤剖面结构、有机质含量、障碍层厚度等因素图件及矢量数据资料）；2010 年沈北新区统计年鉴；2009 年沈阳市农村调查年鉴。

将所收集资料进行整理分类，对纸质图件用扫描仪进行扫描后存储为 TIFF 格式栅格数据，并在 ArcGIS9.3 桌面系统平台下进行配准和矢量化，矢量化精度参照第二次全国土地调查数据标准进行。对原是其他坐标系统及格式的矢量数据进行格式及坐标转换，保存为西安 80 坐标系高斯克里格投影 shape 格式数据；对社会经济数据进行分类整理分析汇总，并将其与相应图层的属性信息进行挂接、录入。通过以上数据收集与处理过程，建立研究基础数据库。建立流程如图 9.3 所示。

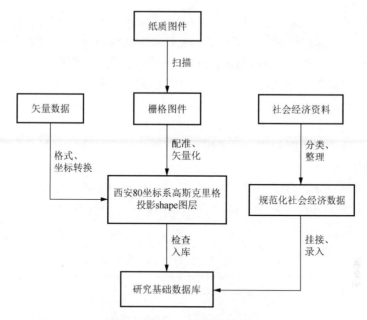

图 9.3　研究基础数据库建立流程

9.3.2　多目标适宜性评价

1. 评价单元

研究主要考虑沈北新区现状耕地耕作和建设两种利用目标的适宜性，采用地块法选择沈北新区第二次全国土地调查数据库 1∶10 000 土地利用现状图中的耕地图斑作为评价单元，耕作适宜性和建设适宜性评价采用相同的评价单元，研究区共 7790 个单元，面积 53 157.67hm^2。

2. 评价指标体系

通过对沈北新区的自然条件、社会经济状况等各方面的综合调查分析，遵循主导性、差异性、稳定性和现实性原则，参照《农用地定级规程》《城镇土地分等定级规程》，并与多位专家反复交流论证筛选，选择对耕作适宜性和建设适宜性影响最显著、最稳定的评价因子。例如，经营效益是指农户在耕地利用过程中所获得的效益，经营效益的高低一方面体现了耕作利用的价值、效益；另一方面也会影响耕作利用方式及投入的意愿，因此，对耕作适宜性影响具有显著性，研究中主要利用农用地分等中的"产量-成本"指数（土地经济系数）衡量评价单元的经营效益。研究针对耕作适宜性选取坡度、有效土层厚度、表层土壤质地、剖面构型、有机质含量、灌溉保证率、排水条件、经营效益、耕作距离、道路通达度、农贸市场影响、中心城镇影响共 12 个评价指标；针对建设适宜性选取坡度、高程、地基承载力、距河湖距离、地下水位、人均 GDP、路网密度、城镇化率、道路通达度、对外交通便利度、中心城镇影响共 11 个评价指标。在因子筛选基础上建立层次结构，将耕作和建设适宜性等级作为目标层，把影响适宜性等级的因素作为准则层，再把影响准则层的各因子作为指标层，如坡度、有效土层厚度、地下水位等属于自然因素，中心城镇影响、道路通达度等属于区位因素。

　　运用层次分析法确定评价因子权重，在建立因子层次模型之后，咨询专家比较同一层次各因子对上一层次因素的相对重要性，给出数字化的评估（采用 1～9 级相对重要性），构建两两比较判断矩阵，进而通过 Export Choice 2000 层次分析法软件计算确定各因子权重。耕作适宜性和建设适宜性评价指标体系和权重如表 9.4、表 9.5 所示。

表 9.4　耕作适宜性评价指标体系和权重

评价因素	权重	评价因子	权重
自然因素	0.49	坡度	0.17
		有效土层厚度	0.22
		表层土壤质地	0.22
		剖面构型	0.08
		有机质含量	0.22
社会经济因素	0.25	灌溉保证率	0.28
		排水条件	0.28
		耕作距离	0.20
		经营效益	0.24
区位因素	0.26	道路通达度	0.27
		中心城镇影响	0.47
		农贸市场影响	0.27

表 9.5　建设适宜性评价指标体系和权重

评价因素	权重	评价因子	权重
自然因素	0.37	坡度	0.22
		高程	0.22
		地基承载力	0.22
		距河湖距离	0.18
		地下水位	0.16
社会经济因素	0.23	人均 GDP	0.30
		路网密度	0.35
		城镇化率	0.35
区位因素	0.40	道路通达度	0.26
		对外交通便利度	0.37
		中心城镇影响	0.37

3. 单因子评价与总分值计算

根据各评价因子的属性不同，分别采用等级赋分法、扩散赋分法、数据标准化法进行单因子评价和作用分赋值，如针对表层土壤质地、灌溉保证率等定性描述因子和有机质含量、地下水埋深等定量表示因子，采用等级赋分法，首先根据结合实际情况和数据分布情况划分不同级别，然后根据其影响程度对各级别赋予相应的作用分；对于道路通达度、中心城镇影响等扩散性因子，采用扩散赋分法，分别对扩散源赋予相应的功能分，并通过线性或指数衰减模型计算单元因子作用分；对人均 GDP、经营效益等作用突变不明显且无显著作用区间的评价因子，采用数据标准化法进行单因子评价和作用分赋值。详细耕作及建设适宜性评价单因子分级及作用分值详情如表 9.6、表 9.7 所示。

表 9.6 耕作适宜性评价因子分级及作用分值表

评价因素	评价因子	因子分级及作用分值				
自然因素	坡度/°	<2	2~5	5~8	8~15	≥15
		100	88	65	41	0
	有效土层厚度/cm	≥150	100~150	60~100	30~60	<30
		100	89	67	33	0
	表层土壤质地	壤土				黏土
		100				0
	剖面构型	通体壤	壤/黏/壤	壤/黏/黏	通体黏	黏/砂/黏
		100	80	40	0	
	有机质含量/%	≥4.0	4.0~2.0	2.0~1.0	1.0~0.6	<0.6
		100	80	65	45	27
社会经济因素	灌溉保证率	充分满足	基本满足	一般满足		无灌溉条件
		100	80	60		0
	排水条件	体系健全	基本健全	条件一般		无排水条件
		100	85	60		0
	经营效益	$f_i = 100 \cdot (X_i - X_{min}) / (X_{max} - X_{min})$				
	耕作距离	$f_i = M \cdot (1-r)$				
区位因素	道路通达度	$f_i = M \cdot (1-r)$				
	农贸市场影响					
	中心城镇影响	$f_i = M^{(1-r)}$				

表 9.7 建设适宜性评价因子分级及作用分值表

评价因素	评价因子	因子分级及作用分值				
自然因素	坡度/°	<2	2~5	5~8	8~5	≥15
		100	88	65	41	0
	高程/m	<57	57~83	83~119	119~175	>175
		100	80	60	40	20

评价因素	评价因子	因子分级及作用分值				
自然因素	地基承载力/kPa	>250	250~180	180~120	120~60	<60
		100	80	60	40	20
	距河湖距离/m	>100	70~100	50~70	30~50	<30
		100	80	60	40	20
	地下水位/m	>15	10~15	5~10	2~5	<2
		100	88	60	40	0
社会经济因素	人均GDP/(元/人)	$f_i = 100 \cdot (X_i - X_{min}) / (X_{max} - X_{min})$				
	路网密度	>7.5	3.8~7.5	1.4~3.8	0.7~1.4	<0.7
		100	85	75	65	55
	城镇化率	>0.45	0.35~0.45	0.2~0.35	0.2~0.1	<0.1
		100	88	60	40	0
区位因素	道路通达度	$f_i = M \cdot (1-r)$				
	对外交通便利度					
	中心城镇影响	$f_i = M^{(1-r)}$				

根据各评价单元的因子属性数据，结合上述作用分赋值方法，在 ArcGIS 桌面系统中计算确定各评价单元的单因子作用分，然后运用加权指数和法计算单元总分值，其公式同式（9-4）。

4. 适宜性级别划分

根据 SPSS 软件统计耕作及建设适宜性评价总分值分布情况，利用总分频率直方图法划分耕作适宜性分为高度适宜（S1）、中度适宜（S2）、低度适宜（S3）三级；建设适宜性分为高度适宜（M1）、中度适宜（M2）、低度适宜（M3）三级。在 SPSS 软件中对多目标适宜性评价系统中的耕作和建设适宜性评价总分值以 1 分为组距进行分组统计并绘制频率直方图，沈北新区耕地耕作及建设适宜性总分值频率分布直方图如图 9.4 和图 9.5 所示。

根据频率分布直方图和 SPSS 频数统计工具，选择频率分布空白区或低值区作为级别划分的界线，分析得出适宜性级别的临界值，建立耕作及建设适宜性级别划分总分值区间如表 9.8 所示。

按照表 9.8 对沈北新区耕地耕作和建设适宜性级别进行划分并统计制图，其结果见表 9.9、图 9.6。从中可以看出，在耕作适宜性评价系统中，沈北新区 90% 以上的耕地具有较强的耕作适宜性，高度和中度宜耕的面积比例分别为 20.94%、70.76%，高度宜耕区主要分布在兴隆台镇、尹家乡、石佛寺乡以及虎石台街道、

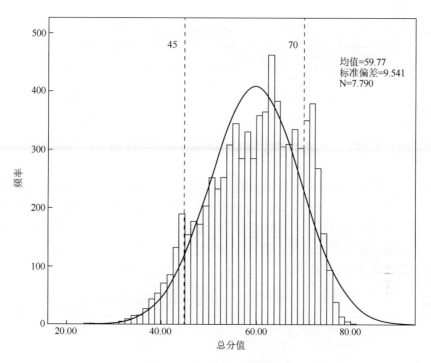

图 9.4　耕作适宜性评价总分值频率分布直方图

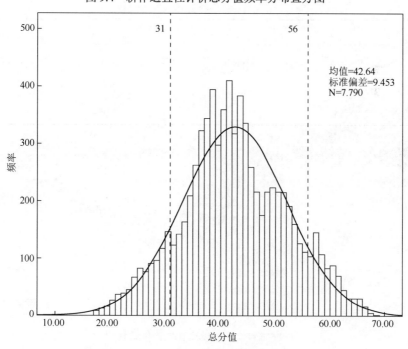

图 9.5　建设适宜性评价总分值频率分布直方图

表9.8　适宜性级别划分总分值区间表

分值区间	耕作适宜性评价			建设适宜性评价		
	≥70	45~70	<45	≥56	55~31	<31
适宜性	高度适宜 （S1）	中度适宜 （S2）	低度适宜 （S3）	高度适宜 （M1）	中度适宜 （M2）	低度适宜 （M3）

辉山街道和新城子乡的城镇周边和交通沿线，耕作低度适宜区主要分布在东部低山丘陵区的马刚乡和望滨街道以及石佛寺辽河边缘，中度适宜区广泛分布在中西部平原区。在建设适宜性评价系统中，分别有 11.91%、82.42% 的耕地具有高度和中度建设适宜性，说明沈北新区耕地的建设适宜性同样较强，其中高度建设适宜区主要分布在靠近母城沈阳的南部道义、虎石台、辉山三个街道以及行政中心新城子乡城镇周边及交通沿线。低度适宜区主要分布在东部低山丘陵区的马刚乡和望滨街道及清水台镇东北部，中度适宜区同样广泛分布在中西部平原区。

表9.9　耕作适宜性和建设适宜性评价结果表

	高度适宜 （S1）	中度适宜 （S2）	低度适宜 （S3）	高度适宜 （M1）	中度适宜 （M2）	低度适宜 （M3）
面积/hm²	11 131.80	37 613.37	4 412.50	6 331.52	43 809.22	3 015.93
比例/%	20.94	70.76	8.30	11.91	82.42	5.67

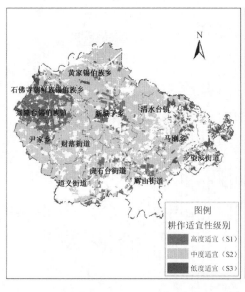
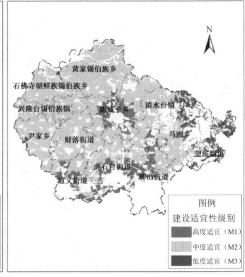

图9.6　耕作及建设适宜性评价结果图

9.3.3　潜在土地利用冲突判别

1. 潜在土地利用冲突判别结果

在 ArcGIS 桌面系统中，将两种适宜性评价底图进行叠加分析，使每个评价单元获取两种适宜性分级结果，并依据前述冲突判别矩阵对潜在土地利用冲突进行判别，其结果如表 9.10 和图 9.7 所示。

表 9.10　潜在土地利用冲突判别结果统计表

	C_1	C_2	N_1	N_2	N_3	J_1	J_2	J_3	NJ
面积/hm²	2 317.46	35 477.36	7 404.73	0	1 274.95	4 014.06	0	927.14	1 741.98
比例/%	4.36	66.74	13.93	0.00	2.40	7.55	0.00	1.74	3.28

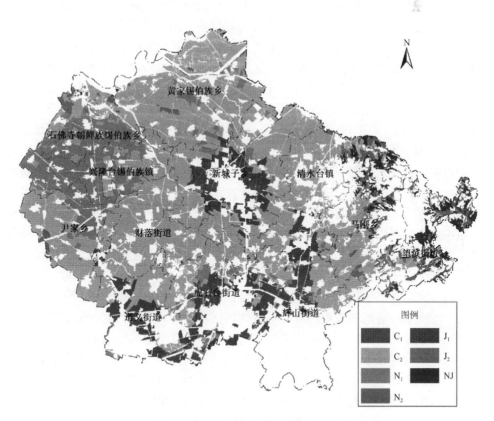

图 9.7　潜在土地利用冲突判别结果图

2. 判别结果分析

从数量上看，沈北新区 71.10%的耕地具有潜在土地利用冲突的风险，其中，C_2 型潜在土地利用冲突区域面积最大，面积为 35 477.3646hm^2，占总面积的 66.74%，而风险性最高的 C_1 型潜在土地利用冲突区面积达到 2317.46hm^2，占总面积的 4.36%。仅有 16.33%的耕地为耕作优势型的无冲突区域，其中，N_1、N_3 型耕作优势区分别占总面积的 13.93%和 2.40%。另有 9.29%的耕地为建设优势型的无冲突区域，其中，J_1、J_3 型耕作优势区分别占总面积的 7.55%和 1.74%。其余 3.28%的耕地为耕作和建设适宜性均较低的 NJ 型无冲突区，这种结果说明沈北新区潜在土地利用冲突的范围较大并且风险较高，其面临的土地利用冲突形势较为严峻，同时结果与其当前的发展现状及趋势是比较吻合的。

从空间分布来看，C_1 型潜在冲突区域主要分布在新城子乡、辉山街道、虎石台街道和道义街道等城镇周边及道路沿线。原因在于该区域耕作或建设的自然水土资源禀赋、经济社会基础和区位条件均较优越，因而兼具高度耕作适宜性和高度建设适宜性，随着经济社会发展加快和城镇扩张对建设用地需求的增长，这部分区域会成为新增建设用地选址的首选区域，因而发生现实土地利用冲突的风险极高。C_2 型潜在冲突区域广泛分布于沈北新区的中西部平原区，该地区自然、社会经济因素较优、坡度、有机质含量、灌排体系、城镇化率及人均 GDP 等指标得分可在 70 分以上，但该区域距中心城镇、农贸市场距离在 5km 以上，区域因素得分仅在 30~40 分，因而其耕作和建设适宜性均为中等。受区域因素制约，一定时期内城镇建设用地需求扩张大面积占用这部分耕地的可能性不大，虽为冲突潜在发生区域，但短期内建设与耕作利用方式发生现实冲突的风险相对较低。N_1 型耕作优势区主要分布于西部辽河冲积平原区，这些地块水土自然资源禀赋高且灌排设施齐备因而耕作适宜性高，但其区位条件较劣且洪涝风险较高、工程地质条件一般造成建设适宜性不高，因此该区域具有明显的农业区位优势。N_3 型耕作优势区零散分布于东部丘陵山前岗地。J_1 型建设优势区较集中分布在新城子乡、辉山街道、虎石台街道、道义街道和清水台镇等城镇周边和道路沿线，这些耕地土壤为黏土质地，有机质含量较低并且耕地的灌排条件一般，其耕作适宜性不高，但其区位条件较为优越，建设适宜性高，是新增建设用地的优选区域。J_3 型建设优势区零散分布在全境范围。NJ 型无冲突区主要分布于东部山地丘陵区，这部分区域由于地形和基础设施条件限制，耕作与建设适宜度均较低，两种利用方式对其需求意愿较弱，因而该区域发生土地利用冲突的可能性较低。

9.3.4 对策建议

沈北新区潜在土地利用冲突判别结果和分析表明，沈北新区潜在土地利用冲突的范围较大并且风险较高，土地利用冲突形势较为严峻。为有效预防和缓解沈北新区的土地利用冲突，促进土地资源的可持续利用，研究根据潜在土地利用冲突判别成果，结合沈北新区的优势和不足，在此基础上提出下列对策及建议。

1. 强化建设用地集约节约利用，合理布局新增建设用地

在加速工业化和城市化进程背景下，伴生城市人口及其需求增长的建设用地需求增长是引发和加剧土地利用冲突的主要驱动力，因此强化建设用地集约节约利用，合理布局新增建设用地是预防和缓解土地利用冲突，尤其是耕地与建设用地结构性矛盾的必由之路。

首先强化集约节约用地意识，积极引导城镇建设用地不占或少占耕地，挖掘和盘活存量建设用地潜力，提高土地利用的效率和效益，减少建设对耕地占用和转用的压力。其次在新增建设用地布局中，对于非占用耕地不可的情况，将建设适宜性高同时耕作适宜性一般的 J_1 型建设优势区作为首选区域，将土地利用冲突风险最高的 C_1 型潜在冲突区，作为新增建设用地布局的备选区域，在上述区域内依据新增建设用地需求，科学划定建设用地红线并严格执行，禁止盲目无序占用其他区域耕地，通过严格界定建设与耕作的界限壁垒，破解潜在冲突的发生。

2. 科学划定基本农田，加强农田水利基本建设

随着人口及其需求的增长，为保障国家粮食安全、生态安全而对耕地需求的增长同样是引发和加剧土地利用冲突的重要因素。基本农田是耕地的精华，科学划定基本农田，加强农田水利基本建设不仅可以实现耕地保护，也有益于预防潜在土地利用冲突的现实化。

在基本农田划定中不仅要注重数量及质量的保护，也要考虑基本农田的长久稳定性，确保其保障作用长期稳定发挥。实践中可以考虑将 N_1、N_2 型耕作优势区耕作适宜性高且不存在潜在冲突，作为基本农田划定的首选区域；C_2 型潜在冲突区耕作和建设适宜性同为中度适宜，虽然该区域土地利用冲突潜在发生，但由于与城镇、市场距离较远，出于经济性和实用性考虑短期内建设用地扩张占用这部分耕地的可行性和必要性较低，潜在土地利用冲突转变为现实冲突的风险程度相对较低，可作为基本农田保护的主体区域。加强农田水利基本建设，加大中低产田改造力度，提高耕地防洪抗灾、供水保障能力和农业综合生产能力，提高耕地利用效率和效益，以质量换数量，保障粮食和生态安全。

9.4 冲突判别结果在基本农田划定中的应用

9.4.1 基本农田划定研究现状

基本农田划定是根据土地管理法、基本农田保护条例及相关规定，依照规定程序确定基本农田空间位置、数量、质量等级、地类等现状信息的过程（国土资源部，2011），《中华人民共和国土地管理法》对基本农田的划定具有相应的要求，需要满足多方面的条件（许倍慎等，2008）。铁路、公路等交通沿线，城镇、村庄周边的耕地质量相对较高、耕作适宜性较高，因此《基本农田保护条例》规定这部分耕地应当优先划为基本农田。然而通常城郊耕地作为建设用地适宜性同样较高，加之现有规划约束不足，在现状城镇"摊大饼式"发展中，城镇周边大量优质耕地首当其冲被占用并进行非农建设。随着城镇的进一步扩张，周边耕地与建设用地的潜在冲突风险最高，保护成本大，保护效果差。

1988 年我国首块基本农田保护区在湖北省垦利县划定以来，尤其是自 1994年国务院出台《基本农田保护条例》以来，许多学者、专家就基本农田保护区规划和基本农田划定方法进行了研究和实践，他们分别从农用地分等定级成果（郑新奇等，2007；孔祥斌等，2008）、农用地连片性（周尚意等，2008）、土地评价（董秀茹等，2011）等角度出发进行了基本农田数量确定和空间布局的划定方法的理论研究和实践尝试，取得了较大的研究突破和理论技术创新，促使基本农田保护逐渐由数量保护向数量质量并举推进。但目前基本农田划定方法还不甚合理，尤其是现有划定方法大多简单考虑农用地分等定级成果，侧重于考虑耕地的质量，而缺少对耕地立地条件及社会经济协调发展的考虑（钱凤魁和王秋兵，2011），对地块的空间位置考虑有欠缺，尤其是对地块与建设用途需求潜在的冲突风险缺乏判断和防范，致使基本农田经常处于潜在土地利用冲突风险最高、用途冲突最为强烈的区域（如城郊、交通沿线），划定的基本农田存在潜在被破坏的风险和转变非农用途的风险，基本农田保护成本高且缺乏稳定性和长久性。

9.4.2 基于潜在土地利用冲突判别成果的基本农田划定方法

潜在土地利用冲突的判别过程中，综合考虑了耕地的自然、区位条件及潜在冲突风险情况，判别结果结合农用地分等成果，可为基本农田划定提供辅助决策。

根据冲突判别分区，N_1、N_2 型耕作优势区耕作适宜性高且不存在潜在冲突，可作为基本农田划定的首选区域；C_2 型潜在冲突耕作和建设均为中度适宜，区域距中心城镇在 5km 以上，受其辐射扩张影响较小，一定时期内，城镇建设用地需求扩张大面积占用这部分耕地的可能性不大，虽为冲突潜在发生区域，但短期内建设与耕作利用方式发生现实冲突的风险相对较低，通过加强农田基本建设提高耕地产能，可作为基本农田保护的主体区域；而 C_1 型潜在冲突区虽然耕作适宜性高，但随着经济社会的发展，其被建设需求占用的可能性较高，潜在土地利用冲突转变为现实冲突的风险极高，因此，原则上不选为基本农田。

在确定基本农田区域选择顺序基础上，在 ArcGIS9.3 桌面系统中对冲突判别结果和农用地分等成果进行叠加分析，为每个评价单元赋值农用地利用等别属性。最后，由高等别至低等别选择 N_1、N_2 型耕作优势区及 C_2 型潜在冲突区内的耕地作为基本农田，直至达到上级下达的基本农田保护指标。

9.4.3 基本农田划定结果

将潜在土地利用冲突判别中的评价单元（也即土地利用现状中的耕地图斑）与沈北新区农用地分等成果叠加分析，为每个评价单元赋值农用地利用等别属性。沈北新区耕地利用等别情况如图9.8和表9.11所示。

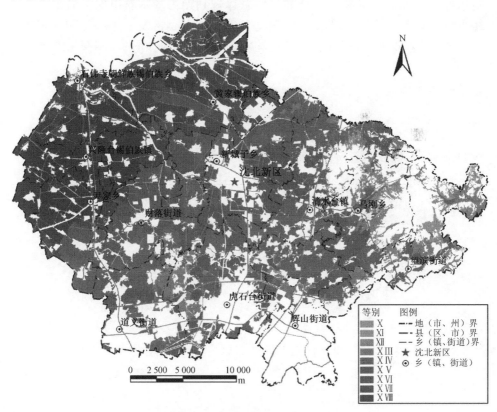

图 9.8 沈北新区耕地利用等别图

表 9.11　沈北新区耕地利用等别情况表

等别	面积/hm²	占总面积比例/%
X	469.72	0.88
XI	437.44	0.82
XII	680.72	1.28
XIII	3 427.63	6.45
XIV	15 104.83	28.42
XV	13 914.90	26.18
XVI	3 084.42	5.80
XVII	7 014.60	13.20
XVIII	9 020.41	16.97

　　沈北新区耕地利用等分布在 X～XVIII等，等别越高，耕地质量越优，由表可知，沈北新区XIV等及以上耕地占总面积达 90.57%，高等别耕地主要分布在中西部平原区，与前述多目标适宜性判别系统中的耕作适宜性评价结果一致，同时说明沈北新区耕地适宜较高，前述耕作适宜性评价结果较可信。

　　根据沈阳市土地利用总体规划大纲（2006～2020 年）下达的土地利用主要控制指标表：沈北新区新一轮土地利用总体规划期内基本农田保护面积不低于 36 499hm²，初步选择XIV等及以上 N_1、N_2 型耕作优势区及 C_2 型潜在冲突区内的耕地作为基本农田，划定的沈北新区基本农田保护成果如图 9.9 和表 9.12 所示。

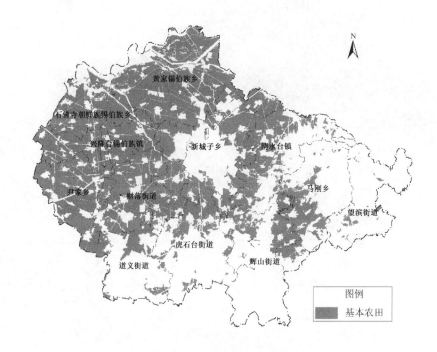

图 9.9　基本农田划定分布图

表 9.12 基本农田划定情况汇总表

利用等	XIV 等	XV 等	XVI等	XVII 等	XVIII 等	小计
N_1 区面积/hm²	254.82	792.54	323.98	639.02	5 348.41	7 358.77
C_2 区面积/hm²	10 931.84	10 013.02	2 625.36	6 138.29	3 578.95	33 287.46
小计	11 186.66	10 805.56	2 949.34	6 777.31	8 927.36	40 646.23

新划定的沈北新区基本农田土地利用类型全部为耕地,农用地平均质量等级高,集中连片性也较好,符合《中华人民共和国土地管理法》《基本农田保护条例》和《基本农田划定规程》有关基本农田划定工作的要求。相较于传统基本农田划定,基于冲突识别与农用地分等成果相结合的基本农田划定方法在注重耕地质量保护的同时,综合考虑了耕地的区位条件及潜在冲突风险情况,有利于降低基本农田被破坏和转变非农用途的可能性,充分保障了基本农田的长久稳定性。

9.5 研究结论与展望

9.5.1 研究结论

本章较为系统地分析土地利用冲突及其产生机制,在相关理论支撑下,构建了潜在土地利用冲突判别体系,选取沈阳市沈北新区为研究区域,对潜在土地利用冲突进行了判别研究实证,进而对潜在土地利用冲突判别成果进行了应用探讨,主要获得以下研究结论。

(1)土地供需矛盾是土地利用冲突产生的根源,在土地资源总量有限、各种利用方式对土地资源需求均高速增长的情况下,土地利用冲突主要取决于土地资源本身的适宜性,土地适宜性评价(多目标适宜性评价)为判别潜在土地利用冲突提供了方法基础。

(2)本章通过评价比较地块的多目标适宜性,建立了潜在土地利用冲突判别方法体系,并选取沈阳市沈北新区进行了研究实证,取得较好的研究效果,表明通过多目标适宜性评价方法进行潜在土地利用冲突判别具有一定的科学性及可行性。

(3)沈阳市沈北新区潜在土地利用冲突判别实证研究表明:①沈北新区71.10%的耕地具有发生潜在土地利用冲突的风险,其中 C_2 型潜在土地利用冲突区域面积最大,而风险性最高的 C_1 型冲突区域面积达到 2317.46hm²。C_1 型潜在冲突区域主要分布在新城子乡、辉山街道、虎石台街道和道义街道等城镇周边及道路沿线,C_2 型潜在冲突区域广泛分布于沈北新区的中西部平原区。研究认为沈北新区潜在土地利用冲突的范围较大,其面临的土地利用冲突形势较为严峻。②研究针对沈北新区潜在土地利用冲突的判别结果及面临形势,提出了强化建设用地集约节约利用，合理布局新增建设用地和科学划定基本农田，加强农田基本建设的政策建议。

（4）研究结合潜在土地利用冲突判别结果和农用地分等成果，初步划定 N_1、N_2 型耕作优势区和 C_2 型潜在冲突区内利用等在 XIV 等及以上的耕地 40 646.236hm^2 为沈北新区新一轮土地利用总体规划基本农田。基于潜在土地利用冲突判别与农用地分等成果相结合的基本农田划定方法，既保证了基本农田数量质量又增强了基本农田的长久稳定性，可为基本农田划定提供辅助决策。

9.5.2 研究展望

土地资源系统具有自然、社会、经济和生态等多重属性和层次结构，土地利用冲突是复杂的多主体、多目标、多层次、多阶段的系统问题，鉴于资料、技术条件和个人学识经验等限制，本章对潜在土地利用冲突判别研究尚有不足之处，对此作以下说明。

（1）研究判别体系中多目标适宜性评价系统的指标体系建立涉及众多学科且需要对评价系统有足够的认识，如何建立一套科学的多目标适宜性评价系统是研究的重点和难点，研究中采用了专家咨询法和层次分析法选取指标和计算权重，但专家系统存在一定的局限性，有待进一步完善。

（2）研究探讨了耕地的耕作和建设适宜性及其利用方式发生潜在冲突的可能，仅属于中观层次的潜在土地利用冲突判别，在宏观上欠缺对其生态适宜性和生态利用需求的考虑，在今后研究过程中还需要进一步探索耕作、建设、生态适宜性三者的相互影响和潜在冲突；在微观上，对耕作和建设的考虑需要细化到水田、旱地、水浇地以及商业、住宅、工业等二级利用方式的适宜性及需求矛盾评价和潜在土地利用冲突判别。

第 10 章　农户土地利用行为
对耕地质量的影响

　　土地是人类赖以生存和发展的物质基础，在我国人多地少，土地数量和质量变化就显得尤为重要。特别是随着我国工业化、城市化进程的不断加快，耕地资源大量损失和质量急剧退化现象严重。而耕地资源保护是我国一项基本国策，其实质是对耕地生产能力的保护，数量保护是关键，质量保护是核心（刘洪斌等，2012a）。因此，在我国目前耕地后备资源匮乏和工业化、城市化进程快速发展的背景下，耕地质量好坏更是关乎国计民生的大问题，对于耕地质量保护的研究就显得非常重要，也是近些年学者们研究的热点之一。

　　国内外学者研究表明，导致耕地质量变化的因子错综复杂，归纳起来有人文因素（社会经济因素）和自然因素两方面（孔祥斌等，2007；俞海等，2003）。其中，自然环境条件是土地覆盖与耕地利用分布的基础条件，比如地形、气候、土壤和生物这些因子的变化在某种程度上具有一定的主导作用，是一个长期的累积过程，在短时间内具有一定的稳定性；而随着人类活动对耕地质量的影响越来越显著，社会、经济等人文因素则对耕地利用的时空变化具有决定性的影响，在中国以工业化、城市化为特征的经济增长过程中，将不可避免伴随着经济、社会和制度等各方面的变迁，而这些因素并不直接引起耕地质量变化，而是通过引起农户的土地利用行为的变化间接地促进耕地质量变化。

　　目前，农户是广大农村投资、经营与生产等经济活动的主体，是农业土地利用最基本的决策单位。他们的行为决定着土地资源能否合理利用，作为土地利用的直接参与者，在土地利用方式的选择、土地管理措施以及在农业生产中的投入产出，都可能会引起耕地质量的变化（李涛等，2010；田玉军等，2011）。近年来，国内外学者研究表明，随着经济的发展和工业化、城市化进程的加速，农户土地利用行为成为土地（土壤）质量变化的决定性因素（高艳梅，2006；李翠珍等，2011；欧阳进良等，2004）。因此，从土地利用的主体——农户出发，以辽宁省沈阳市苏家屯区的临湖街道、王纲堡乡和永乐乡为研究对象，分析、探讨农户在不同的土地利用目标、利用方式和管理模式下，对耕地质量变化的影响，有助于进一步研究耕地质量变化的规律及驱动机制，有助于政府和政策制定者有的放矢提出相应制度、政策，调节农户的土地利用行为和农业生产活动，促进耕地的可持续生产能力的提高和环境的可持续性，为制定科学合理的耕地质量保护对策提供科学依据。

10.1 农户土地利用行为与耕地质量变化的理论分析框架

农户经济学理论认为，农户作为一个独特的经济主体，其行为的总目标是效用最大化，并且在这种效用最大化的驱动下，进行各种生产要素优化组合，安排所有土地利用活动。随着经济的发展、人口的增加、城市的扩展以及随之带来的耕地资源的相对减少，农户在感受到这些外部压力的冲击下，也在不断地调整着经营目标（刘洪彬等，2012b）。农户会考虑调整农业生产结构、生产技术以及改变资金、劳动力的投入量及投入方向等方面，来实现自己的效用最大化目标。这些调整行为落实到土地上，具体表现为土地利用方式、利用程度、投入强度的不同（孔祥斌等，2010a）。

耕地本身的资源特征和利用特点（耕地质量的变化）决定着耕地的粮食生产能力和价值生产能力（孔祥斌等，2010b）。农户对于耕地的利用是一个不断感知和认识的过程，在这个过程中农户产生和衡量自己的需求，即粮食需求和经济价值需求，其中前者为了满足家庭消费用粮，后者可以满足家庭的货币支出需求。农户土地利用决策单元会根据对耕地利用单元的粮食和经济价值的需求偏好改变农户土地利用行为，农户在不同利用方式、投入强度和利用程度下产生耕地利用单元的生产能力和价值能力也存在差异，最终实现农户单元的需求与耕地单元生产能力的匹配。伴随着土地利用行为的变化，必然会引起土壤中一系列的变化，这种变化实质上是耕地质量的变化，最终使耕地质量在空间分布上形成不同的特征（图 10.1）。

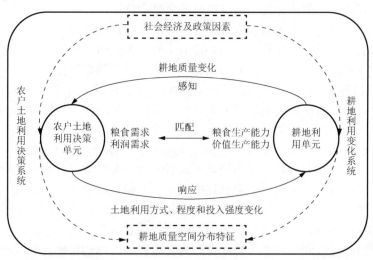

图 10.1 "农户土地利用行为—耕地质量"之间的相互关系理论分析框架图

根据以上的理论分析框架，本章构建如下的计量经济学分析模型：

$$LUB = f(GCC, MCI, LII) \tag{10-1}$$

模型（10-1）表示农户土地利用行为包括土地利用方式、土地利用程度和土地投入强度，可以具体化为 3 个可以量化的因变量。GCC 表示农户是否种植经济作物，说明农户土地利用方式的不同；MCI 表示土地复种指数，说明农户土地利用程度的不同；LII 表示农户单位面积土地资本投入数额，说明农户土地投入强度的差异。

$$SQ = f(OM, AVN, AVP, AVK, pH) \tag{10-2}$$

在选取衡量耕地质量变化时，应避免那些相对稳定的自然因素指标，如表层质地、土体构型等，而应选取有机质含量、碱解氮、有效磷、速效钾等受人类土地利用行为影响较大，又能准确反映土壤质量的养分指标，来综合评定耕地质量水平。在模型（10-2）中，

$$SQ = g(LUB) \tag{10-3}$$

模型（10-3）表示农户土地利用行为对耕地质量变化的影响，将模型（10-1）和模型（10-2）代入模型（10-3）中，得到模型（10-4）

$$f(OM, AVN, AVP, AVK, pH) = g(LUB)$$
$$= g\left[f(GCC, MCI, LII)\right]$$
$$= h(GCC, MCI, LII) \tag{10-4}$$

模型（10-4）表示"农户土地利用行为—耕地质量"之间的相互关系理论模型。

10.2　研究样本点的选择

基于以上理论分析框架和计量经济模型，本章选择沈阳市城乡边缘区的苏家屯区临湖街道、王纲堡乡和永乐乡作为研究对象，主要基于以下四个方面进行考虑：①本章是从工业化、城市化进程对不同区域农户土地利用行为影响角度出发，因此，要选择受工业化、城市化影响较大的区域。苏家屯位于沈阳市的南部，紧靠沈阳市主城区，处于沈阳新城市规划向南发展主轴上，是大浑南开发建设的重要发展空间，是浑南主城的重要组成部分，是沈阳市受城市化影响也最为明显的区域之一。②苏家屯区农业生产比较发达，是沈阳市城区农产品的主要供应地之一，是未来沈阳市都市现代化农业主要发展的区域，因此，农户土地利用行为会在这样的发展战略中发生很大的变化。③本章主要研究人文因素（社会经济因素）对农户土地利用行为的影响，为了保证研究结果更具有说服力，要选择自然条件相对均一的区域作为研究对象。苏家屯西部的临湖街道、王纲堡乡和永乐乡地处平原，土地利用类型以旱地为主，土壤类型以草甸土为主，符合研究的要求。④该区基础资料和相关数据比较容易获取，能够使研究得到顺利的开展，因此选择该区域作为样本的研究区域（图 10.2）。

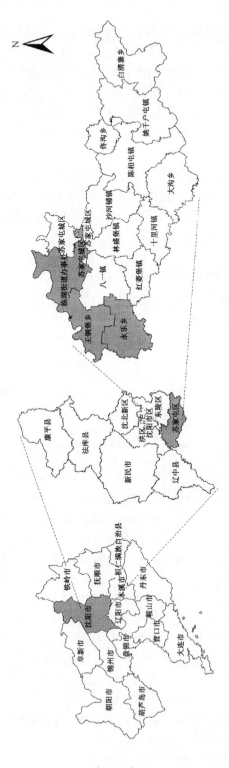

图 10.2　研究区域位置示意图

10.3 研究方法的选择

10.3.1 野外采样与实验分析法

本章的耕地质量数据是 2011 年的 4～5 月对"苏家屯区耕地地力评价"时采样测定的，具体过程包括：①布点，在典型村内，样点布局考虑了土地利用方式和土壤类型，使样点在空间上具有广泛的代表性，点位要尽可能与第二次土壤普查的采样点相一致，同时要考虑点位的均匀性。②采样，土壤样品取自耕层（0～20cm），每一个样点都按农化样点采样要求在直径 100m 范围内选择 3～5 个点，混合后按四分法采集分析样品 1.5 kg。在研究区域共采集 1346 个土样，布点合理，代表性强。③实验室分析，实验室内剔除土样中植物根系及残体、石块、昆虫尸体等杂物，选择通风良好的地点风干，已风干的土样经研磨，过 0.15～2mm 的细筛，备用。测定有机质、碱解氮、速效钾、速效磷和 pH 5 种指标的含量，测定方法均为国家标准方法，具体见表 10.1。

表 10.1 项目分析与测定方法

测定项目	测定方法
有机质	重铬酸钾-硫酸溶液-蒸馏法
碱解氮	碱解扩散法
有效磷	碳酸氢钠浸提-钼锑抗比色法
速效钾	乙酸铵浸提-火焰光度法
pH	玻璃电极法

10.3.2 农户调查法

在采样点数据的基础上，作者对采样地块对应农户在该地块上的生产情况进行调查，达到农户土地利用行为数据与耕地质量数据的一一对应，增强研究结果的准确性。农户调查采用抽样调查法，保证样本的选择总体上依据平均分布，要具有代表性、变异性的原则，采用整群、分层和随机抽样的方法进行，以确保收集数据的可靠性，根据以上模型中需要的数据设计调查问卷内容，对采取土壤样品地块农户的土地利用方式、土地利用程度和土地投入强度情况进行调查，同时，也考虑了农户对问题的接受程度。最后获得了 240 户农户的调查数据。除去不具有代表性的无效问卷，共获得有效问卷 238 份，问卷的有效率为 99.2%，其中临湖街道 79 户，占总样本量的 33.2%，王纲堡乡 78 户，占总样本量的 32.8%，永乐乡 81 户，占总样本量的 34%，满足上述样本覆盖面广、数量要充足的要求。此外，根据问卷有效性程度计算公式可判断问卷整体是否可靠，经过计算，本次问卷的有效性为96.2%，可以充分保证本次研究数据的可靠性。

在野外采样、实验室分析和农户调查基础上，最终得到238个地块耕地质量数据与农户在该地块上作物种植结构、土地利用程度和土地投入强度情况等数据，经过处理后，得到本章需要的各个变量及其数值，具体见表10.2。

表10.2　模型中变量的定义与描述性统计

	变量分类	变量类型	变量说明	单位	平均值	标准差
因变量	土壤有机质（OM）	连续变量	采用重铬酸钾-硫酸溶液-砂浴法	g/kg	26.795	6.52
	土壤碱解氮（AVN）	连续变量	半微量开氏法	g/kg	1.083	0.07
	土壤速效磷（AVP）	连续变量	碳酸氢钠浸提-钼锑抗比色法	mg/kg	167.531	169.50
	土壤速效钾（AVK）	连续变量	采用乙酸铵浸提-火焰光度法	mg/kg	200.537	148.52
	土壤 pH（pH）	连续变量	采用玻璃电极法	—	5.753	0.58
自变量	作物选择行为（GCC）	虚拟变量	1=是；0=否	—	0.565	0.50
	土地复种指数（MCI）	连续变量	播种总面积/耕地总面积	—	1.263	0.46
	单位面积土地资本投入（LII）	连续变量	资金总投入/耕地面积	百元/亩	10.81	10.99

10.3.3　多元线性回归分析法

为了科学地分析农户土地利用行为对耕地质量的影响机理，通过测试和比较不同的模型估计形式，最终采用多元线性回归模型进行研究，基本模型形式如下：

$$Y = Xb + \varepsilon \qquad (10\text{-}5)$$

式中，Y 表示 n 阶因变量观测值向量，即 $Y = \{y_1, y_2, \cdots y_n\}$；$X$ 表示 $n \times (k+1)$ 阶解释变量观测矩阵，即 $X = \{1, x_{11}, x_{12}, \cdots x_{1n}; 1, x_{21}, x_{22}, \cdots x_{2n}; 1, x_{k1}, x_{k2}, \cdots x_{kn}\}$；$\varepsilon$ 表示 n 阶随即项变量，即 $\varepsilon = \{\varepsilon_1, \varepsilon_2, \cdots \varepsilon_n\}$；$b$ 表示 $(k+1)$ 阶总体回归参数向量，即 $b = \{b_1, b_2, \cdots b_k\}$。

10.4　结果与分析

从表10.3模型统计各参数结果可以看出，将变量代入后在统计模型当中回归分析的结果，都具有很好的拟合效果，符合统计显著性水平的要求。T 统计量的结果也表明，大多数解释变量对于模型具有不同程度的统计显著水平。结合各个变量系数统计结果可以判断，不同的变量对于模型在性质和量化方面的解释程度各不相同，也就是说各个影响因素对于农户土地利用行为具有不同性质、不同程度的影响。

1. 改种经济作物，可以提高农户收入，有利于土壤速效养分含量的增加

农户土地利用方式主要体现在种植结构的选择上，农户作物种植结构的调整主要是由于在工业化、城市化进程中，一方面促使城市数量的增加和城市人口的集中，使得蔬菜、水果、肉、蛋、奶等产品的需求增加，作物种植结构也由粮食作物为主向粮食、经济二元结构和粮食、经济、饲料三元结构转换；另一方面，城市郊区农户非农就业机会增加，劳动力机会成本上升，农户在农业生产过程中，可能会选择劳动节约型作物种植结构。因此，为了获取效益最大化的农户会根据自身对粮食需求和经济价值需求的不同改变种植结构。

种植结构的变化对耕地质量的影响，表现为种植结构的变化会影响土壤肥力水平与农业生态系统中的物质循环过程，导致土壤中植物营养元素平衡的变化，这主要是由不同作物种植模式之间耕地的物质循环差异引起的。这种差异主要体现在三方面：①不同作物对养分吸收的差异，如水果、蔬菜一般比谷类作物从土壤中吸收更多的养分，而油料作物对元素钾的吸收远大于一般农作物，叶菜类蔬菜吸收氮比较多，茄果类蔬菜需磷较多，块根蔬菜吸收钾较多。②不同的作物种植结构，农户的物质投入组合不同，尤其是肥料投入方面会有很大差异。一般来说，种植粮食作物肥料使用量较低，蔬菜露地种植肥料使用量是粮食作物的3.0～3.6倍，而保护地种植肥料使用量是粮食作物的6倍左右。从肥料使用结构来看，蔬菜种植有机肥使用量一般也高于粮食作物。这种肥料的使用数量和结构变化直接影响耕地质量变化，尤其是土壤肥力的变化。③土地种植结构的变化直接导致土地利用类型的变化，一般来说，粮田改为菜地之后，土壤中尤其是表层土壤中有机质、碱解氮以及有效磷、钾等养分会增加，已有研究结果表明，不同利用方式下，土壤质量优劣顺序为"菜地>水浇地>水田>园地>旱地"，主要原因是旱地由于受到水分的限制表现为脆弱的农业生态系统，农业利用后不能建立良性的物质能量循环体系，所以各项养分含量较低。菜地由于累年耕种熟化，耕层养分含量在不同土地利用方式中居于最高，充分说明了耕种对土壤熟化的影响。但是，由于对菜地盲目大量施肥以及薄膜覆盖等原因，也会导致菜地土壤酸化、板结和盐分含量大量累积等次生盐渍化等问题。

从模型估计结果来看（表10.3），种植经济作物的地块对土壤碱解氮、有效磷、速效钾含量有显著的正向影响，都是在1%显著水平上，表示在其他条件保持不变的情况下，改种经济作物的地块会比没有种植经济作物的地块土壤中碱解氮、有效磷、速效钾含量平均升高0.258mg/kg、0.310 mg/kg和0.281mg/kg。这说明改变作物的种植结构，可以大大提高土壤中速效养分的含量，其影响程度排序为"有效磷>速效钾>碱解氮"。实证结果验证了前面的理论分析，工业化、城市化进程的加快，使农户作物种植行为产生了很大的差异，研究区域作物种植行为在空间

上形成"近郊区以种植粮食作物为主→研究区中部区兼种粮食作物和经济作物为主→远郊区以种植经济作物为主"的"反图能圈"式的种植模式特征（刘洪彬等，2012c）。由于蔬菜的种植对土壤中有效磷、速效钾的需求很大，会导致土壤中有效磷和速效钾含量的降低，同时，为了提高经济作物的产量，增加收入，农户往往会增加土壤化学肥料的施用。虽然改变作物种植方式有正负两种效应，但是从研究区域的实证研究可以看出，正的效用要大于负的效用，也就是说农户通过增加土地投入和改变土地利用类型获取到的速效养分含量的增加要远大于种植经济作物从土壤中吸收的养分含量，整体土壤中速效养分含量趋于增加的趋势。

表 10.3　模型估计结果

自变量	因变量				
	OM	AVN	AVP	AVK	pH
GCC	−0.057	**0.258*****	**0.310*****	**0.281*****	0.229
	(−0.642)	**(3.441)**	**(4.737)**	**(3.947)**	(0.748)
MCI	**−0.031***	**−0.023***	**−0.045***	**−0.166****	0.094
	(−1.648)	(−1.363)	(−1.814)	(−1.946)	(1.349)
LII	**0.211*****	**0.367*****	**0.427*****	**0.445*****	**−0.140***
	(1.735)	(5.231)	(6.988)	(6.695)	(−1.797)
R^2	0.370	0.308	0.474	0.378	0.351
调整 R^2	0.351	0.300	0.467	0.370	0.340
F 检验	22.977**	34.639***	69.975***	47.167***	13.813***

注：表格中自变量作用达到1%、5%、10%显著水平的结果，分别以***、**、*表示。

2. 复种指数增加，增加了作物对土壤中养分的吸收，土壤肥力质量下降

工业化、城市化进程的加快，会增加城市郊区农户非农就业机会的增加，从理论上来讲，非农就业使得农户将部分劳动时间和劳动力配置到非农产业上，家庭劳动投入在农业生产上的相对不足，将导致农户减少复种、连作、轮作的次数或面积和采取单作的耕作方式，降低耕地的复种指数。因此，耕地复种指数在不同类型农户之间可能存在比较大的差异，以耕地经营为主的农户为增加收入，将会增加农地的利用强度，从而增加耕地的复种指数。而以非农收入为主的农户，会降低耕地的复种指数，造成土地的粗放利用。

从理论上来讲，复种指数的增加对耕地质量的变化有正反两方面的作用，一方面，复种可以消耗地力，复种指数越大消耗土壤中氮、磷、钾等养分越大；另一方面，作物与土壤的关系也不仅仅是养分元素的取与给的关系，在作物生长过程中，又可以通过光合作用，固定大气中的碳，其中豆科作物还可以固定大气的氮，从而为土壤提供碳素和氮素，从这个角度来看，随着复种指数的增加，作物在土壤中固定的碳素和氮素也越多。在增加复种指数的同时配合保护性的土壤耕

作措施，实现用养地相结合，将会增加作物在土壤中固定的碳素和氮素，进而提高土壤肥力。

但是，从模型的估计结果来看，复种指数对土壤有机质、碱解氮、有效磷、速效钾有显著的负向影响，显著水平分别为 10%、10%、10%和 5%，表示在其他条件不变的情况下，复种指数每增加 1 个单位，土壤中有机质、碱解氮、有效磷和速效钾含量分别平均下降 0.031 g/kg、0.023 mg/kg、0.045mg/kg、0.166mg/kg。这说明随着复种指数的增加土壤有机质、碱解氮、有效磷、速效钾含量将显著降低，对土壤肥力影响程度速效钾>有效磷>有机质>碱解氮。研究结果表明，复种指数的提高，将导致土壤肥力退化。实证研究证明，虽然复种指数的增加对耕地质量的变化有正反两方面的作用，一方面，复种可以消耗地力，复种指数越大消耗土壤中氮、磷、钾等养分越大；另一方面，复种指数的提高，将会增加作物在土壤中固定的碳素和氮素，进而提高土壤肥力。但实际情况是，复种指数提高的负面效应要大于正面效应，因此，在提高复种指数的同时，要增加对耕地土壤肥力的保护，这样才能持续稳定地保证耕地的生产能力。

3. 土地投入增加对土壤养分变化有显著的正向影响，同时导致土壤酸化

土地投入对耕地质量变化的影响最为直接。从物质投入对土壤长期生产力的影响角度来划分，可以将农户的土地投入分为保护性投入和生产性投入：其中保护性投入能增加或保持土壤长期的生产力，如有机肥的投入、绿肥的种植、修梯田、农田基础设施建设等；生产性投入能提高土壤当前的生产力，但可能不利于长期生产力的提高，如化肥和农药的投入。比较特殊的投入是劳动力和机械的投入，既可以是保护性投入也可以是生产性投入。当劳动和机械被用于农业生产时为生产性投入，当被用于农地保护，如基本农田建设、水土保持工程时为保护性投入。

保护性投入和生产性投入都是农户生产要素（土地、劳动力、资金、技术）的消耗，由于两类投入之间存在一定的竞争关系，而且两类投入还与要素的其他投入方向（如劳动力的休闲、非农就业、资金消费等）进行竞争。因此，农户在进行物质投入时，会根据外部环境条件和自身约束进行选择，表现出不同的需求偏好，导致在土地上保护性投入和生产性投入偏好的不同。而农户这种不同的投入偏好又会对耕地质量产生不同的影响。通过前面的理论分析可知，工业化、城市化进程的实质是农户所处的社会经济政策及制度环境的变化，首先，城市化的扩张导致征地频次的增加，造成农户土地产权的不稳定性，抑制了农户增加土地保护性投入的积极性；其次，工业化、城市化的发展需要大量的劳动力，促进农户向非农就业转移。理论上，农户的非农就业对农地物质投入有三方面的作用：

①农户非农就业使得农户将部分劳动力和劳动时间配置到非农产业上，导致家庭农业劳动投入的相对不足，而保护性投入一般都是劳动密集型的投入，因此，农户将减少保护性投入。②非农就业又有利于增加农户的收入，从而有利于增加生产性投资。换言之，农户的非农就业可能会降低农户的保护性投入，而有利于增加生产性投入。③工业化、城市化的发展为城市郊区的农户提供了便利的技术服务通道，通过政府技术部门的农业技术指导，可以使得农户农业技术水平得到提高，在土地投入上更趋于合理，有利于耕地资源的保护。

从模型的估计结果可以看出，农户土地投入行为对土壤有机质、碱解氮、有效磷、速效钾有显著的正向影响，显著水平都为 1%水平，表示在其他条件不变的情况下，亩均土地投入每增加 100 元，土壤中有机质、碱解氮、有效磷、速效钾含量分别增加 0.221g/kg、0.367mg/kg、0.427mg/kg、0.445mg/kg，对土壤 pH 有显著的负向影响，显著水平为 10%，表示在其他条件保持不变的情况下，亩均土地投入每增加 100 元，土壤中 pH 下降 0.140 单位。实证研究结果表明，随着研究区域种植经济作物农户的增加，特别是种植葡萄、陆地蔬菜和大棚蔬菜农户的增加，在土地上的生产性投入和保护性投入也逐渐的增加，这个结果正好验证了前面的理论分析。但是，随着研究区域长期大量施用酸性和生理酸性肥，如尿素、碳铵等，在作物对养分离子进行选择性吸收后，残留大量的 H^+，当 H^+ 富集量突破土壤自身的酸碱缓冲能力范围时，土壤 pH 就会降低。

10.5 政策建议

本章在构建"农户土地利用行为—耕地质量"之间的相互关系理论分析框架基础上，对辽宁省沈阳市苏家屯区临湖街道、王纲堡乡和永乐乡三个区域的进行实例研究，基于以上的研究结果，得出如下政策建议：

1. 加大经济刺激力度，提高农业生产的比较收益

随着工业化、城市化进程的加快，研究区域的非农就业机会增加，劳动力机会成本的日益增加，农业与非农产业生产效益的反差越来越大，"种地不划算"是越来越多的农户农业经营积极性不高的主要原因，兼营、抛荒可能增加，要么就是采取粗放经营，掠夺性地使用土地，结果造成土地肥力下降。因此，为了提高农户进行农业生产的积极性，就要提高耕地经营的比较效益，即建立一种能自动运行和发挥作用的利益驱动和调控机制，把耕地保护的目标要求融合到农户土地经营的分散行为中，使他们都在这只无形的手的协调指挥下，自觉地在耕地利用中实现有效地保护。

2. 深化农村土地产权制度改革,稳定土地承包期

从调查研究中可以看出,土地作为农民生产和发展的最重要的资源基础,农户也希望通过对它增加长期性投资,能够持续利用以获得持久的效益。虽然现行的农村土地产权虽然已明确规定把农村土地承包期延长至 30 年,但是,随着工业化、城市化进程的加快,研究区域的土地被征收的频次也逐渐增加,农户的土地承包期经常被打断,不断地被调整。这样农户难以对土地形成合理预期,害怕其对土地的长期投资化为乌有,成为别人的"囊中之物",便不会对土地进行长期性的投资,引发农户对土地进行掠夺性、粗放性的经营。因此,让农户对土地形成一个合理的预期,是促使农户对土地肥力维护的根本动力所在。要以法律的形式对农户的土地产权界限进行确认,同时要切实落实土地承包政策,稳定和延长农户对土地的承包期。

3. 积极引导耕地流转,促进土地规模化经营

在我国现行的农村土地分配制度中,土地一般按人口和劳动力平均分配,在利用规模上,农户占有的土地在总体上依然呈现高度平均化,土地细碎化现象严重。土地细碎化一方面造成了大型农机具数量减少,技术状态严重下降,耕层变浅,犁底层上移以及土壤物理性状恶化,加大了土壤退化的可能性。另一方面,会制约农户对土地的投资欲望,限制农户投资能力的提高,甚至会造成土地撂荒问题的出现。随着工业化、城市化进程的加快,农村劳动力市场和土地资源流转市场的逐渐放开,在研究区域,兼业农户使大量的土地粗放利用,专业农户要扩大生产却难以承包到土地。因此,政府应该在研究区域建立新的资源配置方式,使兼业农户出让部分耕地,就能为专业农户扩大经营规模提供可能。建立农用地产权流转机制,采取一定的措施推动和加快耕用地流转,促进土地的规模经营,提高农用地集约经营水平,改善农用地质量,最终达到在利用中保护耕地的目标。

参 考 文 献

蔡海生, 林建平, 朱德海. 2007. 基于耕地质量评价的鄱阳湖区耕地整理规划. 农业工程学报, 23(5): 74-80.

陈百明. 2004. 耕地与基本农田保护态势与对策. 中国农业资源与区划, 25(5): 4-7.

程雄, 吴争研, 刘艳芳. 2002. GIS 技术在基本农田保护工作中的应用. 国土资源信息化, (4): 36-39.

邓向瑞. 2007. 北京山区森林景观格局及其尺度效应研究. 北京: 北京林业大学.

董连科. 1991. 分形理论及其应用. 沈阳: 辽宁科学技术出版社.

董秀茹, 尤明英, 王秋兵. 2011. 基于土地评价的基本农田划定方法. 农业工程学报, 27(4): 335-339.

杜俊慧. 2012. 基于灰色粗糙集的评价指标筛选方法研究. 中北大学学报(自然科学版), 33(5): 558-562.

段刚. 2009. 基于农用地定级的基本农田保护空间规划方法研究. 西安: 长安大学.

方勤先, 严飞, 魏朝富, 等. 2014. 丘陵区高标准基本农田建设条件及潜力分析——以重庆市荣昌县为例. 西南师范大学学报(自然科学版), 39(3): 122-130.

冯锐, 吴克宁, 王倩. 2012. 四川省中江县高标准基本农田建设时序与模式分区. 农业工程学报, 28(22): 243-251.

奉婷, 张凤荣, 李灿, 等. 2014. 基于耕地质量综合评价的县域基本农田空间布局. 农业工程学报, 30(1): 200-210.

付梅臣, 胡振琪, 吴淦国. 2005. 农田景观格局演变规律分析. 农业工程学报, 21(6): 54-58.

高荣乐. 1995. 黄河中游水土流失区基本农田建设浅议. 中国水土保持, (6): 10-12.

高艳梅. 2006. 工业化、城市化对农地质量影响研究. 南京: 南京农业大学.

郭贝贝, 金晓斌, 杨绪红, 等. 2014. 基于农业自然风险综合评价的高标准基本农田建设区划定方法研究. 自然资源学报, 29(3): 376-385.

郭海旭, 孙英. 1992. 关于划定基本农田保护区方法的探讨. 中国土地科学, 6(4): 24-25.

郭泺, 夏北成, 刘蔚秋. 2006. 地形因子对森林景观格局多尺度效应分析. 生态学杂志, 25(8): 900-904.

国土资源部. 2011. 基本农田划定技术规程(TD/T 1032—2011).

国土资源部. 2014. 关于进一步做好永久基本农田划定工作的通知.

郭姿含, 杨永侠. 2010. 基于 GIS 的耕地连片性分析方法与系统实现. 地理与地理信息科学, 26(3): 60-62.

韩文权, 常禹, 胡远满, 等. 2005. 景观格局优化研究进展. 生态学杂志, 24(12): 1486-1492.

郝芳华, 常影, 宁大同. 2003. 中国耕地资源面临的挑战与可持续利用对策. 环境保护, (4): 30-33.

郝晋民, 段瑞娟. 1999. 土地用途管制下的动态土地利用总体规划. 中国土地, (9): 26-28.

何守成, 华元春. 1992. 试论浙江省划定基本农田保护区的特点与方法. 中国土地科学, 6(2): 24-29.

胡伟静. 2014. 基于 LESA 体系的耕地质量评价及其应用研究. 北京: 中国地质大学.

黄秉维. 1964. 发展农业生产的途径与农田自然条件研究——谈稳产高产农田建设对象的自然条件综合分析. 地理学报, (5): 196-198.

黄新颖. 2006. 大都市郊区耕地功能及耕地保护目标. 北京: 中国农业大学.

霍雅勤, 蔡运龙, 王瑛. 2004. 耕地对农民的效用考察及耕地功能分析. 中国人口·资源与环境, 14(3): 104-108.

姜广辉, 张凤荣, 周丁扬, 等. 2007. 北京市农村居民点用地内部结构特征的区位分析. 资源科学, 29(2): 108-115.

荆新全. 2011. 基于 GIS 的土地适宜性评价及其应用研究. 呼和浩特: 内蒙古师范大学.

孔繁花, 李秀珍, 尹海伟, 等. 2004. 地形对大兴安岭北坡林火迹地森林景观格局影响的梯度分析. 生态学报, 24(9): 1863-1870.

孔祥斌, 刘灵伟, 秦静, 等. 2007. 基于农户行为的耕地质量评价指标体系构建的理论与方法. 地理科学进展, 26(4): 75-85.

孔祥斌, 靳京, 刘怡, 等. 2008. 基于农用地利用等别的基本农田保护区划定. 农业工程学报, 24(10): 46-51.

孔祥斌, 李翠珍, 梁颖, 等. 2010a. 基于农户用地行为的耕地生产力及隐性损失研究. 地理科学进展, 29(7): 869-877.

孔祥斌, 李翠珍, 张凤荣, 等. 2010b. 基于农户土地利用目标差异的农用地利用变化机制研究. 中国农业大学学报, 15(4): 57-64.

李翠珍, 孔祥斌, 梁颖, 等. 2011. 京冀平原区不同类型农户耕地利用决策影响因素分析. 农业工程学报, 27(9): 316-322.

李萍. 2005. 基于 GIS 的醴陵市土地适宜性评价研究. 长沙: 湖南农业大学.

李涛, 孔祥斌, 梁颖, 等. 2010. 基于农户决策行为的耕地质量评价理论与方法构建. 中国农业大学学报, 15(3): 101-107.

李团胜, 赵丹, 石玉琼. 2010. 基于土地评价与立地评估的泾阳县耕地定级. 农业工程学报, 26(5): 324-328.

李晓秀, 陆安祥, 王纪华, 等. 2006. 北京地区基本农田土壤环境质量分析与评价. 农业工程学报, 22(2): 60-63.

李秀珍, 布仁仓, 常禹, 等. 2004. 景观格局指标对不同景观格局的反应. 生态学报, 24(1): 123-134.

李轶平. 2008. 基于 GIS 技术的济南历城区基本农田的确定与空间定位研究. 济南: 济南师范大学.

李志林, 朱庆. 2003. 数字高程模型(第二版). 武汉: 武汉大学出版社.

梁艳. 2003. 关于耕地保护问题的研究. 华中农业大学学报, (2): 58-63.

廖克, 成夕芳, 吴健生, 等. 2006. 高分辨率卫星遥感影像在土地利用变化动态监测中的应用. 测绘科学, 31(6): 11-14.

刘德忠. 1999. 基于 GIS 的耕地适宜性评价和耕地优化配置研究——以山东省无棣县为例. 济南: 山东师范大学.

刘洪彬, 王秋兵, 边振兴, 等. 2012a. 农户土地利用行为特征及影响因素研究——基于沈阳市苏家屯区 238 户农户的调查研究. 中国人口·资源与环境, 22(10): 111-117.

刘洪彬, 于国锋, 王秋兵, 等. 2012b. 大城市郊区不同区域农户土地利用行为差异及其空间分布特征——以沈阳市苏家屯区 238 户农户调查为例. 资源科学, 34(5): 879-888.

刘洪彬, 王秋兵, 董秀茹, 等. 2012c. 城乡结合部区域农户土地利用行为差异及其政策启示——以沈阳市苏家屯区 238 户农户调查为例. 经济地理, 35(5): 113-119.

刘慧敏, 朱江洪. 2015. 丘陵山区高标准基本农田建设时序与模式研究. 水土保持研究, 22(2): 141-145.

刘敬贤. 2011. 农用地分等成果在基本农田调整划定中的应阳研究. 广州: 广东工业大学.

刘黎明. 2005. 土地资源调查与评价. 北京: 中国农业大学出版社.

刘瑞平, 王洪波, 全芳悦, 等. 2005. 自然因素与社会经济因素对耕地质量贡献率的研究. 土壤通报, 36(3): 288-294.

刘瑞平. 2004. 自然因素与社会经济因素对耕地质量贡献率的研究. 北京: 中国农业大学.

刘胜华. 2004. 基本农田保护与建设用地扩展: 冲突与协调. 城乡建设, (10): 37-39.

刘彦琴, 郝晋珉. 2003. 区域可持续土地利用空间差异评价研究. 资源科学, 25(2): 55-62.

刘燕. 1994. 基本农田保护区划定若干问题初探. 经济地理, 14(4): 81-84.

刘媛媛, 胡月明, 杨永忠, 等. 2013. 基于 LESA 的佛山市农用地经济效益评价研究. 广东农业科学, 40(7): 193-195.

麻志周. 2003. 城郊型基本农田保护规划的实践与探索——以洛阳市郊区为例. 地域研究与开发, 22(4):

77-79.

马仁会, 李强, 李小波, 等. 2002. 县级农用地分等评价单元划分方法评析. 地理学与国土研究, 18(2): 93-94.

聂庆华, 包浩生, 王海英. 2000. 基于 GIS 农田土地质量评价与立地分析——以京郊房山区良乡为例. 地理科学, 20(4): 306-313.

聂庆华, 包浩生. 1999. 中国基本农田保护的回顾与展望. 中国人口·资源与环境, 9(2): 31-34.

欧阳进良, 宋春梅, 宇振荣, 等. 2004. 黄淮海平原农区不同类型农户的土地利用方式选择及其环境影响——以河北省曲周县为例. 自然资源学报, 19(1): 1-11.

潘洪义, 蒋贵国, 何伟. 2012. 基于农用地产能核算成果基本农田划定研究——以安县为例. 中国农学通报, 28(8): 160-164.

钱凤魁, 王秋兵, 边振兴, 等. 2013. 永久基本农田划定和保护理论探讨. 中国农业资源与区划, 34(3): 22-27.

钱凤魁, 王秋兵. 2006. 建立和完善失地农民多途径安置模式研究. 安徽农业科学, 34(23): 6334-633, 6339.

钱凤魁, 王秋兵. 2011. 基于农用地分等和 LESA 方法的基本农田划定. 水土保持研究, 18(2): 251-254.

钱凤魁, 张琳琳, 贾璐, 等. 2016. 基本农田划定中的耕地立地条件评价研究. 自然资源学报, 31(3): 446-455.

钱凤魁. 2011. 基于耕地质量及其立地条件评价体系的基本农田划定研究. 沈阳: 沈阳农业大学.

乔伟峰, 吴江国, 张小林, 等. 2013. 基于耕作半径分析的县域农村居民点空间布局优化——以安徽省埇桥区为例. 长江流域资源与环境, 22(12): 1556-1563.

任艳敏, 唐秀美, 刘玉, 等. 2014. 考虑耕地生态质量的基本农田划定方法. 农业工程学报, 30(24): 298-307.

单傲. 2014. 通山县高标准基本农田划定研究. 武汉: 华中师范大学.

石玉林. 1985. 充分利用土地资源提高土地生产能力. 自然资源学报, (1): 7-15.

史晨昱. 2004. 博弈论与中国经济转型. 党政干部参考, (11): 33.

宋祥彬, 陈克, 张立伟, 等. 1993. 关于划定城郊型基本农田保护区的几点思考——以哈尔滨市为例. 中国土地科学, 7(6): 38-40.

谭峻, 戴银萍, 高伟. 2004. 浙江省基本农田易地有偿代保制度个案分析. 管理世界, (3): 104-111.

唐健. 2006. 把脉建设用地税费. 中国土地, (11): 4-5.

田玉军, 李秀彬, 马国霞, 等. 2011. 宁夏南部山区农户土地利用决策模拟. 农业工程学报, 27(S2)218-225.

汪维恭. 1988. 国内外矿山土地复垦概况. 自然资源学报, (2): 24-27.

王晨, 汪景宽, 李红丹, 等. 2014. 高标准基本农田区域分布与建设潜力研究. 中国人口·资源与环境, (S2): 225-229.

王红梅, 廖丽君, 杜国明, 等. 2008. 基于农用地分等的基本农田补划案例分析. 农业工程学报, 24(10): 52-54.

王洪波. 2004. 系统化耕地质量评价体系的构建与应用——以太原市万柏林区为例. 北京: 中国农业大学.

王军艳. 2001. 耕地分等定级指标体系与方法研究. 北京: 中国农业大学.

王礼刚. 2005. 可持续发展理论的现状分析及路径反思. 兰州商学院学报, 21(3): 32-34.

王令超. 2001. 农用土地定级方法初探. 国土资源科技管理, 18(1): 4.

王秋兵. 2003. 土地资源学. 北京: 中国农业出版社.

王绍强, 朱松丽, 周成虎. 2001. 中国土壤土层厚度的空间变异性特征. 地理研究, 20(2): 161-169.

王栓全, 邓西平, 刘冬梅, 等. 2001. 燕沟基本农田粮食稳产高产综合配套技术及试验示范. 干旱地区农业研究, 19(4): 25-31.

王万茂, 李边疆. 2006. 基本农田分级保护政策体系构想. 南京农业大学学报(社会科学版), 6(1): 1-5.

王秀云, 陈晖, 周厚华, 等. 2006. DEM 在林地资源表面积调查中的应用. 南京师范大学学报(工程技术版), 6(1): 85-90.

王兆君, 李想. 1999. 呼兰县土地适宜性评价方法浅析. 北方环境, (2): 14-15.

邬建国. 2000. 景观生态学——格局、过程、尺度与等级. 北京: 高等教育出版社.

吴明发, 欧名豪, 李彦, 等. 2011. 规划管制下基本农田保护内在机理研究. 生态经济(中文版), (12): 51-54.

徐建华, 方创琳, 岳文泽. 2003. 基于 RS 与 GIS 的区域景观镶嵌结构研究. 生态学报, 23(2): 364-374.

许倍慎, 周勇, 李冀云. 2008. 基于 GIS 的耕地多目标适宜性评价在土地利用规划中的应用——以湖北省老河口市为例. 华中师范大学学报(自然科学版), 42(2): 285-290.

许妍, 吴克宁, 赵华甫. 2011. 新一轮土地利用总体规划中基本农田布局调整研究——以江西省高安市为例. 资源与产业, (5): 58-66

薛剑, 韩娟, 张凤荣, 等. 2014. 高标准基本农田建设评价模型的构建及建设时序的确定. 农业工程学报, 30(5): 193-203.

杨树佳, 郑新奇, 王爱萍, 等. 2007. 耕地保护与基本农田布局方法研究——以济南市为例. 水土保持研究, 14(2): 4-7.

于伯华, 吕昌河. 2006. 土地利用冲突分析: 概念与方法. 地理科学进展, 25(3): 105-114.

俞海, 黄季焜, Rozelle Scott, 等. 2003. 土壤肥力变化的社会经济影响因素分析. 资源科学, 25(2): 63-72.

郧文聚. 2005. 农用地分等及其应用研究. 北京: 中国农业大学.

张炳宁, 张月平, 张秀美, 等. 1999. 基本农田信息系统的建立及其应用——耕地地力等级体系研究. 土壤学报, 36(4): 59-521.

张丹丹. 2012. 基于 GIS 计技术的基本农田划定研究——以重庆市黔江区金溪镇为例. 中国农业资源与区划, 33(6): 51-55.

张帆, 吴倩宇, 邓楚雄, 等. 2011. 主体功能区中基于 LESA 的农用地评价指标体系构建. 湖南农业科学, (5): 47-50.

张凤荣, 安萍莉, 孔祥斌. 2005a. 北京市土地利用总体规划中的耕地和基本农田保护规划之我见. 中国土地科学, 19(1): 9-15.

张凤荣, 张晋科, 张琳, 等. 2005b. 大都市区土地利用总体规划应将基本农田作为城市绿化隔离带. 广东土地科学, 4(3): 4-5.

张桂林, 许高建, 李绍稳. 2014. 基于 GIS 的基本农田占用预警研究. 中国农学通报, 30(34): 244-249.

张辉, 张德峰. 2005. 我国法院调解制度的博弈分析——再论调审分离. 时代法学, 3(3): 38-44.

张正峰, 陈百明, 郭战胜. 2004. 耕地整理潜力评价指标体系研究. 中国土地科学, 18(5): 36-43.

张忠, 雷国平, 张慧, 等. 2014. 黑龙江省八五三农场高标准基本农田建设时序分析. 经济地理, 34(6): 154-161.

赵丹. 2007. 泾阳县耕地定级研究. 西安: 长安大学.

赵松乔. 1984. 我国耕地资源的地理分布和合理开发利用. 自然资源学报, (1): 13-20.

郑新奇, 杨树佳, 象伟宁, 等. 2007. 基于农用地分等的基本农田保护空间规划方法研究. 农业工程学报, 23(1): 65-71.

钟太洋, 黄贤金, 陈逸. 2012. 基本农田保护政策的耕地保护效果评价. 中国人口·资源与环境, 22(1): 90-94.

周慧珍, 曹子荣, 蒋晓. 1999. 基本农田动态监测及预警研究. 土壤学报, 36(2): 244-252.

周尚意, 朱阿兴, 邱维理, 等. 2008. 基于 GIS 的农用地连片性分析及其在基本农田保护规划中的应用. 农业工程学报, 24(7): 72-77.

朱兰兰, 蔡银莺. 2015. 土地用途管制下基本农田发展权受限的区域差异及经济补偿——以湖北省武汉、荆门、黄冈等地区为实证. 自然资源学报, 30(5): 735-747.

Brown L R. 1995. Who will feed china? Wake-up call for a small planet. New York: W. W. Norton & Company.

Brown L. 1996. Chinese expert rebuffs "China threat" argument. USDA Agricultural Trade Reports, (16): 67-25.

Brown L. 2000. Falling water tables in China may soon raise food prices everywhere. Washington D. C:

Worldwatch Institute.

Burrough P A. 1986. Principles of geographical information systems for land resources assessment. Oxford University Press, 1(3): 102.

Cache County Agricultural Advisory Board. 2003. Cache County, Utah. Agricultural land evaluation and site assessment (LESA) handbook. U.S. Department of Commerce.

Chen C, Ibekwe-SanJuan F, Hou J. 2010. The structure and dynamics of cocitation clusters: a multiple - perspective cocitation analysis. Journal of the Association for Information Science and Technology, 61(7): 1386-1409.

Davidson D A. 1989. The influence of land capability on rural land sales: a case study in Renfrewshire, Scotland. Soil Use and Management, 5(1): 38-44.

Dunford R W, Roe R D, Steiner F R, et al. 1983. Implementing LESA in Whitman County, Washington (land evaluation). Journal of Soil and Water Conservation, (2): 87-89.

FAO. 1976. A framework for land evaluation. Rome: FAO Soil Bulletin. 1-8.

Forman R T T.1994. The Ecology of Landscape and Regions. Cambridge: Cambridge University Press.

Klingebiel A A, Montgomery P H. 1961. Land capability classification. Agriculture Handbook, 210. US Department of Agriculture.

Koongfkan A P. 2000. Land Resource potential and sustainable land management: an overview. Natural Resources Forum, 24(2): 69-81

SCS U S.1983.Department of Agriculture-Soil Conservation Service. National Agricultural Land Evaluation and Site Assessment Handbook. Washington DC.

Wilkinson M T, Humphreys G S. 2006. Slope aspect, slope length and slope inclination controls of shallow soils vegetated by sclerophyllous heath—links to long-term landscape evolution. Geomorphology, 76(3): 347-362.

Wright L E, Zitzmann W, Young K, et al.1983.LESA-agricultural land evaluation and site assessment. Journal of Soil and Water Conservation, 38(2):82-85.